嬰幼兒保育概論

Introduction to Child Care for Young Child

黃志成、高嘉慧、沈麗盡、林少雀／著

序

　　幼兒階段乃人類發展的關鍵時期，舉凡身體、動作、智能、語言、情緒、人格及社會行為等均幾乎在此時定型，是故就整個人生的進程而言，幼兒期實為一個相當重要的基石。亦即在幼兒期得到良好的保育工作，則整個人生可能會有較好的發展；反之，則因早期之基礎未穩固，可能造成日後在兒童期、青少年期，甚至於成年期的不良適應，所以許多心理學家、教育學家及醫護人員莫不強調幼兒保育工作之重要性。基於此點，許多大專院校之相關科系、高職幼保科、托兒所保育人員訓練班均紛紛開設相關課程，其目的在培養專業的保育人員，筆者有幸擔任此一教職工作，而於準備教材之際，常感到這方面的資料在國內有所欠缺，特別是適合大專院校學生所使用之書籍更甚，基於此，乃下定決心，邀約高嘉慧教授、沈麗盡老師、林少雀老師共同撰述，為國內幼兒保育工作者略盡棉薄之力。

　　本書共分八章，第一章「緒論」旨在闡明保育之意義、目的以及重要性等，對整個保育工作做一概略性的說明。第二章「胎兒的發展與保護」是為本書之特色，特別強調幼兒保育工作應該從胎兒期做起，因此從消極的劣質人口產生的預防到積極的加強孕婦保健工作，在本章均有詳細的說明。第三章述及「嬰兒身體發展與保育」，說明新生兒、嬰兒期的發展與保育，並簡介早產兒與過熟兒。第四章「嬰兒的動作、飲食與大小便」主要介紹動作發展與保育、飲食與營養、大小便及養成良好大便習慣。第五章「幼兒心理發展與保育」強調心理因素是保育工作不可缺少的一環，蓋因身心總互為影響，故對如何促進心理發展，也有詳細的說明。第六章「幼兒保育」為本書重點所在，分別對幼兒期之飲食、牙齒保健、大小便訓練、衣著、住室、睡眠、安全問題、疾病預防以及護理、幼兒保護提出說明。第七章「教保人員資格與任用」旨在敘述教保人員之專業條件、任用資格、訓

練、福利，並說明台灣教保人員教育之現況，給予從事保育人員之參考。第八章「幼兒保育行政」論及托兒所之行政工作，包括行政組織與管理、教務與課程、場地與建築、玩具和設備、衛生保健、家庭和社區聯繫、幼托整合。

　　本書之資料除收集國外專家學者之論述及研究報告外，爲適合國情，並參酌國內相關資料與實務性工作編著而成，可爲大專院校相關科系學生之教科書、高職幼保科畢業生再進修之參考書，以及實際從事教保工作之父母親、幼教機構教保人員之工具書。

　　本書倉促完成，再加上筆者才疏學淺，和匆匆付梓，可能會有些未盡合理之論點或疏漏之處，企盼國內專家學者、讀者提出指正，以爲將來修訂之寶貴資料，則感幸甚。

黃志成　謹識

九十六年一月於中國文化大學社會福利學系

目　錄

表　次

圖 次

第一章
緒　論

學·習·目·標

- 瞭解幼兒保育的定義
- 瞭解幼兒保育範圍與工作
- 瞭解特殊幼兒保育方式
- 瞭解幼兒保育的目的
- 瞭解保育對於幼兒本身、家庭與國家之重要性
- 瞭解幼兒保育的任務
- 瞭解幼兒保育之研究方式：橫斷法、縱貫法
- 瞭解幼兒保育之研究方法：直接研究法、間接研究法、個案研究法

第一節 幼兒保育的意義與範圍

本章撰寫的目的主要在對幼兒保育的意義、範圍、目的及重要性提出說明。此外，並對幼兒保育在幼兒發展上的任務所扮演的角色做概略上的描述；最後介紹各種幼兒保育的研究方法，期使讀者能進一步瞭解幼兒保育知識和來源，並作為日後發展幼兒保育新知識的途徑。

壹、幼兒發展的分期

生命的歷程中，從出生到老年，每一個階段不管生理與心理都不斷在活動與變化著。縱然這些變化有著類似的順序、連續而緩慢的進行改變，但這些改變透過視覺或者感受，仍然無法窺知其樣貌。因此，生理學家及心理學家為研究及溝通上的方便，而將人的一生依其研究的年齡、發展做分期。

一、依年齡分期

專家學者對於年齡的分期，各有不同觀點與論述。我國古書《列子》曾將人的一生分為四期：「人生自生至終，大化有四──嬰孩也，少壯也，老耄也，死亡也。」沙依仁、江亮演、王麗容（2001）認為，嬰兒期指剛出生至二歲未滿；幼兒期指二歲至六歲未滿。Cole 和Hall（1972）則將出生至二歲稱為嬰兒期（infancy）；二至五歲稱為幼兒期（early childhood）；六至十歲的女童及六至十二歲之男童稱為童中期（middie childhood）。以上的分法雖各有不同，然而其實是大同小異或是所定名稱之不同而已，而在各期所探討的內容是一樣

的。早期以年齡分期摘要如表1-1所示。

表1-1　早期以年齡分期摘要表

分　期	年　齡
產前期	受孕至出生前為止
新生兒期	出生至二週為止
嬰兒期	出生後二週到一歲為止
幼兒期，又稱「學前兒童期」	一歲至六歲為止
兒童期，又稱「學齡兒童期」	六歲至十二歲

二、依發展分期

　　專家學者亦針對幼兒之發展做分期，並歸納為三種：以行為發展歷程為根據，如S. Frued（1856-1939）將人格發展分成五個性心理發展期；E. H. Erikson（1902-1994）將一生心理社會發展（生命週期理論）分為八大期；J. Piaget（1896-1980）將兒童認知發展分為四個時期，如表1-2所示。事實上，人類發展是漸進的、連續的、緩慢的、有個別差異性的，若要嘗試將其分期，似乎無多大的意義；但為了研究與溝通之方便，專家學者亦會嘗試的區分為若干階段。

　　綜合以上專家學者之觀點且參酌「幼兒保育」所論及之範圍，本書認為將人類早期以年齡做分期劃分為如下說明（本書所探討為幼兒階段，故大都以幼兒階段為論述內容）：

1.產前期（prenatal period）：受孕至出生前為止。

2.新生兒期（neonate）：出生至二週為止。

3.嬰兒期（infancy）：出生後二週到一歲為止。

4.幼兒期（early childhood）又稱「學前兒童期」（preschool childhood）：一歲至六歲止。

表1-2　各學派理論學家早期以發展分期摘要表

學者理論	分期	年齡	特徵
性心理發展論（S. Frend）	口慾期	出生至十二個月	刺激嘴部的經驗獲得快樂
	肛門期	一歲至三歲	主要快樂來自刺激肛門經驗
	性器期	三至六歲	快樂來自刺激性器官經驗
心理社會論（E. H. Erikson）	嬰兒期	出生至一歲	信任對不信任
	嬰幼兒期	一歲至三歲	獨立自主對羞恥及疑慮
	幼兒期	三歲至五歲	自發對罪疚感
	兒童期	六歲至十二歲	勤奮對自卑
認知發展理論（J. Piaget）	感覺動作期	出生至二歲	經由動作與感覺去認識世界
	前運思期	二歲至七歲	運用簡單符號從事思考活動
	具體運思期	七歲至十一歲	能按具體事例從事推理思考

5.兒童期（childhood）又稱「學齡兒童期」：六歲至十二歲。

貳、幼兒保育的意義

就廣義的幼兒定義而言，實可以包括表1-1五個分期，亦即與幼兒期較有關聯之前後期均應包括在內，如此才能將「幼兒」之意義涵蓋，此一意義係指「在人類早期，尚無法獨立，仍須受到保護，且日後要能獨立自強，則需要努力去學習各種知識與技能的時間」。至於狹義的幼兒期，係指上述所談五個分期中的三期：即新生兒期、嬰兒期及幼兒期；就年齡而言，係從出生至滿六歲；就教育制度而言，係指學齡前兒童，亦即此一階段之學習以家庭、托兒所或幼稚園為主。本書所要探討的，也就是這三個階段的幼兒。

綜合以上論述，「保育」的意義是什麼呢？簡單的說，「保」就是保護，先總統蔣公在其所著的《民生主義育樂兩篇補述》中，曾指

表1-3　幼兒定義摘要整理

定義	分期	年齡	意涵
廣義	產前期、新生兒期、嬰兒期、幼兒期、兒童期（五期）	受孕至十二歲	在人類早期，尚無法獨立，仍須受到保護，且對日後要能獨立自強，則需要努力去學習各種知識與技能的時間。
狹義	新生兒期、嬰兒期、幼兒期（三期）	出生至六歲	就教育而言，此階段之學習以家庭、托兒所或幼稚園為主。

出「育」包括生育、養育和教育三方面。其所指的含義分述如下：

一、保護

任何一種生物都需要受保護，否則生存率就會降低，人類自不例外，尤其是科技文明愈進步，人類要想在社會上立足，其學習謀生的技能有愈來愈專精的趨勢，在未能獨立之前，就需要受到保護，尤其在幼兒時期，無論身心發展都尚未成熟之際，對此期幼兒的保護更是必然的；廣義的保護則包括生育與養育兩方面，亦即優生保健、嬰幼兒營養等。因此，保護之目的旨在使嬰幼兒免於受到外來的侵害，而能自由自在的發展個體的潛能。

二、教育

很多生物在出生後不久，其上一代就開始教牠謀生的技能（如母鳥教小鳥飛行及覓食），以便及早獨立。人生為萬物之靈，對教育的功效尤其重視，對教育的方法、內容亦不斷在研究更新，其目的在使幼兒得到最適當的教育內容，以利其身心的發展及將來獨立自主之準備。

王建雅（2003）認為，幼兒保育就是從出生到六歲前各種教育、

保護、溝通互動工作的總稱。游淑芬、李德芬、陳姣伶、龔如菲（2002）指出，「保」就是保護，「育」包含了生育、養育和教育三方面。王立杰（2001）認為，幼兒保育就是以生物學、教育學、社會學等理論為依據，並運用科學方法，以養育、教育幼兒使獲得身心健全發展的一門學問。

綜合以上之論述，幼兒保育（early childhood care）的意義，就是對幼兒所做的一切保護與教養措施而言。而幼兒就是指學齡前的兒童，在身心發展未達成熟階段前，不能獨立生活，必須依靠成人的養護和教育，使其身心發展健全，奠定將來做人處事的良好基礎，成為國家的好公民。

參、幼兒保育的範圍

幼兒保育的範圍，茲就「保育對象」、「保育內容」說明如下：

一、保育對象

以保育的年齡而言，係指從出生至六歲左右；從保育的對象而言，美國「兒童保護基金會」（Children's Defense Fund）將需要保育的兒童分為在家生活的兒童、父母均在職的兒童、低收入家庭的兒童、未成年媽媽所生的兒童、身心特殊之兒童、被虐待或忽視之兒童（黃志成，2004）。 本書所述及保育對象乃針對「一般幼兒」、「環境特殊幼兒」、「身心發展障礙／遲緩幼兒」而言。

二、保育內容

根據上述之保育對象而言，說明如下：

(一) 一般幼兒

「一般幼兒」之說法異於環境特殊及身心發展特殊幼兒，係表示平

安的生活在一般的家庭，有父母及其他家人共同生活，得以享天倫之樂，且其身體的發育及心理的發展，均在「常態」（normality）之中。因此，藉由上述之涵意，可瞭解大部分的幼兒均在這個領域之內，以下就按幼兒之三個分期說明其保育工作：

1. **新生兒期**：此期新生兒剛出母體，須注意新環境的適應問題，因母體之生長環境迥異於這個大世界，無論飲食或生活起居都有很大變化，此期護理得好，將有助於日後的發展。

2. **嬰兒期**：在嬰兒階段之保育工作主要包括：營養（如：哺乳、添加食物等）、衛生（如：沐浴、衣著、居室及環境清潔）、保健（如：健康檢查、預防接種等）、意外事件之預防及親情之施予。

3. **幼兒期**：此期除須繼續嬰兒期之保育外，更重視教育及福利服務的措施，因為此期幼兒無論在語言、認知、動作、情緒發展等均有顯著的進步，而且亦是許多發展上的關鍵期（critical period）。所謂「關鍵期」是指個體在發展過程中，有一個特殊時期，其成熟程度最適宜學習某種行為。若在此期未給予適當的教育或刺

表1-4　一般幼兒保育重點摘要表

分期	年齡	保育重點
新生兒期	出生至二週	・新環境適應的問題 ・適當的養護與健康保養
嬰兒期	出生後二星期至一歲	・注重營養給予 ・衛生保健 ・意外事件的預防 ・親情的給予
幼兒期	一歲至六歲	・幼兒教育（語言、認知、動作、情緒發展） ・福利服務

激,則將錯過學習的機會,過了此期,對日後的學習效果將大為減少。

(二) 環境特殊幼兒

環境特殊幼兒又稱為失依或不幸幼兒,係指其生長環境(尤指家庭環境)發生變故或其他原因,使幼兒失去依靠,如父母死亡、家庭被拆散(因戰爭、父母離婚、離家出走等)、家境清寒、非婚生子女、遭受虐待者……對此類的幼兒除同於一般幼兒之保育外,也可以提供補充性服務,如家庭補助(financial aid to family),林勝義(2002)認為,家庭補助也稱為所得維持方案(income maintenance programs),是依據社會救助相關規定,針對低收入父母而設計的一種兒童經濟補助方式,用以補充父母的角色責任。黃志成(2001)認為,家庭補助是對貧困兒童救助工作最新理論之一,源於父母親之收入無法維持基本的生活,為免兒童因此被迫送出家庭,以其他方式替代養育,影響其身心發展,故施以經濟救助,用以取代或補充父母之角色責任,以便使兒童成長於親生家庭,安享天倫之樂的措施。

根據《兒童及少年福利法》(內政部,2003)第十九條:直轄市、縣(市)政府,應鼓勵、輔導、委託民間或自行辦理下列兒童及少年福利,其中第五款規定,對於無力撫育其未滿十二歲少年或監護人者,予以家庭生活扶助或醫療補助。第七款規定,早產兒、重病兒童及少年與發展遲緩兒童之扶養義務人無力支付醫療費用之補助。

周震歐(2001)提出家庭寄養(foster family care)服務是當提供支持性、補充性服務之後,仍無法將兒童留在家中照顧時,才考慮使用的方法。所謂家庭寄養是有些幼兒因暫時不能與自己的父母相處(如父母生病、入獄、因戰亂與父母失去聯絡、被父母虐待等),社工員常替幼兒尋找一個臨時家庭,由寄養父母(foster parents)代為照顧。

寄養家庭類型可分成下列幾種方式,如表1-5所示:

表1-5 環境特殊幼兒寄養家庭類型摘要表

家庭寄養類型	說明
收容之家	・針對嬰兒或幼兒設計 ・嬰幼兒緊急由家中移出，不適合機構時
免費寄養家庭	・寄養家庭領養時，機構不需要給付寄養費
工作式寄養家庭	・對象是較大兒童 ・兒童必須工作來補償寄養家庭之照顧
受津貼寄養家庭	・為目前一般寄養家庭型態 ・機構或原生父母必須給付費用給寄養家庭
團體之家	・小型機構 ・常設於社區中

1. 收容之家（receiving home）：最初是針對嬰兒或幼兒設計，當他們在緊急情況必須由家中移出，但即使極短的期間內也不適合安置於機構時，即將嬰、幼兒暫時送往收容之家安置。

2. 免費寄養家庭（free home）：當兒童被期待將來由該寄養家庭領養時，機構通常也不需要給付寄養費。

3. 工作式寄養家庭（work or wage home）：通常是指年齡較大兒童，兒童必須為寄養家庭工作，以補償他們所獲得的照顧。

4. 受津貼寄養家庭（boarding home）：是現在一般寄養家庭的型態，由機構或兒童的親生父母按時給付寄養家庭一筆寄養費用。

5. 團體之家（group home）：可視為一個大的寄養家庭單位，也可視為一個小型機構，它是在正常社區中，提供一個由一群無血緣關係兒童所組成的家庭。

除家庭寄養外，收養（adoption service）也是替代性的福利服務之一，收養又稱領養，必須經由法定的程序及社工員的調查與服務始得完成。其目的在傳宗接代及增進家庭情趣等。

(三) 身心發展障礙或遲緩幼兒

身心發展特殊幼兒（exceptional pre-school child）包括生理上的特殊（如視覺障礙、聽覺障礙、肢體障礙）和心智上的特殊（如智能障礙、學習障礙、情緒障礙），依據《兒童及少年福利法》第二十二條規定，各類兒童及少年福利、教育及醫療機構，發現有疑似發展遲緩兒童或身心障礙兒童及少年，應通報直轄市、縣（市）主管機關，並視其需要提供轉介適當服務。第二十三條規定，政府對發展遲緩兒童，應按其需要，給予早期療育、醫療、就學方面之特殊照顧。保育方式除同於一般幼兒的措施外，根據朱鳳英（2000）所提，國內早期療育安置模式共有五種，如表1-6所示：

1. 醫療模式（hospital-based programs）：指家長或主要照顧者，定時將特殊需求嬰幼兒帶到醫院或復健中心接受療育。

2. 社區實施模式（community-based programs）：即一般托育服務、特殊托育服務。

3. 家庭實施模式（home-based programs）：以家庭為中心的到宅服務模式，由早療專業團隊小組評估後，以一對一方式，提供零至三歲有特殊需求嬰幼兒在家服務，並協助家長扮演好親職角色。

4. 機構實施模式（center-based programs）：以機構為中心的服務模式，家長將特殊嬰幼兒送到機構（如臺北市的第一、心路與育仁兒童發展中心），由特教老師協同專業人員對嬰幼兒做出適當評估後，依照嬰幼兒發展情形及階段來決定採取小組或個別提供一項或是一項以上的療育方式及訓練。

5. 學校實施模式（school-based program）：即學前特殊教育班或普通幼稚園。

表1-6　國內早期療育安置模式

安置模式	對象	地點	服務內容	執行者
醫療模式	・特殊需求嬰幼兒	・醫院 ・復健中心	・專業評估 ・感覺統合訓練 ・語言治療 ・職能治療 ・物理治療	・專業人員 ・醫師 ・家長或主要照顧者
社區模式	・零至六歲發展遲緩嬰幼兒及中、重度特殊嬰幼兒	・社區托育中心	・一般托育 ・特殊托育服務	・保育員
家庭模式	・零至三歲特殊需求嬰幼兒 ・家庭成員	・家庭	・專業評估 ・一對一方式 ・家長協助、支持	・專業人員 ・特教老師 ・社工人員
機構模式	・零至六歲特殊需求嬰幼兒	・社會福利機構	・專業評估、治療 ・個別教學 ・小組教學	・專業人員 ・特教老師 ・社工人員
學校模式	・三至六歲發展遲緩輕中度幼兒	・學校國小附設幼稚園（啟幼班） ・學前特殊教育班	・專業評估、治療 ・個別教學	・專業人員 ・特教老師

資料來源：沈麗盡（2004）。

第二節　幼兒保育的目的

　　一般的高等動物，鮮有生下來就能獨立者，都需要經過一段或長或短的時期養育。此期間，個體的器官或行為能力經過生長的過程，再加上學習各種謀生技能的機會，才使個體漸能獨立於此一世界。對最高等動物的人類而言，從出生到能獨立的時間有愈來愈長的趨勢，古人十五歲以後而論嫁娶者比比皆是，現在這個年紀卻還在受中等教育的階段，根本無法獨立謀生。因此，既然人類的幼稚期特別長，就更需要保育工作了，尤其是處於人類基礎階段的幼兒時期。

　　至於幼兒保育的目的是什麼呢？簡言之，就是為了得到健全的下一代。Darwin在《進化論》（*Theory of Evolution*）中提到：生物的進化論，優勝劣敗，適者生存。此固然是對一般生物的說法，但對人類亦不例外，環觀人口壓力特別大的臺灣，真可說是處在一個處處競爭、時時競爭的時代裡，吾人可小從升學競爭到商場競爭和求職機會的競爭而看出端倪。因此，要使這些民族幼苗在將來能出人頭地，能經得起時代的考驗，能安穩地站立在這個社會中，如此種族才能綿延不絕。

　　由此可知，在消極面，幼兒保育的目的就是要協助環境特殊幼兒、身心發展障礙或遲緩幼兒能克服身心或環境的障礙，順利成長，至於幼兒保育的積極目的就是要針對全體幼兒，給予最好的保護及教育，使他們有健康的身體、和諧的情緒、完美的人格，以便將來做個堂堂正正的人，並承繼先人所留下之遺產，開創另一嶄新的世局。

第三節　幼兒保育的重要性

「好的開始，是成功的一半。」對任何事物而言，皆爲不可否認之原則，一幢房子的地基打得穩、做得好，將來的結構才會堅固；若基礎不穩，儘管地上層蓋得多好，亦難逃倒塌的命運。對人類而言，亦復如此，試想一個先天不足、後天又欠缺調養的幼兒，體弱多病，終日在床奄奄一息，如何能在兒童期、青少年期有良好的表現呢？

幼兒保育的重要性區分爲「幼兒本身」、「家庭」、「國家」三方面加以分析如下：

壹、幼兒對本身而言

幼兒期是人生下來後發展的最早階段，在這一個階段裡，如果營養攝取足夠，養分充足，身體發展必然良好，如果注意衛生保健，必可防止細菌的侵入，保有健康的身體；如果保護周到，必可防止意外事件的產生，保全個人完整的「髮膚」；如果得到充足的親情滋潤，必可發展仁人愛物的胸襟；如果得到良好的教育，必有豐富的知識與能力⋯⋯凡此不勝枚舉。

一、人格發展基礎期

在許多研究中，也發現早期的發展是重要的，例如：Brown認爲成年人的社會生活，其不能做良好適應甚至行爲失常者，多與其童年生活經驗有關；Frazee根據對成年人精神病患者研究，發現其童年時期多屬不良適應者。總之一個人如果能在幼兒期得到適當的保育，如此在人類早期的基石穩固，將來成長到兒童期、青少年期、成年期以

後，承襲此一優良基石，對日後的發展，必有所助益（引自黃志成，2004）。

二、身心發展的關鍵期

一般公認人生歷程的第一個十年（從出生到十歲），是一生行為發展的基礎（Gesell et al., 1956）。如果在幼兒期照顧不周、營養不良、身體瘦弱，則將來的成長無形中也大打折扣了，甚至花更多的時間、金錢和人力去調養，也不一定能夠成長得很好，所以為了一個人將來要有健全的身心發展，必須重視幼兒保育工作。

貳、幼兒對家庭的重要性

一、圓滿與快樂的象徵

幼兒是家族香火的繼承者，是家庭快樂的源泉，是父母終身所寄託者。中國人的家族觀念首重家族的延續，因此，幼兒的誕生，就代表「後繼有人」，尤其是男嗣，更為一般年長者所重視，為了自己的香火鼎盛相傳，無不照顧細微，希望能夠有健壯的下一代。一對夫妻，如結婚數年，尚未育有子女，一定會感到婚姻生活有所欠缺；看到親友、同事育兒抱女，也是會羨慕萬分，如此可能致使婚姻生活失調，甚至於在婚姻生活中亮起紅燈；因此，在一個家庭中，嬰兒的誕生往往是夫婦快樂的源泉，家中有個小嬰兒，無非是在夫婦的感情生活中，添加了興奮劑，有了下一代的誕生，家庭生活才能圓滿無缺。

二、幼兒保育重要性

為使這位嬰幼兒能帶給家中更大的快樂，就必須使其有健全的身心發展，長得活潑可愛，因此，幼兒保育就更加重要；否則如果幼兒體弱多病，甚至成了殘障兒，那無非是給夫妻內心蒙上一層陰影，不

但無法得到有了新生命的喜悅，反而要終日生活在愁雲慘霧之中。

此外，每個人年紀大了以後，終須有人照顧，基於中國優良傳統，為人子女者擔負照顧之事是責無旁貸的。固然，「養兒不為防老」，但對於一位老年人，自己有了後代，內心總能平添些許的安全感和滿足感，因此許多人基於這個心理因素，也都希望有個健康、快樂、孝順、有責任感的後代，如此就不得不重視幼兒保育了。

參、幼兒對國家社會的重要性

一、教育與培育的工作

幼兒是明日社會的中堅、國家的主人翁。一個人將來是否能為國家、社會所用，就要看在成長過程中是否得到良好的塑造，唯有經過完美教育環境的陶冶和妥善的保護措施，始能培養出良才，回饋社會，為國家盡一己之力。而欲達到此一目的，端賴幼兒時期的保育工作。「十年樹木，百年樹人」，任何一個現代化國家，絕對注重人才的長期培育，亦即依據國家的長期計劃，按照立國精神、基本國策來教育幼兒，如此將來才能為國家社會所用。

二、良好的教育與保護結果

一個國家缺少良好、健全的幼兒，代表這一國度，在未來的數年中，將日趨沒落，甚至於滅亡；反之，如果在良好的保育工作下的幼兒，其成長活動必是正常的、健壯的，若這一代的幼兒有良好的教育和保護措施，就代表未來社會有眾多的精英，有允文允武的青年，能成為國家社會的棟梁。

基於以上所述，吾人不難瞭解幼兒對自己、家庭乃至於社會國家，在發展過程中所擔負的任務及重要性，而欲達成上述的任務，唯有有關單位努力推行「幼兒保育」工作，因為幼兒保育不但會注意到

營養、衛生保健、疾病預防的問題，更會注意良好教育環境、教育方式，以滿足幼兒的需要，在此種情境下造就出的幼兒，哪有不健康的呢？哪會沒有良好的人格發展呢？哪能沒有卓越的才能呢？

根據內政部（2001）針對臺閩地區兒童生活狀況調查報告中顯示：學齡前兒童實際的托育方式，以送到幼稚園占41.21％最高，在家由母親帶占24.81％次之；其中，零至未滿三歲兒童以在家由母親帶占52.31％最高，三至未滿六歲兒童則以送到幼稚園占51.25％最高，送到托兒所占24.46％次之。透過上述資料顯示，未滿三歲嬰幼兒照顧方式仍然以家庭式照顧為主要方式；三至六歲幼童以幼托機構照顧方式為主，如表1-7所示。

表1-7　臺閩地區兒童生活狀況調查分析摘要表

項目別	總計	在家由母親帶	在家由其他家人帶	在家由外人(含外籍幫傭)帶	送到保母或親戚家，晚上帶回	送到托兒所
百分比	100.00	24.81	8.73	0.82	2.32	20.16
按兒童年齡分						
零~未滿三歲	100.00	52.31	20.77	1.79	6.92	6.92
三~未滿六歲	100.00	15.89	4.83	0.50	0.83	24.46

項目別	送到幼稚園	全日寄養在親戚家	全日寄養在保母家	送到寄養家庭或育幼院所	工作場所設置托嬰中心	其他
百分比	41.21	0.44	0.38	-	-	0.31
按兒童年齡分						
零~未滿三歲	10.26	1.28	0.26	-	-	0.51
三~未滿六歲	51.25	0.17	0.42	-	-	0.25

資料來源：內政部（2001）。

三、嬰幼兒保育的重要性

游淑芬等（2002）認為，嬰幼兒保育重要性可區分為三方面來分析，如下說明：

（一）嬰幼兒保育對個人重要性

在人的一生當中，嬰幼兒時期是最富「依賴性」和「可塑性」的階段。從出生起，每一個嬰幼兒都有它天生的氣質，如能配合嬰幼兒獨特的氣質，適時適地的教導，即可從小培養良好習慣，啟發心智的發展，對於個體潛能的發揮與未來的社會適應都有很好的助益。嬰幼兒時期對病菌的抵抗力較弱，因此罹患各種傳染病的機會較多，死亡率也較高。此外，由於動作發展尚未成熟，對危險的警覺性不夠，很容易發生意外事故。因此在保育上，要特別注意營養衛生及安全措施，讓嬰幼兒得以健康地成長。

（二）嬰幼兒保育對家庭重要性

幼兒是家族的傳承者，也是家庭快樂的泉源。在工業社會裡，生活忙碌緊張，小嬰兒的出生雖然帶來不少負荷，但是也帶來了生命的喜悅，為夫妻感情生活增添許多甜蜜和歡笑。不過，唯有身心健全的兒女才能帶給家庭幸福快樂。如果父母或照顧者沒有善盡保育責任，導致兒女體弱多病、受傷殘障，或是行為偏差、人格異常，將會使整個家庭陷於愁雲慘霧之中。因此，重視嬰幼兒保育才能塑造身心健康的下一代，為家庭帶來快樂和希望。

（三）嬰幼兒保育對國家社會重要性

嬰幼兒是國家未來的主人翁，也是社會明日的中堅分子。但是，個人長大成人之後，可能成為國家的棟梁，也可能成為社會的敗類，端視他在成長過程中能否得到良好的培育。

綜合以上之論述，本書認為幼兒保育的重要性，宜從三方面加以探討，說明如下：

1. **對幼兒本身而言**：幼兒期是人生發展的奠基期，舉凡生理、心理、社會等方面的發展都影響一生甚巨，故有必要在幼兒期做好保育工作。

2. **對家庭本身而言**：幼兒保育工作做得好時，家中的幼兒成長順利，發展潛能，帶給家庭無比的歡樂，也讓這個家庭的未來生生不息，往欣欣向榮之境界邁進；反之則不然。

3. **對國家社會而言**：一個人將來是否能為國家、社會所用，就要看在成長過程中是否得到良好的塑造，唯有經過完美教育環境的陶冶和妥善的保護措施，始能培養出良才，回饋社會，為國家盡一己之力。

 # 第四節　幼兒保育的任務

壹、發展任務的意義

在某一個社會裡，個體達到某一個年齡時，社會期待他在行為發展上應該達到的程度，稱為「發展任務」（developmental tasks）（張春興，1991）。也就是個人在發展的某一階段必須學習的工作，亦即是達成該階段良好的個人適應與社會適應必須面對的核心問題（賈馥茗等，1999）。

對一個幼兒來說，自當不例外，幼兒的成長也依照一定的生長模式，生理年齡到達某一階段，他的心智發展、動作發展、社會化發展

等，都被我們期許著有某種表現，幼兒保育的任務就是希望能達到我們所期待的表現，而欲達成這些任務只有仰賴幼兒保育了。

貳、幼兒保育的任務

至於幼兒保育的任務是什麼呢？我們可從下列六方面來談（如表1-8所示）：

一、給予幼兒良好的生長環境

從廣義的範圍而言，必須有充足的陽光、清新的空氣、品質好的水源，以及和樂安詳進步的社會。狹義的方面，則包括廣大的生活空間、清潔乾淨的居住環境，也就是幼兒生長的家庭空間要大，要注意家庭的環境衛生，以及良好的家人關係。

二、提供幼兒適當的營養

適當的營養是身體成長的基礎，所謂「適當」包括三層意義：

1. **足夠的營養**：營養充足，才能使身體有正常的發育；營養不良，會使身體成長造成遲滯的現象。
2. **均衡的養分**：不偏食，對食物要有廣泛興趣，如此才能攝取到應得的各種營養素。
3. **食物要節制**：目前臺灣經濟發展迅速，人民大都有足夠的營養，而須注意到的是，切忌有過多的養分，以免因過多的營養，造成身體機能的不適應，如肥胖症等，有礙身體健康。

三、訓練幼兒動作發展

每一個人成長到一個階段終究要獨立的，因此在幼兒期，我們就應該開始訓練幼兒的動作能力，包括粗動作、細動作、大肌肉、小肌

肉以及全身跑、跳、翻滾的各種動作技能，具備這些以後，身體能活動自如、靈活運用，才是謀生、獨立生活的基本技能。

四、啟發幼兒的智能發展

一般心理學者，認為一個人的智能，在幼兒期的發展甚速，而且已完成了相當的比例，因此，在幼兒期即注重智能的啟發是絕對有必要的。智能發展包括一般智力（如思考力、創造力、理解力、記憶力、想像力等）及特殊能力（如音樂能力、美術能力、運動能力等）。

五、陶冶良好的人格及情緒模式

良好的人格模式及情緒發展，對心理健康有莫大的幫助，故在幼兒期必須注重此種陶冶。一個人有良好的人格及情緒，對日後本身的進德修業、家人關係及同儕關係，都會有所助益，而這些助益，往往是一個人邁向成功的根本。

六、促進社會化發展

人是群性的動物，自出生後即生長於家庭，而後社區乃至於整個社會，凡此種生活領域的擴展，都是社會化的途徑，一個社會化良好的人，必能贏得親戚朋友的好感，而願意與之為伍；相反地，若是社會化不好，可能孤獨、寂寞，沒有人願意與之相處，因此，在幼兒期發展社會行為也是必需的。

綜上所述，幼兒保育的任務，除了要注重幼兒本身身心健全發展外，更要促進其將來獨立謀生的能力。因此，只要有助於此二者之發展者，都是幼兒保育工作範圍，欲達成此一任務，所必需的保育工作是屬於多元性的，亦即從生理（健康、營養、衛生保健、疾病預防等）以及心理（人格、情緒、智能、社會化等）著手，並且交互影響，達成一個完美、優秀的個體，如此才算是完成幼兒保育的任務。

表1-8　幼兒保育任務重點摘要表

保育任務	保育重點
給予幼兒良好的生長環境	・廣義：充足的陽光、清新的空氣、品質好的水源與和樂安詳進步的社會 ・狹義：廣大的生活空間、清潔乾淨的居住環境與良好的家人關係
提供幼兒適當的營養	・足夠的營養 ・均衡的養分 ・營養要節制
訓練幼兒動作發展	・粗動作、細動作、大肌肉、小肌肉 ・全身跑、跳、翻滾的各種動作技能
啟發幼兒的智能發展	・注重智能的啟發 ・一般智力（如思考力、創造力、理解力、記憶力、想像力等） ・特殊能力（如音樂能力、美術能力、運動能力等）
陶冶良好的人格及情緒模式	・心理健康有莫大的幫助 ・一個人邁向成功的根本
促進社會化發展	・社會化良好者，必能贏得親戚朋友的好感 ・社會化不良者，可能孤獨、寂寞。

第五節　幼兒保育研究法

　　幼兒保育是一種實務工作，但也是一門科學的研究，其主要的目的是幫助父母或保育員瞭解有關幼兒發展上的順序與預期的模式。舉凡幼兒的各種行為，如飲食、睡眠、排泄、穿衣等，都是依照一定的模式而且大部分可以預知的階段發展而來的。因此，研究幼兒的保育，許多保育上的問題，可依研究結果迎刃而解。如幼兒出現某種情

況時，我們已經預先知道這些是發展過程中必然的現象，而能處之泰然；此外，科學研究一日千里，許多過去的保育方法未必適合於現在，許多西方的研究結果，也未必適用於我國，基於時間、空間的差距，吾人不得不更努力於研究工作上，更甚者，為適應現階段工商業社會的生活方式，職業婦女日漸增多的情況，幼兒保育的問題似乎不能一成不變的沿用農業社會的保育方法，面對這些問題，如何為幼兒得到一個最好的保育方式，就是研究工作的範圍了，同時也說明了幼兒保育研究的重要性。

任何科學研究，均有其困難及限制，幼兒保育的研究也不例外，Hurlock（1978）在他所著的《兒童發展》（*Child Development*）一書中，就曾提到精確數據的取得不易，一方面是在研究幼兒時，實驗室及實驗情境的控制困難；二方面要從未受過訓練的父母親取得研究資料也是一個問題。此外，研究幼兒有別於動物，在近代史上有些極權政府利用人類的身體做實驗的工具，這是很不合人道的，所以在幼兒保育上的研究，我們常先由動物，如小白鼠、猴子等實驗結果，慢慢的推演到幼兒來。另外一個問題是對幼兒做長期研究的困難，因為涉及到實驗者的毅力，實驗者亦可能由於種種原因放棄實驗；對於幼兒而言，亦可能因成長環境的改變（如搬家、家中變故、上托兒所等），而改變實驗情境，造成研究結果錯誤。凡此種種，都是在做幼兒保育研究上不可不事先注意的事項。總之，為得到一個正確的結果，研究者必須在實驗前設計、實驗中變項（variable）的控制、數據的取得都有嚴密的規劃才可以。

壹、幼兒發展的研究方法

幼兒發展的研究方法可分下列兩種，分述如下：

一、橫斷法

橫斷法（cross-sectional approach）乃是在同時間內就不同年齡層（different age group）的對象中選出樣本，同時觀察不同年齡層不同樣本的行為特徵。例如欲瞭解嬰兒長乳齒的時間、各年齡層的身體體重常模（norm）均可用橫斷法為之。其優缺點說明如下（Hurlock, 1978）：

(一) 優點

1.節省研究時間。
2.內容描繪不同年齡的典型特徵（typical characteristics）。
3.節省研究經費。
4.可由一個實驗者完成。

(二) 缺點

1.對整個研究過程只有一個概略的描述。
2.未考慮同一年齡層的個別差異。
3.未考慮不同時間內文化或環境的改變。

二、縱貫法

縱貫法（longitudinal approach）乃是對被研究對象的不同年齡階段加以研究，觀察在不同的年齡階段所表現的行為模式（楊國樞等，1988），例如要瞭解嬰幼兒長乳齒的順序、動作發展的過程均可用縱貫法為之。其優缺點說明如下（Hurlock, 1978）：

(一) 優點

1.可分析每位幼兒的發展過程。

2.可研究幼兒在成長過程中，量的增加（growth increments）。

3.提供機會去分析成熟及經驗過程的關係。

4.提供機會去研究文化及環境的改變對幼兒行為及人格之影響。

(二) 缺點

1.較費時，通常需要新的實驗者繼續追蹤研究。

2.研究經費昂貴。

3.所得數據處理不便。

4.難以維持最初的研究樣本。

5.必須時常以追溯的報告（retrospective reports）來補充資料。

表1-9　橫斷法與縱貫法優缺點比較表

研究方法	優點	缺點
橫斷法	1.節省研究時間。 2.內容描繪不同年齡的典型特徵。 3.節省研究經費。 4.可由一個實驗者完成。	1.整個研究過程只有一個概略的描述。 2.未考慮同一年齡層的個別差異。 3.未考慮不同時間內文化或環境的改變。
縱貫法	1.可分析每位幼兒的發展過程。 2.研究幼兒在成長過程中，量的增加。 3.提供機會去分析成熟及經驗過程的關係。 4.提供機會去研究文化及環境的改變對幼兒行為及人格之影響。	1.較費時，通常需要新的實驗者繼續追蹤研究。 2.研究經費昂貴。 3.所得數據處理不便。 4.難以維持最初的研究樣本。 5.必須時常以追溯的報告來補充資料。

資料來源：Hurlock (1978).

貳、幼兒保育的研究方法

幼兒保育的研究方法，在本章將分為以下三大類：

一、直接研究法

指研究者直接對幼兒實施觀察或實驗，直接研究法又可分自然觀察與控制觀察兩種。

(一)直接觀察法（natural observation）

研究者立於純粹旁觀的地位，觀察幼兒在自然情境下的活動，將之記錄下來，蒐集所欲研究之資料或數據，作為分析與欲解決問題之依據，此一方法又可分為：

1. 日記法（diary method）或稱傳記法（biographical method）：最初使用於研究嬰兒的生長及行為的發展，而且是在家庭中觀察自己的子女或其他親屬，需要天天觀察，時時記錄，此法之研究者常會遭到困難，例如費時費力，觀察項目太多有失重點等。

2. 行為觀察法（behavior observation method）：此法主要改良日記法之缺點，做行為專題研究，亦即限制行為觀察的內容，例如：專選一種行為（語言、吃飯、排泄、學習走路等）預擬記錄方式，做有系統的觀察，較漫無目標的觀察幼兒，易於蒐集具體的資料。此外，此法亦可把觀察時間予以限制，將觀察的次數分散支配，每次時間縮短。例如每天觀察一次或數次，每次十分鐘或半小時，這樣如果觀察次數多，分布得宜，所蒐集到的資料，亦具代表性。

(二) 控制觀察法（controlled observation）

控制觀察法是實驗者預先設計某種情境來影響幼兒的行為，然後觀察。這種方法又可分為下列兩種：

1. 實驗法（experimental method）：實驗法是實驗者在控制的情境下，有系統的操縱自變項（independent variable），使其按照預定的計劃改變，然後觀察自變項系統改變時對依變項（dependent variable）所發生的影響。例如某幼稚園教師為瞭解不同教學法（發現教學法與啟發式教學法）對幼兒學習「形狀」概念的影響，而隨機選取兩組幼兒，以同樣的老師及情境，實施不同的教學方式（自變項），數日後評估學習成果，如此可瞭解幼兒學習「形狀」時，以何種教學法較佳。

2. 測驗法（testing method）：測驗法是以一組標準化（standardize）的問題讓幼兒回答；或以一些作業讓幼兒去做，從其結果來評定幼兒的某項特質。例如以一組圖片（桌子、鉛筆、橘子、電視……）讓幼兒說出名稱，如此可測知對字彙瞭解的情形。

二、間接研究法

指研究者在從事幼兒研究時，不直接由幼兒方面取得資料，而假手他人取得所欲得到的資料，此法常因須靠第三者的觀察（尤其是未受過訓練的父母）及主觀的態度，所得資料並不一定十分可靠。間接研究法又可分為下列數種：

(一) 問卷法（questionnaire）

類似測驗法，研究者事先編好一份標準化的問卷，向幼兒的父母、保育員或其他關係人詢問。例如欲瞭解幼兒的「活動量」，可擬數個有關題目：「幼兒是否動個不停？」「幼兒是否喜歡往外跑？」……而後分數個等級讓父母填，如此可以知道幼兒是屬於活動型、安靜型或中庸型的。

(二) 晤談法（interview）

　　研究者將所欲得到的資料與父母、保育員面對面的溝通，如此亦是蒐集資料的好方法。例如保育員欲矯治某一幼兒的不良行為，遂以家庭訪問的方法，從幼兒母親得到一部分在家中的資料，如此將有助於矯治工作。

(三) 評估法（rating）

　　研究者就研究內容擬好一定之項目，請幼兒的關係人就每一項目評定等級。例如欲瞭解幼兒的健康狀況，若採評估法，可以身高、體重、膚色（臉色）、活動量等讓保育員評定等級（良好、好、普通、不好、很不好），如此大致可以得到結果。

三、個案研究法（case study）

　　是一種質性研究方法 （qualitative research method）。以一個幼兒為對象，有系統地從幼兒本身與其關係人蒐集相關資料，包括出生

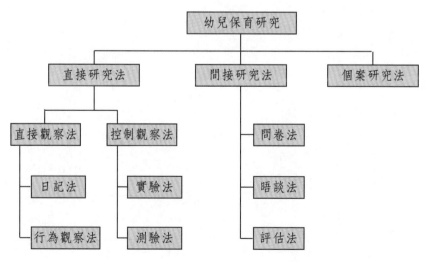

圖1-1　兒童保育研究方法架構圖

史、嬰幼兒期之情形、家庭狀況、社區自然及人爲環境、學校生活等
狀況。蒐集資料的方法可爲觀察、心理測驗、深度訪談、醫學檢定、
評估等，將所得資料做科學診斷、分析，以提出結論及改進意見。

參考書目

內政部（1993）。兒童福利法。總統華總（一）義字第○九一○○一二五一七○號修正第十七條、第二十五條條文。

內政部（2001）。**臺灣地區幼兒托育方式分析。**

內政部（2003）。兒童及少年福利法。總統華總（一）義字第○九二○○○九六七○○號。

王立杰（2001）。**嬰幼兒保育概論與實務。**臺北市：永大。

王建雅（2003）。**嬰幼兒教保概論。**臺北縣：啓英文化。

朱鳳英（2000）。**臺灣發展遲緩兒童通報轉介及個案管理服務現況—以臺北市為例。**臺北市：中華民國智障者家長總會。

沙依仁、江亮演、王麗容（2001）。人類行為與社會環境。臺北縣：國立空中大學。

沈麗盡（2004）。早期療育專業團隊之研究—以臺北縣市社會福利機構為例。臺北市：私立中國文化大學青少年兒童福利研究所碩士論文。

周震歐（2001）。**兒童福利（修訂版）。**臺北市：巨流。

林勝義（2002）。**兒童福利。**臺北市：五南。

張春興（1991）。**張氏心理學辭典。**臺北市：東華。

郭靜晃、吳幸玲（1993）。兒童發展—心理社會理論與實務。臺北市：揚智。

游淑芬、李德芬、陳姣伶、龔如菲（2002）。**嬰幼兒發展與保育。**臺北縣：啓英文化。

黃志成（2004）。**幼兒保育概論。**臺北市：揚智。

黃志成（2001）。家庭補助。載於周震歐（主編），**兒童福利。**臺北

市：巨流。

楊國樞、文崇一、吳聰賢、李亦園（1988）。社會及行為科學研究法。
臺北市：東華。

賈馥茗、梁志宏、陳如山、林月琴、黃恆、侯志欽（1999）。教育心理
學。臺北縣：國立空中大學。

Cole, L. & Hall, I. N. (1972) . *Psychology of Adolescence.* 臺北市：雙葉.

Erikson, E. H. (1963) . *Childhood and Society.* N. Y.: Norton.

Farzee, H. E. (1953) . Children Who Later Became Schizophrenic Smith
Call. *Stnd. Soc. Wk.,* 23, 125-149.

Freud, S. (1961) . *Civilization and its Discontents.* London: The Hogarth
Press.

Gesell, A., et al. (1956) . *Youth: The Years from Ten to Sixteen.* New York:
Harper.

Hurlock, E. B. (1978) . *Child Development* (6th ed.) . New York：
McGraw-Hill Inc.

Piaget, J. & Inheider, B. (1969) . *The Psychology of the Child.* New York:
International University Press.

第二章
胎兒的發展與保護

學·習·目·標

- 瞭解發展的意義及特質
- 瞭解胎兒的形成與發展
- 瞭解孕婦衛生與保健
- 瞭解胎兒的保護

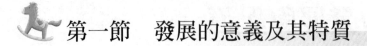

第一節　發展的意義及其特質

人類發展，是指個體從生命開始（亦即父精母卵結合之時），乃至於兒童、少年、青年、成人、老年身心發展的整個歷程而言。然而，幼兒保育人員若要做好保育工作，對於幼兒發展的整個歷程必須深入瞭解與掌握。而欲瞭解幼兒發展過程，對於嬰兒期、胎兒期甚至於胚胎期的整個發展亦應加以涉獵，如此才算完整。

壹、發展的意義

所謂「發展」（development）是一種有順序的、前後連貫方式做漸進的改變（Gesell, 1952）。Hurlock（1968）認為發展是一個過程，在這個過程中，內在的生理狀況發生改變，心理狀況也受到刺激而產生共鳴，使個體能夠應付未來新環境的刺激。黃志成、王淑芬（2001）認為，發展所指的不僅是軀體發生變化，心理方面亦隨之產生變化，其所帶來的改變，包括各種項目，諸如個人經驗範疇增加，力量、速度及動作技巧增加，社會關係的增廣，以及興趣、活動和價值觀的改變。賈馥茗等（1999）認為，發展的含義，包括三個觀念，從時間上來看：發展涵蓋了受孕到死亡的全部生命過程，整個生命過程都在發展性變化之中；從範圍上來看：發展牽涉到身心各方面結構和功能的變化，生活各方面都受到發展性改變的影響；從性質來看：發展代表著身心各層面「量」、「質」的變化。

循此，發展的意義，係指個體自有生命開始，其生理上（如身高、體重、大腦、身體內部器官等）與心理上（如語言、行為、人格、情緒等）的改變，其改變的過程是連續的、緩慢的，其改變的方

向係由簡單到複雜、由分化到統整；而其改變的條件，乃受成熟與學習，以及兩者交互作用之影響。

貳、發展的變化類型

幼兒發展上的變化，包括生理及心理方面，Hurlock（1978）曾提出在發展上的變化類型（type of change）：大小的改變、比例的改變、舊特徵的消失、新特徵的取得（見**表2-1**）：

一、大小的改變

在幼兒期，無論是身高、體重、胸圍以至於內部的器官都一直不斷的增長中。

二、比例的改變

幼兒並不是成人的縮影，在心理上不是如此，於生理上亦同。以頭部和身長的比例而言，在胚胎期，頭與身長的比例約為1：2，出生時約為1：4，而長大成人後約為1：7（或1：8）。在幼兒期的身心發展

表2-1　幼兒發展過程改變類型摘要表

類型	生理方面	心理方面
大小改變	・身高增長、體重增加等	・字彙增加、語句加長等
比例改變	・出生兒頭與身長的比例約為1：4，成人則約為1：7（或1：8）	・幼兒的想像力比推理能力好，而成人卻相反
舊特徵消失	・胎毛會掉落 ・乳齒逐漸脫落	・自我中心語言逐漸減少，增加較多的社會化語言 ・漸漸對父母減少依賴
新特徵獲得	・小肌肉精細動作逐漸成熟	・好奇、探索與好問

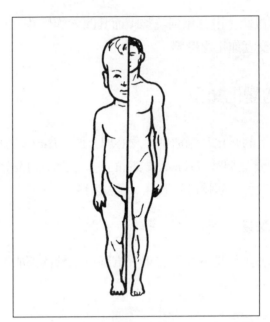

圖2-1　新生兒與成人身體比例的不同

資料來源：Buhler (1930).

上有其獨立的特質，絕不能以成人的眼光來看待他們。圖2-1顯示新生兒與成人在體型上有不同的比例。

三、舊特徵的消失

在個體的發展過程中，有些身心特徵會逐漸消失，例如嬰兒出生前，胎毛會掉落；在幼兒後期以及學齡兒童前期，乳齒也逐漸脫落；在語言方面，自我中心的語言會逐漸減少，轉而增加較多的社會化語言。

四、新特徵的獲得

個體身心若干新的特徵，有些是經由成熟，有些是經由學習和經驗獲得。例如在幼兒期手指精細動作會逐漸發展，在心理上表現得好

奇、探索、好問等。

參、發展的一般原則

隨著統計學的發展，許多研究幼兒生理、心理的學者將幼兒發展狀況加以歸納，如此可以得到一些概括性的結果，作為幼兒教育、保育之參考，根據許多研究結果，幼兒發展的一般原則大致可歸納如下（見**表2-2**）：

表2-2　個體發展一般原則摘要表

一般原則	摘要說明
早期比晚期發展重要	・若在早期發展得好，則對日後有正向的影響 ・三歲奠定一生基礎
發展依賴成熟與學習	・「成熟」是造成嬰幼兒發展的主因，兒童訓練成功的先決條件是「成熟」 ・「學習準備度」概念也充分反映出成熟觀點
發展的模式是相似的	・遵循從首到尾的原則，從中心到外圍的原則
發展中存有個別差異	・生理：遺傳、環境，如食物、氣候、空氣 ・心理：先天的稟賦、後天的刺激、學習有關
發展階段社會的期待	・每一個階段之發展任務均需要符合社會期待
從一般到特殊反應	・以情緒發展為例，出生嬰兒的情緒是籠統不分的，以後逐漸分化出不同的情緒
發展的速率有所不同	・神經系統、淋巴系統、一般身體生長系統、生殖系統，在各個發展時期的發展速率不同
發展是連續過程	・互相銜接、循序漸進的改變
發展具有相關性	・幼兒智力發展，必影響社會行為；動作發展，必影響身體健康

一、早期的發展比晚期的發展重要

人類的發展，以愈早期（如：胚胎期、胎兒期、嬰幼兒期）愈重要，若在早期發展得好，則對日後有良好的影響，反之則不然。這樣的觀點，早在數十年前，Freud就提出早期經驗的重要性。一般而言，人類自出生一直到十八歲，皆屬於成長發展的變化期，但因為人類的腦部在幼兒時最具可塑性，因此早期的教育與刺激，對兒童發展的效果最大且持續時間最長（黃天中，1992）。從出生到三歲是人類腦部活動最密集的時期，這段時期正是幼兒奠定一生智力、情緒與性格的關鍵階段，因此，早期的發展重於後期的發展。

二、發展依賴成熟與學習

幼兒的發展必須靠機能的成熟才可以學習，而學習以後，又可促進機能成熟，例如，幼兒學習寫字，必須依賴手掌、手指、骨骼發展成熟以後，才可開始學習，如此才可以學得好，寫得端正，也不會妨礙手掌骨骼的發展。因此，我們可以瞭解，個體在發展過程中，成熟與學習兩因素產生交互作用。不過，此種交互作用的影響隨著個體生長程度的改變而改變（黃志成、王淑芬，2001）。

Gesell和Thompson曾對同卵雙生子，以爬樓梯、堆積木、手眼協調等訓練，其實驗結果驗證：「成熟」是造成嬰幼兒發展的主因，而訓練成功的先決條件是「成熟」。另外「學習準備度」的概念也充分反映出成熟的觀點（黃志成，2004）。所謂「學習準備度」是指：如果兒童被評定為尚無能力學習某事，老師並不需要做什麼，而是等待兒童進一步成熟（林佩蓉、陳淑琦，2003）。然而，此一論點亦受到質疑，若評定未達發展水準的兒童，而學習歷程遭到停頓時，無疑是雪上加霜。

三、發展的模式是相似的

幼兒的發展模式具有相似性，如，從首到尾的原則（cephalocau-dal principal）、從中心到外圍的原則（proximodistal principal）（Gesell, 1954）。例如，嬰幼兒一定先會坐再會爬，然後才會站、走、跑，這種發展順序不可能顛倒；在語言的學習方面，先會發出幾個簡單的音，然後是字、詞、句子，這種發展次序對幼兒而言，亦是相似的。這種發展次序不但先後順序明確，而且極爲準確。

四、在發展中存有個別差異

個體所受的遺傳和環境不同，因此無論在生理和心理方面，沒有兩個人的特質完全相同，心理學家解釋這種現象稱爲「個別差異」（盧素碧，1993）。所以許多內在或外在的個別差異就因此而產生。生理上的不同，部分由於遺傳，部分由於環境，如食物、氣候、空氣；而心智上的不同，除與先天的稟賦有關外，亦與後天的刺激、學習有關。因此，幼兒在其發展歷程中，均有其獨特的特質。家長與師長應尊重其特質，並提供適合的教導策略。

五、社會對每一發展階段都有些期望

社會期望個人在每個年齡層必須發展出來的身心水準與行爲技能，稱之爲「發展任務」（developmental task），並認爲嬰幼兒期的發展任務爲：學習走路、學習食用固體食物、學習說話、學習控制排泄機能、學習認識性別以及有關性別的行爲和禮節、完成生理機能的穩定、形成對社會與身體的簡單概念、學習自己與父母、兄弟姊妹以及其他人之間的情緒關係、學習判斷「是非」，並發展「良知」（Havighurst, 1972），來符合社會的期待。

六、發展是從一般反應到特殊的反應

個體的身心發展或反應，都是籠統的、一般的反應在先，而精密的、特殊的反應在後。例如，在生理方面，以肌肉發展為例，全身的大肌肉發展在先，如走路和跑步；而局部的小肌肉發展在後，如堆積木和運筆寫字；在心理方面，以情緒發展為例，出生嬰兒的情緒是籠統不分的，例如，醒了要人抱、肚子餓了要吃奶等，新生兒都是哭著舞動全身，表現出同樣激動的情緒，而到三個月左右，就會開始分化出苦惱、愉快等情緒（王建雅，2003）。

七、發展是連續的過程

個體的發展，在每一個時期或階段是互相銜接、循序漸進的改變。因此，個體身心的發展是日以繼夜，夜以繼日，不斷的、緩慢的變化，整個過程完全是連續的。例如嬰兒長牙，乍看之下好像一夜之間牙齒露出牙根，實際上牙齒的發展早在胎兒期即已開始。

八、發展的速率有所不同

個體身心特質的發展速率有所不同，在某些時期的某些特質較快，而另外一些特質可能在不同的時期發展得較快，而就整個過程而言，是先快後慢的。各部分以不同速率發育，如圖2-2所示。初期時，幼兒神經系統（neural type）連結急速擴增，六歲已達成人的90%，十四歲已達100%。淋巴系統（lymphoid type）（包括扁桃腺、淋巴腺、胸腺等），嬰兒出生後急速上升，到兒童末期（十二歲）已達到頂點，其後則漸次下降；一般身體系統（general type）（包含骨骼、肌肉、內臟諸器官等全身組織），一至二歲急速上升，兒童期呈緩慢狀態，到二十歲左右達100%；至於生殖系統（genital type）（睪丸、卵巢、子宮等生殖器官），從出生至十二歲止，發育緩慢，十二歲以後急速發展，到二十歲時，達100%。

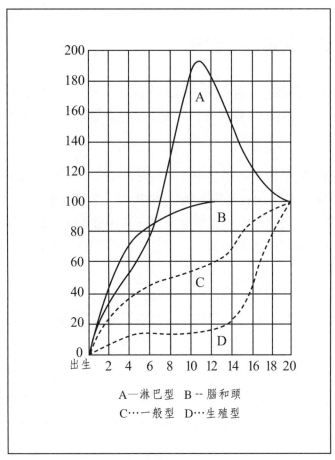

圖2-2　出生至二十歲的發展曲線
資料來源：Coursion (1972).

九、發展具有相關性

　　身心某一種特徵的成熟，必影響其他特徵的成熟。因此，任何一個特徵都不是孤立的，而是與其他特徵有關的。例如幼兒智力發展的結果，必影響社會行爲的發展；動作發展良好，有足夠的運動量，必影響身體的健康。

肆、影響幼兒發展的因素

影響幼兒發展的因素很多，但大體言之，可分為遺傳與環境。至於兩者中，對發展的影響何者較大呢？這是很難下定論的，不過吾人仍可以下列三法則來說明：

1. 就個體的整個發展過程中，某些時期遺傳較重要，而某些時期環境較重要，而有某些時期兩者的影響是差不多的。
2. 遺傳與環境對幼兒的影響並不是一成不變的，亦即在某些時期遺傳或環境的影響很大，而過了一段時間後，其影響可能會減少。
3. 對發展的單項特質（如智力、情緒、身高……）而言，有些特質受遺傳的影響力大於環境，而有些特質受環境的影響力大於遺傳。

由於心理學及生物學的進步，目前所要研究的，是遺傳潛能與環境的經驗如何共同作用以產生對發展最好的影響。茲將有關遺傳、環境及兩者交互作用之結果，對發展的影響簡單描述如下：

一、遺傳因素

受精作用時，父體的一個生殖細胞（精子）與母體的一個生殖細胞（卵子）結合為一，許多父母之生理、心理特質，由生殖細胞中的基因（gene）傳遞予子女，構成一個具有父母特質的下一代，此一過程稱為「遺傳」。王作仁（1992）認為，「遺傳」是經由親代配偶間交配，將親代的各種性狀傳遞給子代，使親代與子代間有相似型態與結構。

生殖細胞猶如一般的細胞一樣，大部分是「細胞質」（cyto-plasm），包含許多微細的結構，這裡面最重要的是一個「細胞核」

（nucleus），核內有一些「染色體」（chromosomes），這染色體便是遺傳的器官，染色體中包含著支配將來發展歷程的極小單位名為「基因」。人類細胞內具有的染色體共四十六枚，配合成二十三對，產生生殖細胞時，行「減數分裂」（reduction-division），即每個生殖細胞的染色體數目，只有身體細胞的一半，即由二十三對減為二十三單枚。成熟後的生殖細胞，經受精作用，精細胞的二十三單枚，和卵細胞的二十三單枚，結為一體，重新配成二十三對，所以新個體的特質，有來自於父方，亦有來自於母方，由此可知，胎兒、嬰兒的發展，與遺傳是息息相關的。

「優生保健法」第六條即對與遺傳有關之人民健康檢查、婚前健康檢查及劣質遺傳檢查（包括：遺傳性疾病、傳染性疾病和精神性疾病）有所規定。

二、環境因素

環境是圍繞著個體周圍的外界。個體自受精卵開始以至老死，無時不存在於某種環境之中，和環境發生密切的互動。懷孕期中，以母親的身體為環境——可稱為「母胎環境」（prenatal internal environment）；誕生後開始有「外界環境」（external environment），外界環境又可分為「物質環境」（physical environment）和「社會環境」（social environment）。根據上述之分析，我們將區分為「先天環境」、「後天環境」兩種，茲說明如下：

(一) 先天環境

又稱為「母胎環境」。胎兒若在母胎環境中，母親的生活、飲食、習慣深深影響到胎兒本身的健康與安全。因此，母親在懷孕期間若持續喝酒、抽煙、吸毒、感染病毒與服用有害胎兒藥物等，其母胎環境不佳時，便會影響胎兒發育與成長（黃志成、王麗美、高嘉慧，2005）。若母親能依照醫師指示定期產檢、注重營養、休息、運動、情

緒控制及衛生習慣，那麼母胎環境是優良時，胎兒健康與成長會受到保障。另外，Barrett（1999）認為，懷孕期間的良好營養非常重要，特別是對胎兒腦部的健康發展（引自葉郁菁等，2002）。

(二) 後天環境

又稱為「外界環境」。當新生兒脫離「母胎環境」時，便必須面對外界環境所賦予的考驗。如「物質環境」、「社會環境」兩種，分述如下：

1. 物質環境：又可分為自然的（空氣、氣候、水質）、人為的（營養、運動、疾病、睡眠）。然而，空氣污染、氣候變化無常、水質受到污染等，大自然不正常的變化，是造成幼兒發展最大的變數。另外，營養亦是嬰幼兒成長最大的動力來源之一，充足的營養能在成長時不受到限制，營養匱乏之嬰幼兒，導致體弱多病、成長遲緩。營養過剩時亦會發展出「肥胖症候群」。因此，針對營養的給予適當而不過當。適當的運動是促進嬰幼兒身體良好表現，如：早產兒提前誕生於世界上，比正常出生嬰兒較早接觸到胎外環境，在和環境的相互作用中，其大腦皮質發育較早（陳幗眉、洪福財，2001）。因此，運用嬰幼兒柔軟體操和運作，也普遍受到支持。睡眠是嬰幼兒的基本生理需求。許多嬰幼兒大部分時間都在睡覺，睡覺時間因人而異。根據研究指出，生長激素是在人入睡後才產生，一般晚上十時至凌晨一時為分泌高峰期，其分泌量約佔20％至40％。因此嬰幼兒若睡眠不足，便會影響生長激素分泌，不利成長。一晝夜幼兒睡眠次數與時間如表2-3所示：

2. 社會環境：包括「教育環境」與「家庭環境」。Bronfenbrenner（1979）依生態系統觀點分為巨視系統、中介系統與微視系統，其中巨視系統是指社會文化與意識型態；中介系統是指政府政策、兒童福利、傳播媒體等；微視系統則是指兒童、學校、同

表2-3　一晝夜幼兒睡眠次數與時間摘要表

年齡	白天		夜間持續時間（小時）	合計（小時）
	次數	每次持續時間（小時）		
六個月以內	3~4	1.5~2	10	16~18
七至十一個月	2~3	2~2.5	10	14~15
一至三歲	1~2	1.5~2	10	12~13
三至七歲	1	2~2.5	10~11	12~13

資料來源：王麗茹（2000）。

僑、宗教、社區、協會、醫院與家庭等，三個系統形成交互作用，彼此互相影響。因此，從生態取向的嬰幼兒發展觀點而言，個體在成長過程中，每個結構層次互相干擾、彼此牽連。例如，微視系統中，嬰幼兒生病必須至醫院看病，其涉及醫療補助乃是兒童福利政策，另外社會文化差異或者意識型態異同，亦會造成社會政策偏頗與社會福利觀之取向，乃至於影響嬰幼兒就醫行為及品質。以嬰幼兒為取向生態觀點如圖2-3所示。

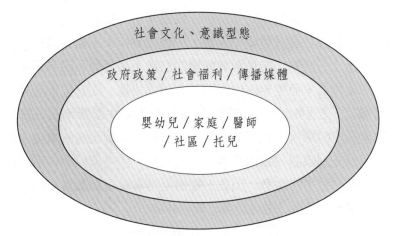

圖2-3　以嬰幼兒為取向生態觀點
資料來源：Bronfenbrenner (1979).

　　人類自受孕開始，即在母胎環境內成長，除了生理上受母親的影響很大外，母親許多心理上的狀況，如喜、怒、哀、樂亦間接的影響胎兒。出生以後，嬰幼兒的成長亦受地理、氣溫、濕度、物產等自然環境的影響，而在家人關係、社區環境、教育文化更直接的影響幼兒的成長。昔者孟母三遷，就是典型的環境影響兒童，行為學派（Behaviorism）就非常支持環境會影響兒童的成長。所以為了個體的發展，不論是母胎環境或外界環境，都有注意的必要。

三、遺傳與環境交互作用的影響

　　前已述及，遺傳與環境對個體的發展均有影響，是故單據「遺傳論」或「環境論」者，都失之偏頗。新近學者較有興趣研究遺傳與環境在何種交互情形下對某一特質的影響程度，例如同卵雙生子稟承上一代類似的遺傳，在出生後因環境刺激的不同，所造成的差異。

　　有一實驗說明了遺傳與環境之交互作用的影響：使用經過十三代培養之四十三隻聰明與愚笨的白鼠，分別混合置於刺激較多的環境（鼠籠內有蹺蹺板、坑道、石塊、鈴、鞦韆、鏡子、球以及盛食物和水的盒子等）與缺少刺激的環境（鼠籠內只有食物與水的盒子）是為實驗組；另外以十一隻聰明的以及十一隻愚笨的白鼠置於範圍較廣而比較不固定的普通實驗室環境中飼養，作為控制組。三組白鼠在四十天後各做走迷宮的測驗，結果兩實驗組的白鼠不論是聰明的或愚笨的，其成績均極類似，而控制組內的兩群白鼠之成績，則有很大的差別。在此情形下，控制組說明了遺傳有顯著的決定性影響，而在實驗組內，刺激較多的環境，有利於愚笨鼠的學習，而刺激少的環境，使聰明鼠的學習受到限制，致使原本不同的天賦，因受環境的作用，而表現出的成績有拉平的趨勢。因此，經由上述實驗可知遺傳和環境會交互影響到個體的發展（引自於黃志成，1999）。

第二節　胎兒的形成與發展

壹、生殖細胞（gametogenesis）與生殖系統

一、何謂生殖細胞

一切生物都是由細胞組合而成的，人類自不例外，細胞的種類很多，有些細胞專司運動，於是分化為肌肉細胞；有些細胞則專司感覺和傳導，乃分化為神經細胞；至於專司生殖作用的細胞，我們稱它為「生殖細胞」，生殖細胞可稱為是單細胞，在男性的生殖細胞為精子（sperm），在女性則為卵子（ovum）。

二、生殖系統

(一) 男性生殖器官

男性生殖系統的外生殖器，包括陰莖和陰囊，陰莖具有排尿及生殖功能，陰囊是懸垂於會陰部的袋狀結構，可分為兩個腔室，每個腔室內有一個睪丸，陰囊的功能乃維持低溫狀態藉以保護睪丸和精子。內生殖器官包括生殖腺（睪丸）、附屬器官（副睪丸、輸精管、射精管和尿道）和附屬腺體（精囊、前列腺、尿道球腺體與尿道腺體）。睪丸主要功能是製造精子即男性荷爾蒙。副睪丸可儲存精子並提供成熟的精子一種滋養液體，使精子停留在副睪丸中二至十天以完成成熟過程（林芳菁等，2003）。

精子是小型的鞭毛細胞所形成，每一個精子的全長大約是五十微

米，它是生命體，能單獨生活，每個精子包含有一個頭部，頭部以細胞核爲主體，裡面藏有許多遺傳物質；有個短短的頭部，一個中間體（身體）和一條長長的尾巴。精子的主要長度在尾巴，有了它便可在射精後，短短的一兩天內游動尋找卵子。自青春期開始，精子在男性的睾丸內製造，仔細觀察睾丸內的各類小管，我們可以看到製造精子的不同階段。完全成熟的精子隨時都可被釋放出，離開了原先附著的小管而隨波逐流跑到睾丸上儲存、成熟以備用（李鎡堯，1981）。

(二) 女性生殖器官

可分爲「外生殖器官」和「內生殖器官」。外生殖器官包括陰阜、大小陰唇、陰蒂、前庭和會陰。陰阜是一種覆蓋在恥骨聯合上脂肪組織，具有保護骨盆作用。內生殖器官包括陰道、子宮、輸卵管和卵巢。大陰唇具有保護小陰唇、陰道、尿道口功能。小陰唇具有外陰部皮膚及防水功能，其分泌物具有制菌效果。陰蒂含豐富血液及神經分布。陰道是一種具有彈性纖維的肉性管道，主要的功能包括月經週期時讓經血排出、性行爲中使精子通行，亦是胎兒生產時通道。子宮主要功能包括受精卵著床空間，提供胎兒營養與保護功能。輸卵管提供精子與卵子相遇管道。卵巢在腹腔內左右兩側，主要功能是製造女性荷爾蒙及排出卵子（林芳菁等，2003）。

成熟的卵子由肉眼勉強可以看到，像一個針頭大的小黑點，直徑約莫〇‧一三公釐，看來雖如此之小，但卻是人體中最大的細胞，比精子大約二千倍，它的型態，略如球形，內有養料供給胚胎最初幾天的利用，它們有生命，有單獨生活力。自青春期開始，女性的卵巢產生大量的女性激素，名爲動情激素（estrogen），這種激素促使腦下垂體分泌另一種激素，作用於一個卵泡上，使它迅速吸收比其他卵泡還多的液體，膨脹再膨脹，而後破裂才排出卵子（李鎡堯，1981）。

貳、受精（fertilization）過程

　　女性大約每二十八天排卵一枚，男性所產生的精子之數量相當多，平均每三立方公分之精液約有二億個精子。受到卵巢高濃度荷爾蒙的作用，月經週期的第十四天時，卵巢會排卵，當卵子排出後，就會進入輸卵管，並在體內存活十二至二十四小時，假使在這時間發生性行為，精子會經由陰道經子宮頸、子宮，到達輸卵管，與卵子在輸卵管外側三分之一的地方結合，成為受精卵。如果在這段時間沒有懷孕，子宮內膜就會在兩個星期後剝落出血，這就是月經。

參、著床（implantation）過程

　　受精作用通常在輸卵管內發生，正常受精的位置是在輸卵管外側三分之一處，卵細胞受精成受精卵後，一方面藉輸卵管管壁內纖毛的收縮而被運送，繼續向子宮運行；另一方面開始分裂，第一次卵細胞分裂，約在受精後二十四小時內行之，先分為二，四十八小時之內再分為四，以後即依等比級數進行，最初分裂的細胞集合成一群，恰好同桑椹一樣的形狀，叫「桑椹胚」（morula），受精卵到達子宮後，外層部分成為滋養層，滋養層附著在子宮內膜上，稱為「著床」，自受精到著床，通常在一週左右完成。

肆、懷孕時間（the time of pregnancy）

　　懷孕是從最近一次月經來潮的第一天開始算起，而非從受精當日。所以我們稱懷孕六週。事實上是指受精後約四週的時間。一般懷孕時間從最近一次月經的第一日算起到分娩，約為三十七至四十二週，平均是四十週時間（何容君譯，2004）。

伍、胚胎（embryo）之發育

受精作用完成後，受精卵大都在尋找自己的歸宿，此時自己亦不斷在快速分裂、增殖。進入第二週時，開始分化爲內胚層（endoderm）、中胚層（mesoderm）及外胚層（ectoderm）三種不同的胚層，每一胚層再繼續分化，形成各類細胞，終而構成身體的各種組織系統及器官。可分爲以下兩部分說明：

一、第三週至八週

受精後第三週至第八週稱爲胚胎期（period of embryo），亦即到第二個月止（註：爲方便計算孕期，以四週二十八天算一個月，這就是所謂的「妊娠曆」）。此時組織已明顯地分化出來，同時可以看到一段突出的小莖，連在胚胎和胎盤之間，這小段繫帶將來就成爲「臍帶」（umbilical cord），連接胎兒肚臍和胎盤。此期的胚胎已經有頭有尾，浮游於羊水中，其頭部特大，約占全身的二分之一。

二、第八週後

妊娠第八週以後，胚胎之三個胚層分化形成各個器官（李鑑堯，1981）：

1. 外胚層分化成神經組織、皮膚（表皮）、毛髮、皮脂腺、指甲、汗腺、乳腺、牙齒（琺瑯質）及感覺器官等。
2. 中胚層分化成骨骼、肌肉、腎臟、循環器官、脾臟、副腎、性腺、皮下組織及排泄器官等。
3. 內胚層分化成消化器官、肝、胰臟、呼吸器官、甲狀腺、咽喉及肺等。
4. 到本期之末，胚胎的長度約爲三‧八至五‧一公分，與受精時

單一個卵細胞相比，約增加了兩萬倍。所以胚胎期是個體整個
生命歷程中，發展最快，同時也是最重要的發展時期。此時母
親的月經已兩次沒來，可知道懷孕了。用超音波掃描（ultra-
sonography）可以聽到胎心音，也可以看到胎兒的心臟在跳動。

陸、胎兒（fetus or foetus）發育

自第九週到第四十週胎兒的發育詳述如下（林克臻，2003）：

一、第九至十二週

小嘴會開合，有吞嚥的動作。頭部、臉部各特徵已形成。手腳成
形，稍可活動，出現骨的骨核。這個月已經形成外生殖器之形狀，但
仍無法明確區分。羊膜腔的羊水開始積在胎兒周圍，以後的胎兒即如
浮在羊水中成長。由超音波可聽取心跳動。

二、第十三至十六週

身長約十五至十八公分。體重約一百至一百一十八公克。胎兒已
完全成形，由外生殖器，可分辨性別。皮膚呈透明漸帶紅色，表面可
看到很細的血管，同時長有胎毛。開始有胎動，但母親尚未感覺。到
四個月時胎盤始告發育完成，胎兒由胎盤和臍帶連結。初期腎開始排
泄尿。

三、第十七至二十週

身長約二十五公分。體重約二百二十五至三百公克。頭部約占總
體長三分之一，頭上出現少許頭髮。骨骼快速發育，手臂與腿成比
例。有胎便出現。全身的皮膚生有胎毛。皮下脂肪長出，皮膚變成不
透明。胎動較明顯，母親可以感覺到。由聽診器可聽取胎兒心音。

四、第二十一至二十四週

　　身長約三十二公分。體重約六百至七百公克。頭髮、眉毛、睫毛開始生長。骨骼堅硬，胸骨形成。皮下脂肪漸漸增加，但皮膚還很薄且多皺，並且為皮脂腺分泌物（胎脂）和胎毛所覆蓋。胎兒浮動於羊水中，容易變動其位置。胎兒會吸吮手指，握緊拳頭，胎兒運動強壯而有力。

五、第二十五至二十八週

　　身長約三十六至四十公分。體重約一千至一千二百公克。皮下脂肪開始沉積，皮膚呈紅色皺褶。男胎到這個時候睪丸已進入陰囊內，但還不完全。女胎大陰唇的發育還不完全。若在此時分娩，因身體發育尚未成熟，故很難養育，此期以前胎兒產出，一般稱為流產。胎兒活動頻繁，胎位仍會改變，有睡眠與活動交替的現象，對外界聲音有反應。眼睛已經可以睜開，手腳可自由伸展擺動。

六、第二十九至三十二週

　　身長約四十二公分。體重約一千八百至二千三百公克。皮膚呈淡紅色較少皺褶，指甲長出，皮膚長滿胎毛。胎兒的活動力變強，運動強而有力，在外面都可察見，從這個時候起，大多數胎兒頭部向下（正常胎位）。骨骼已發育完全，但很柔軟，體重迅速增加。胎兒若在這時出生，其生活力弱，應在保溫箱特別照顧。

七、第三十三至三十六週

　　身長約四十八至五十公分。體重約二千七百至三千二百公克。皮下脂肪的發育良好，使身體的皺紋減少，體重增加的速率大於身高。胎毛漸脫落，指甲已長好，皮膚變得平滑，男女性器發育完成。胎兒的循環、呼吸、消化等器官發育成熟。由於子宮內空間愈來愈小，所

以胎兒的活動也較少。這個時期出生雖然還未成熟，但在保溫箱中，照顧得當，生存機會很大。

八、第三十七至四十週

身長約五十公分。體重約三千二百公克。近來三千五百公克的胎兒也不少。皮膚光滑圓潤，除雙肩四周外，皮膚無胎毛。頭髮約二至四公分。顱骨堅硬，耳鼻軟骨充分發育。胎脂布滿全身，特別是腋下及股溝。胎盤開始逐漸鈣化，表示已經成熟。

九、第四十週起

超過預產期後，羊水會逐漸減少，臍帶被壓迫的機會增加，造成胎兒窘迫。嚴重時有胎便吸入的危險。同時胎兒心跳會因羊水減少、臍帶受到壓迫而有減慢的變化。30%的過期妊娠，胎兒會有皮下脂肪減少、乾而皺的皮膚、缺乏胎脂、毛髮多、指甲長等等，稱為「過熟症候群」。此種症候群，若合併羊水過少及胎盤功能退化時，死亡率及罹病率均會增加。過期妊娠而胎盤功能不佳的話，會使胎盤分泌的荷爾蒙減少，並引起胎兒生長遲滯，胎兒體重有時反而會減輕。這些嬰兒，特別是體重少於二千五百公克者，預後非常不好。過期妊娠而胎盤功能良好的話，胎兒可以繼續生長，使得巨嬰症的機會比一般人多。易在生產過程中發生肩難產、顱內出血、鎖骨骨折等合併症。

表2-4 產前三階段生理狀況及特徵摘要表

受孕期	受精週期	平均身長	平均體重	生理特徵
胚種期	1~2週			・受精卵分裂增殖，形成「桑椹胚」 ・「桑椹胚」在子宮內著床
胚胎期	3~8週	2.5~3公分	4~5公克	・頭部及身體分明，頭部約占全身二分之一，頭部腮裂及腮弓突起 ・手、腳、眼睛、口唇、鼻梁、嘴巴已經能夠辨別 ・心臟開始搏動 ・周圍絨毛組織漸漸發育形成胎盤。絨毛細胞為了持續懷孕的需要，會分泌出荷爾蒙
胎兒期	9~12週	7~9公分	30公克	・小嘴會開合，有吞嚥的動作。頭部、臉部各特徵已形成。手腳成形，稍可活動，出現骨核 ・這個月已經形成外生殖器之形狀，但仍無法明確區分 ・羊膜腔的羊水開始積在胎兒周圍，以後的胎兒即如浮在羊水中成長 ・由超音波可聽取心跳動
	13~16週	15~18公分	100~118公克	・胎兒已完全成形，由外生殖器可分辨性別 ・皮膚呈透明漸帶紅色，表面可看到很細的血管，同時長有胎毛 ・開始有胎動，但母親尚未感覺 ・到四個月時胎盤始告發育完成，胎兒由胎盤和臍帶連結 ・初期腎開始排泄尿
	17~20週	25公分	225~300公克	・頭部約占總體長三分之一，頭上出現少許頭髮 ・骨骼快速發育，手臂與腿成比例。有胎便出現 ・全身的皮膚生有胎毛 ・皮下脂肪長出，皮膚變成不透明 ・胎動較明顯，母親可以感覺 ・由聽診器可聽取胎兒心音

（續）表2-4　產前三階段生理狀況及特徵摘要表

受孕期	受精週期	平均身長	平均體重	生理特徵
	21~24週	32公分	600~700公克	· 頭髮、眉毛、睫毛開始生長 · 骨骼堅硬，胸骨形成 · 皮下脂肪漸漸增加，但皮膚還很薄且多皺，並且為皮脂腺分泌物（胎脂）和胎毛所覆蓋 · 胎兒浮動於羊水中，容易變動其位置 · 胎兒會吸吮手指，握緊拳頭，胎兒運動強壯而有力
	25~28週	36~40公分	1000~1200公克	· 皮下脂肪開始沉積，皮膚呈紅色皺褶 · 男胎這時睪丸已進入陰囊內，但還不完全 · 女胎大陰唇的發育還不完全 · 若在此時分娩，因身體發育尚未成熟，故很難養育，此期以前胎兒產出，一般稱為流產 · 胎兒活動頻繁，胎位仍會改變，有睡眠與活動交替現象，對外界聲音有反應 · 眼睛已經可以睜開，手腳可自由伸展擺動
	29~32週	42公分	1800~2300公克	· 皮膚呈淡紅色較少皺褶，指甲長出，皮膚長滿胎毛 · 胎兒的活動力變強，運動強而有力，在外面都可察見，大多數胎兒頭部向下（正常胎位） · 骨骼已發育完全，但很柔軟，體重迅速增加 · 胎兒若在這時出生，其生活力弱，應在保溫箱特別照顧

（續）表2-4　產前三階段生理狀況及特徵摘要表

受孕期	受精週期	平均身長	平均體重	生理特徵
	33~36週	48~50公分	2700~3200公克	· 皮下脂肪的發育良好使身體的皺紋減少，體重增加的速率大於身高 · 胎毛漸消除，指甲已長好，皮膚變得平滑，男女性器發育完成 · 胎兒的循環、呼吸、消化等器官發育成熟 · 由於子宮內空間愈來愈小，所以胎兒的活動也較少 · 這個時期出生雖然還未成熟，但在保溫箱中，照顧得當，生存機會很大
	37~40週	約50公分	3200公克	· 近來3500公克的胎兒也不少 · 皮膚光滑圓潤，除雙肩四周外，皮膚無胎毛 · 頭髮約2至4公分。 · 顱骨堅硬，耳鼻軟骨充分發育 · 胎脂布滿全身，特別是腋下及股溝 · 胎盤開始逐漸鈣化，表示已經成熟

資料來源：林克臻（2003）。

　　根據研究顯示，每一位經過正常懷孕而出生的嬰兒，彼此有很明顯差異。探討二次世界大戰期間血親出生體重與飢荒的相關研究，得到結論：新生兒之間的差異性主要是因為子宮的環境不同所造成，而非來自基因遺傳的影響（Barker, 1994）。近年來，臺灣人民生活水準較過去提高甚多，而且少子化現象普遍，因此，對於懷孕時的營養與照顧，受到周全的考量，大大影響新生兒體重增加的趨勢。

第三節　孕婦之衛生與保健

壹、預產期的算法

　　預產期是從最後一次月經的第一天算起，平均為二百八十天（四十週）左右。預產期的計算是以最後一次月經的月份加上9，日數加上7來預估。例如，最後一次月經是4月4日，則預產期為1月11日。

貳、產前檢查

　　如果由醫生證實確為懷孕，須於醫生規定的時間，做連續性的就診，即所謂產前檢查。產前檢查的目的在於保持孕婦的健康，明瞭胎兒的發育情形，對於有畸形發展之胎兒盡早處理，又可早期發現對妊娠不利之各種疾病，以便早期治療。

　　根據「全民健康保險預防保健實施辦法」第二條第二款及第三條第四款明文規定，全民健康保險預防保健實施對象及提供保險給付時程分列如下（行政院衛生署，2004a）：

一、給付時程

　　1.懷孕未滿十七週給付二次。

　　2.懷孕十七週至未滿二十九週給付二次。

　　3.懷孕二十九週以上給付六次。

　　4.合計共給付十次產前檢查服務（除十次產前檢查之外，懷孕過程中如準媽媽有任何不適，亦可持健保卡依一般疾病就醫之程

序至特約醫療院所就診）。

二、服務項目

1. 第一次產前檢查：問診——家庭疾病史、過去疾病史、過去孕產史。身體檢查——身高、甲狀腺、乳房、骨盆腔、胸部、腹部檢查。實驗室檢查——血液常規、血型、Rh因子、梅毒檢查、尿液常規。例行產檢查——問診：本胎不適症狀，如腹痛、出血、頭痛、痙攣。身體檢查——體重、血壓、子宮底高度（腹長）、胎心音、胎位、水腫、靜脈曲張。實驗室檢查——尿蛋白、尿糖。

2. 第二次產前檢查：問診——本胎不適症狀，如腹痛、出血、頭痛、痙攣。身體檢查——體重、血壓、子宮底高度（腹長）、胎心音、胎位、水腫、靜脈曲張。實驗室檢查——尿蛋白、尿糖。

3. 第三次產前檢查：同第二次產前檢查項目並加做超音波檢查。

4. 第四次產前檢查：同第二次產前檢查項目。

5. 第五次產前檢查：同第二次產前檢查項目並加做梅毒檢查、B型肝炎表面抗原檢查、B型肝炎E抗原檢查、德國麻疹免疫球蛋白G檢查等。

6. 第六至十次產前檢查：同第二次產前檢查項目。

表2-5　孕婦產前檢查項目摘要表

檢查項目	週數	檢查重點	備　註
驗孕 （urine pregnancy test）	4~6週	1.確定懷孕與否 2.驗尿，必要時驗血中絨毛性腺激素，一般月經過期一週可驗出	
一般檢查	6週以後	1.測量體重上升的情形 2.血壓 3.水腫 4.尿糖 5.尿蛋白 6.胎兒心跳 7.子宮大小 8.胎兒位置 9.完全血球計數（CBC） 10.梅毒血清試驗（VDRL） 11.尿液分析	・每次產檢必檢查項目。
	8~10週	1.心臟聽診 2.骨盆腔檢查 3.子宮頸抹片 4.乳房檢查	・回診，看檢驗結果做進一步的檢驗，必要時做基本身體檢查。
特殊檢查 （special prenatal tests）	8~12週	懷孕初期超音波檢查	・懷孕初期要做一次超音波檢查。確定胎兒數目、心跳、位置。
	16~18週	1.母血唐氏症篩檢 2.羊膜穿刺	・母親年紀愈大，胎兒唐氏症機率愈高，三十五歲以上孕婦的機率約為三百分之一，三十四歲以下孕婦機率雖低，但有80%的唐氏兒的母親在三十四歲以下（因為三十五歲以上孕婦少），為檢驗三十四歲以下孕婦，因此須做母血唐氏症篩檢，可篩檢出60%的唐氏兒。 ・羊水穿刺，抽出約20西西羊水，羊水內有胎兒細胞可做培養，用秋水仙素刺激固定，做染色體檢查，其危險性全國為千分之五，羊膜穿刺有問題，再做絨毛穿刺。

（續）表2-5　孕婦產前檢查項目摘要表

檢查項目	週 數	檢查重點	備 註
	20~22週	超音波胎兒篩檢	• 懷孕初期40%的唐氏兒危險性，在懷孕二十週時，超音波掃描器由孕婦腹部表面檢查，檢查胎兒大小、腦、脊椎、顏面、唇、心臟、胃、膀胱、腹壁、四肢、性別、臍帶血管、胎盤位置、羊水量、估計妊娠齡等，有異常者，在法律允許二十四週內終止懷孕，懷疑染色體異常胎兒可接受羊膜穿刺。
	24~28週	1.妊娠糖尿病 2.德國麻疹IgG抗體 3.B型肝炎抗原	• 約1%至3%的孕婦有妊娠糖尿病，可能造成巨大胎兒，甚至危及胎兒及母體。 • 陽性者表示曾感染德國麻疹，具有終生免疫力。 • 陰性者表示未曾感染德國麻疹，懷孕時應避免感染，產後可考慮接種疫苗。 • 懷孕中感染德國麻疹時，應立即就醫以確定診斷，畸胎的比率較高，可考慮終止懷孕。 • B型肝炎表面抗原陽性者為B型肝炎帶原。 • 所有胎兒出生後須按時注射肝炎疫苗。 • E型抗原陽性者感染性較強，新生兒須於出生二十四小時內注射球蛋白。 • 產前須領取肝炎手冊，以便疫苗接種。 • B型肝炎帶原者仍可餵哺母乳。
	32~34週	胎兒生長超音波評估	• 評估胎兒生長速度。 • 胎兒生長遲滯可能因母體、胎盤或胎兒本身的因素造成，若無特殊原因也須定期追蹤並做超音波生理功能檢查。 • 巨大胎兒可能危及母體及胎兒本身的健康。
	36週以上	胎心胎動檢查	• 每週一次或兩次檢查胎盤功能是否健全。 • 用胎兒監視器偵測有無胎動及胎動時胎兒心跳變化情形。 • 若胎動時胎心反應不良可能為胎兒窘迫，應做催產素刺激試驗（OCT），若確為胎兒窘迫則應盡快使胎兒產出。

（續）表2-5　孕婦產前檢查項目摘要表

檢查項目	週數	檢查重點	備註
	42週以上	懷孕42週以上	• 若懷孕週數無誤，可考慮催生使胎兒產出，以免過期懷孕對胎兒的不良影響。

資料來源：整理自張峰銘（2003）。

參、孕婦的營養及飲食

母親的飲食和胎盤運送養分的能力，會影響胎兒的營養供應。子宮內的環境對於胎兒大腦、肌肉和脂肪組織的發育非常重要，在胎兒期，這些細胞快速分化與複製。營養不良或缺氧會使細胞分裂速度變慢，而且證實會對某些器官造成永久性傷害（葉郁菁等，2002）。因此為了母體本身的健康及胎兒的生長發育，孕婦的營養攝取是否平衡是非常重要的。

一、營養需求

孕育一個新生命，對媽媽的影響遠及於其人生後半期的健康狀況與生活品質。因此，一套完整的孕產期照顧計劃應該包含：「孕前準備」、「孕期照護」與「產後調理」三大部分，不同的階段應配合不同的營養需求（臺大醫院婦產部，2004）。

(一) 孕前準備

1.均衡多變化的飲食：每天攝取六大類食物，盡量包括二十種以上的各式天然、新鮮食物。來自於六大類食物的變化愈多，愈容易攝取足夠的營養素，如果平日有偏食的習慣，應及早改善。

2.維持理想體重：體重是判斷母體健康狀況與影響胎兒生長發育及懷孕結果的重要參考指標，即早調整體重至理想範圍，才能

減低孕期疾病的罹患率與死亡率。

理想體重＝身高^2（公尺）×22（±10%都屬於理想體重範圍）。

3. 酸的補充：缺乏葉酸是造成「胎兒神經管缺陷」的主因之一，神經管缺陷在懷孕初期發生。要預防此情況，應在懷孕前三個月開始補充。含葉酸豐富的食物包括：深綠葉蔬菜、枸櫞類水果（柳丁、橘子）、肝臟、酵母、豆類、核果類、小麥胚芽、全穀類、蛋黃及強化葉酸的早餐穀類與營養品，如仍無法達到建議量，在醫師或營養師的評估下，可使用補充劑。

(二) 孕期照護

孕期飲食是為保護胎兒與母體健康而吃，飲食不宜隨性或限制過度。在不同時期中（如表2-6說明），準媽媽的營養需求應做不同的調整。

1. 熱量：第二、三期分別增加三百大卡，供胎兒生長發育所需，並為哺乳做準備。

2. 蛋白質：各期分別增加二、六、十二公克，每日蛋白質攝取量的一半須來自高生理價值的動物蛋白，如奶、蛋、肉、魚等，搭配植物蛋白，如豆漿、豆腐等黃豆製品。

3. 鈣質：第二、三期增加五百毫克，提供胎兒骨骼發育所需。奶類的分量安排在二份，配合高鈣食物，如小魚干、牡蠣、海藻、黑芝麻、豆腐、大豆類製品等，以確保足量的鈣質攝取。

4. 鐵質：懷孕末期增加三十毫克攝取量，除選擇鐵質含量豐富的食品（紅肉類、肝臟、豬血、豆類、深綠葉蔬菜、全穀類、強化鐵質食品、葡萄乾及乾果等），必須考慮使用鐵劑，以補充食物中無法達到的建議量。

5. 維生素C與維生素A：懷孕期間維生素的需要量增加，蔬菜、水果的選擇更為重要，每天至少安排三份蔬菜及二份水果，多選擇各種顏色（綠色、橘色或黃色）的蔬果。

表2-6　成年婦女於懷孕期與哺乳期之每日營養素建議攝取量

營養素／時期	熱量 大卡	蛋白質 克	鈣 毫克	鐵 毫克	維生素 A I.U.	維生素 D 毫克	維生素 B₆ 毫克	維生素 B₁₂ 毫克	葉酸 微克	維生素 C 毫克
成年女性	1700	55	600	15	4200	5	1.4	2	200	60
懷孕第一期	+ 0	+ 2	+ 0	+ 0	+ 0	+0	+0.2	+0.2	+200	+ 0
懷孕第二期	+300	+ 6	+500	+ 0	+ 0	+5	+0.5	+0.2	+200	+10
懷孕第三期	+300	+12	+500	+30	+ 850	+5	+1.0	+0.2	+200	+10
哺乳期	+500	+15	+500	+30	+3000	+5	+0.5	+0.6	+100	+40

資料來源：行政院衛生署（2004b）。

6.葉酸：在懷孕各期應增加二百至四百微克，懷孕第一期應特別
　注意。

7.維生素B₁₂：吃全素者可能攝取不足，應請醫師或營養師協助，
　以免發生惡性貧血，影響胎兒發育。

8.纖維質與水分：選擇纖維質含量豐富的蔬果及全穀類，配合每
　日六至八杯水分攝取，以促進身體代謝與預防便秘發生。

9.建議避免攝取酒、咖啡及茶。

(三) 產後調理

懷胎及產程耗損了母體的資源，需要利用坐月子期間的補充營養

來修復。傳統習俗認為：「坐月子是女性一生重要的大事，攸關日後身體的健康」，說明「休養生息」對母體體質調理的重要。說明如下：

1. 不要設定太多的飲食禁忌，愈多的飲食限制，愈不容易獲取足量的營養素，影響產後復元的速率。
2. 選擇營養素含量豐富的六大類食物，哺乳媽媽在質與量上都需要增加，以提供熱量與營養素於泌乳時的需要；而不哺乳媽媽不需要增加熱量與營養素的攝取，但應注意飲食的品質。
3. 飲食避免油膩、重口味及辛辣刺激性食物，以多變化的新鮮食材為選擇原則。
4. 傳統的觀念上，有許多的蔬菜、水果是坐月子的飲食禁忌，但提供蔬菜水果，可以減少便秘發生及提高維生素或礦物質的攝取。
5. 攝取適當的水分，避免咖啡及酒精飲料。

二、其他注意事項

(一) 懷孕時衣著

懷孕期若能加以注意穿著，不但可以使孕婦看起來容光煥發、有精神，更可間接地促進心理健康，如此對胎兒發展實有身心兩方面的益處。在服飾上應該注意的有：

1. 衣服要易吸汗，寬鬆舒適且能保暖，並注意美麗大方。
2. 對於胎兒應不妨礙其發育，忌用任何鬆緊帶，以免妨礙血液循環。
3. 鞋子不要太高，最好不要高過二・五公分，也不要太緊，宜選布鞋或軟底鞋，不但行動方便且安全。
4. 妊娠第五個月後，為了保溫及預防腹部皮膚肌肉鬆弛，可穿上腹帶。

(二)睡眠及休息

孕婦容易疲勞，因此應有較多的休息及充足的睡眠。每天晚上應有足足八小時的睡眠，中午應午睡一小時，可能的話，上下午各有半小時躺在床上略事休息。

(三) 運動和工作

要有適度的運動和工作，因為缺乏運動，除了會影響孕婦身體的不適及胎兒的發育外，更會引起生產時的不適。因此，懷孕時簡單輕便的家務仍可操作，但粗重的工作應避免。此外，下列三點亦值得孕婦注意：

1. 妊娠前四個月內及最後兩個月，應禁止長途旅行及長時間、持續性站立或坐著。
2. 可由護理人員的指導做些適當的產前運動，來減輕因懷孕所引起的腰痠背痛等不適情形。
3. 懷孕末期應由護理人員指導，學習有利於生產的「呼吸技術」和「鬆弛運動」，以便順利通過產程及平安分娩。

(四)清潔衛生

孕婦的清潔衛生也間接影響胎兒的成長，所以不得不注意。孕期的清潔衛生包括：

1. 沐浴：妊娠期間身體的分泌物比平時增加，尤其是會陰、肛門部分，所以孕婦要勤於沐浴，最好每天溫水沐浴一次，水溫約攝氏三十九度，略比體溫高一點即可，浴後用乾毛巾摩擦全身，可增加血液循環，使身體健康。懷孕末期，最好不要浸在浴缸內，以免水中有細菌進入子宮，發生感染的現象。
2. 排泄：妊娠期要注意排泄通暢，每天必須大便一次，孕婦因子宮擴大，腸部受壓擠，最易便秘，故須多喝白開水，多吃粗纖維質的水果蔬菜。

3.**乳房**：每天應用溫水清洗乳頭，然後抹上一些乳霜，以防初乳形成痂皮，並用指尖輕輕摩擦，如此可使乳房及乳頭的皮膚強健，有利產後哺乳。

4.**牙齒**：吃過東西後要經常刷牙或漱口，保持牙齒清潔。

5.**性生活**：妊娠最後一個月應盡量避免。在此之前，不太激烈且頻率不大的性生活並無害處，且可助於孕婦身心的健全。但是由於孕婦在懷孕前三個月較易流產，因此要特別注意。

(五)心理衛生

許多婦女在得知有了愛情結晶時，總是患得患失，又怕又喜，再加上懷孕初期的不適及疲倦感，往往會讓孕婦心情不穩定。孕婦的心理衛生對自己、對胎兒都有直接及間接的影響，尤其是孕婦情緒不安時，體內的內分泌將會增減，血液中的化學成分亦會改變其平衡，導致影響胎兒的生理功能，因為胎兒的營養全由母體血液經由胎盤、臍帶供應。為增進孕婦之心理健康，我們必須重視下列幾點：

1.丈夫及家人要對孕婦更關懷、體貼、安慰，一則使孕婦受到應有的重視；二則減輕她心理上的負擔；三則幫她解決生理上的不舒服。

2.提供孕婦良好的生活環境，如清潔的居室、新鮮的空氣、適當的休閒活動，以增進孕婦的精神生活。

3.提供或幫助孕婦獲得妊娠時應有的常識及必要的措施。

4.醫師及護士應在孕前檢查時多給孕婦一些建議及鼓勵，使孕婦對醫師及護士產生安全感。

第四節　胎兒的保護

　　胎兒自極微小的受精卵開始發育，雖然看來似乎安然的在子宮內生活，在成長過程中，似乎能免於受到外界的侵害，然而，子宮固然提供保護作用，但由於受精卵、胚胎乃至於胎兒，本身少有抵抗能力，所以常因母體的食物、感染、藥物以及外在因素的干擾，而妨礙胎兒正常的成長，以下就可能對胎兒的傷害問題提出說明，喚起孕婦及其關係人的注意，確保胎兒的健康。

壹、孕婦的日常生活方面

　　孕婦與胎兒是一體的，因此，在日常生活中的一舉一動，包括飲食、生活習慣、嗜好、心理狀況，無不與胎兒息息相關，其中對胎兒有不良影響的情況有：

一、營養不良

　　孕婦若營養不良會影響胎兒成長，營養不良的媽媽產下的嬰兒，在兒童晚期會有認知缺損和更多的可能性產生高血壓、心臟病、糖尿病。除此之外，Barker（1994）探討第二次大戰期間血親出生體重與飢荒的相關研究，其結論有二：其一，新生兒之間差異性主要是因為子宮的環境不同所造成，而非來自基因遺傳的影響；其二，母親在懷孕期間是否得到充足營養。因此，孕婦若攝取營養不足時，會使胎兒相對營養不良或缺氧，使細胞分裂的速度變緩，而且證實會對某些器官造成永久傷害（引自葉郁菁等，2002）。

二、抽煙

由於香煙中含有尼古丁、一氧化碳及其他有毒物質,所以孕婦若吸煙,可能會產生自然流產、早產或低體重兒、胎兒畸形、呼吸窘迫症候群、胎盤早期剝離、母乳量減少、長期影響幼兒身心智能發展等不良影響,所以為了提升下一代優生保健的品質,我們應該為胎兒建立一個可以健康呼吸的環境。

三、飲酒

孕婦如果每天飲酒,酒精含量在四十五西西以上時,酒精可以很輕易的通過胎盤,由於懷孕的前三個月,是胎兒各器官成形的雛期,所以胎兒若長期與酒精接觸,容易導致胎兒畸形;若在懷孕後期,則導致體重無法增加,發展遲滯。另外,「胎兒酒精症候群」(Fetal Alcohol Syndrome,簡稱FAS),是一種先天失調伴隨著程度不一的不正常發育症狀。酒精對發育中胎兒的傷害,遠在二十世紀就已經證實懷孕期間大量飲用酒精就會罹患FAS(張淑文譯,2000)。

「胎兒酒精症候群」起因於母親在懷孕期間飲酒,導致嬰兒出生後反應遲鈍、暴躁易怒、注意力短暫、學習障礙等現象,嚴重者會導致先天性畸形,包括顏面異常、先天性心臟病、先天性脊椎異常與大腦功能障礙(王建雅,2003;黃志成等,2005)。雖然目前沒有任何數據可以證實安全酒量的範圍,但經由上述研究顯示,孕婦在懷孕的過程中,酒量愈大對胎兒影響至深,是不容置疑的。

四、咖啡

咖啡中所含的咖啡因被用來做動物實驗後,發現對胎兒亦造成不利的影響,通常會導致智能不足及畸形。不過要每天大量飲用咖啡所累積的咖啡因,才會對胎兒造成傷害。此外,日常飲用的可樂、巧克力、茶,亦含咖啡因,孕婦不宜多飲(黃志成等,2005)。

五、服用藥品——海洛因、古柯鹼、快克迷幻藥、大麻

懷孕婦女在懷孕期間服用海洛因、古柯鹼、快克迷幻藥、大麻等禁藥，將造成胎兒生長遲滯、流產、出生體重降低、智力發展不足、早產高比率及嬰兒猝死症（如表2-7所示）。研究者相信，鴉片與古柯鹼藥物會阻礙胎盤中營養輸送，降低血液含氧量，讓嬰兒的意識不清楚。經常服用「快克迷幻藥」的孕婦，對出生寶寶會出現「快克寶寶」（crack babies）症狀，呈現超級不安的現象（張淑文譯，2000）。若孕婦服用以上藥品，可能經由胎盤，造成胎兒畸形或染上藥品成癮症，出生後短期內，嬰兒經歷戒毒過程會很辛苦，就像成人染上毒癮，會遭受到長期嚴重不良後果（何容君譯，2004）。

因此，經由上述研究證實的結果，孕婦在面對藥品誘惑時，應該設身處地以胎兒的健康為前提，拒絕藥品的誘惑，並繁衍優質的下一代。

六、情緒長期不穩

如果孕婦本身情緒一直不穩、不愉快的婚姻關係或未婚懷孕等，常會造成妊娠長期情緒困擾，以至於使得孕婦內分泌失調，如此可能影響胎兒的心智發展。Thompson（1957）曾以老鼠做實驗，並以胎內小鼠之活動及排泄頻率觀察小鼠的情緒性，結果發現在懷孕中母鼠的焦慮，會導致小鼠有較高的情緒性。至於有關人類方面的研究，Ottinger和Simmons（1964）曾證實在懷孕期焦慮大的孕婦，她們所生下來的新生兒，在餵食以前比較好哭，也比較好動；此外，另一研究也證實孕期的壓力太大，日後會造成過度活動的孩子（Waldrop & Halverson, 1971）。

由以上兩個實驗證明，我們可以相信孕婦長期的情緒不穩，確實對胎兒的情緒有影響。有學者就提及孕婦長期的心理壓力會導致嬰兒智能不足、腦性麻痺、語言障礙及多重障礙（Fallen & McGovern,

表2-7 導致孕婦畸胎藥物摘要表

藥物	胎兒反應
酒精	・新生兒酒精成癮、頭部畸形。 ・心臟缺損、認知缺陷、心智遲緩、活動過度。 ・造成「胎兒酒精症候群」。
煙草	・延緩胎兒成長。 ・自發性流產、死產。 ・體重過輕、腦部較小，往後的發展比正常的小孩慢。
荷爾蒙	・懷孕前四個月服用黃體素易造成先天性心臟病和四肢短小。 ・女嬰男性化，男嬰女性化。
抗生素類： 鏈黴素、四環素	・重劑量鏈黴素會產生胎兒聽力喪失、第八對腦神經受損。 ・可能和早產有關、骨骼成長遲滯、牙齒永久變成棕黃色。
阿司匹靈	・過量可能造成畸形。
巴比妥鹽	・臨床安全劑量會引起胎兒或新生兒嗜睡。 ・高劑量時會引發缺氧、抑制胎兒成長，造成新生兒藥物成癮，心臟、臉部及肢體缺陷。
安非他命	・早產、死產、新生兒躁動及食慾不佳。
迷幻藥	・增加肢體缺陷。
鋰鹽	・心臟缺損，新生兒嗜睡行為。
鎮靜劑類： 古柯鹼、海洛因 快克迷幻藥	・使用大劑量古柯鹼會使胎兒血壓嚴重上升、引起中風。 ・媽媽成癮將有高比率早產與體重不足現象，胎兒有3%至5%因毒癮發作而夭折。 ・出現「快克寶寶」症狀，呈現超級不安的現象。 ・胎兒生長遲滯、流產、出生體重降低、智力發展不足、早產高比率及嬰兒猝死症。
精神安定劑	・產生新生兒呼吸抑制、肌力差、嗜睡。

資料來源：參考 王建雅（2003）。

1978）。因此，孕婦本身及其家人，應注意孕婦之心理衛生，以確保身心健康的胎兒。

七、環境影響因素

(一) 放射線

　　人類接受放射線（radiation）的輻射來源有兩方面，一為自然界的（如宇宙光線），二為人為的（通常為醫學診斷用），前者每人每年所接受到的輻射量大致在安全範圍內，並無大礙；然後者接受的輻射線，對孕期中的胎兒會有較嚴重的影響，常會造成身心的缺陷。張欣戊（1995）提及懷孕婦女照射放射線時，胎兒任何一種器官皆可能受影響。而最活生生的實例，我們可以溯源至一九四五年，美國在日本投下兩顆原子彈所造成的輻射線，當時懷孕的婦女產下許多異常和病態的嬰兒，尤其是造成許多染色體異常的現象，而生出一些唐氏症或稱蒙古症的嬰兒（黃志成等，2005）。

　　因此，在計劃生育時或孕期，如因醫學上之理由（如意外傷害、惡性腫瘤等）而必須照X光時，應先徵求產科醫生之同意，以免傷害到胎兒，通常放射線對胎兒的傷害與照射的次數、量及懷孕的週數有關。

(二) 環境污染

　　醫界發現不孕症夫婦有逐年增加的趨勢，其中有排卵障礙者占10％至15％，原因除了先天性生殖器疾病之外，工作壓力（忙碌、緊張）、嚴重營養不良、體重過度減輕、運動過度激烈、吸煙喝酒、暴露在化學物質或輻射線污染環境等，都有可能造成排卵障礙。另外，長期暴露在高污染的環境中，會造成女性卵子分裂異常及男性精蟲數目過少和功能不良，這些不健康的精子和卵子很容易造成不正常的胚胎和胎兒。婦女懷孕時，肺氣泡換氣功能增強與體內脂肪組織增加，容易造成脂溶性有機溶劑（如立可白）從肺部吸入，並堆積在脂肪組織

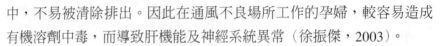
中，不易被清除排出。因此在通風不良場所工作的孕婦，較容易造成有機溶劑中毒，而導致肝機能及神經系統異常（徐振傑，2003）。

此外，空氣污染、水質污染、噪音污染、食品污染、化學污染（如殺蟲劑）、預防注射（如孕婦注射天花疫苗，就有可能使孕婦流產、死胎、新生兒死亡或畸形）等，對孕婦都有直接的傷害，對胎兒也有間接的傷害。

(三) 工作環境

近年來，電腦已成為現代生活不可或缺的工具，國外報紙曾經報導，在電腦螢幕前長期工作可能會導致胎兒畸形和自然流產，造成某些職業婦女的恐慌；但是這項論點陸續被各國學者所推翻，他們認為電腦的輻射線劑量不足以危害胎兒，反倒是使用電腦的孕婦因工作壓力、身體姿勢、電腦位置等關係，常較易感到疲倦及不適，醫師建議長時間坐著工作的準媽媽，應該每兩小時起來走動十分鐘。

歐美研究報告也顯示早產與工作時數有關，工作愈勞累的孕婦愈容易發生早產，同時也容易發生子宮內生長遲滯兒，生出低體重兒，此類新生兒預後較差，將來容易出現發育問題。徐振傑（2003）指出，懷孕期間的職業婦女常在傍晚會感到下腹不舒服、緊繃或痠痛，這是子宮收縮現象，意味著您該休息了，以避免發生早產。

另外，陳保中（1999）發現，四個重要的發育毒物也會造成中樞神經發育遲緩：鉛、多氯聯苯、甲基汞及游離輻射。在低暴露濃度下，出生時並不會有任何效應存在，但是長期的研究卻發現身體功能會逐漸下降。游離輻射可能會造成永久性的傷害。至於化學性原因其病理成因則較為複雜，因為毒物本身可能繼續存在於胎兒或小孩一段時間，可能會造成孩童持續性的神經傷害。例如鉛可來自於飲水、油漆及粉塵，而多氯聯苯及甲基汞母乳常是最大的來源之一。

八、孕婦年齡

一般而言，女性最理想的生育年齡大約是介於二十至三十歲之間，可兼顧準媽媽生理機能與心理成長的成熟度。近年來，隨著社會多元化價值觀的發展，無論是未滿二十歲的「小媽媽」，或者超過三十五歲以上的「高齡產婦」，似乎都呈現著日益增加的趨勢。

以往的醫學研究報告大都強調，高齡懷孕會有比較不好的結果，包括流產、早產、胎兒異常、發育不良、週產期死亡等機率均偏高，母體方面也可能併發妊娠高血壓或糖尿病等疾病，所以醫師們建議想要生兒育女的婦女應該及早規劃。另外，小媽媽因為長期營養攝取不足、抽煙、服用藥物等因素，可能影響胎兒發育不良與體重不足。部分研究報告指出，某些先天性胎兒異常的發生率較高，如：唇顎裂、多指症等（鄭欽火，2003），也可能造成唐氏症、蒙古症（黃志成等，2005）。

根據內政部主計處（2003）臺閩地區人口統計指出，1981年第一胎平均生育年齡（歲）為二十三‧二歲，至2003年第一胎平均生育年齡（歲）為二十六‧七歲；總生育率從1981年二‧四五五降至2003年一‧二三五；另外，臺灣生育指標與國外相比較：臺灣平均初婚年齡為二十七‧二歲，排名第二，僅在法國之後。因此，根據上述資料顯示，臺灣遲育、遲婚、少子化的問題已不是社會現象，而是政府所要面對未來人口品質的課題。

貳、孕婦感染疾病

孕婦感染到疾病時，其病毒亦可能傷害到胎兒，以下就列舉一些對胎兒影響較大的疾病（詳見表2-8）。

表2-8　孕婦罹患疾病對胎兒影響摘要表

罹患疾病	胎兒影響
梅毒	・早產，胎死腹中及新生兒感染。 ・影響胎兒肺部、肝臟、脾臟、胰臟、骨頭及許多方面的病變，進而造成死胎。
淋病	・感染而產生結膜炎、心內膜炎、腦膜炎等疾病。 ・引起結膜炎並可能造成失明。
疱疹	・產生全身性的感染，而造成主要大型器官的壞死；或者是只感染局部器官。
弓型原蟲病	・會侵害胎兒的中樞神經系統，故經常造成死胎或流產；若胎兒被產下，會造成新生兒腦傷、目盲或死亡。

一、德國麻疹

德國麻疹又稱風疹（German measles或Rubella），由德國麻疹病毒引起，經由飛沫或接觸傳染。一般人感染此症通常只持續一到三天，症狀輕微且無後遺症，但懷孕四個月內的孕婦萬一被感染，則有10％到60％的機會，會產下先天性缺陷兒，其暫時性或永久性症狀如表2-9所示。

因此，預防德國麻疹最簡便的方法是避開患者或預防注射，但孕婦、免疫不全、急性感染症等病人不能注射，且打過預防注射後三個月內不宜懷孕。孕婦如果不慎接觸了德國麻疹的病人，或有類似後天性德國麻疹的皮疹，則應盡快就醫，才能避免胎兒感染先天性德國麻疹。

二、梅毒

梅毒（syphilis）是由梅毒螺旋體（Treponema Pallidum）造成的全身性慢性感染。這種梅毒螺旋體由於它的構造非常細，在一般的光學顯微鏡下，很難發現，必須用特殊的暗視野顯微鏡（darkfield

表2-9　德國麻疹導致胎兒反應摘要表

暫時	永久性
出生體重不足	耳聾
血小板減少之紫瘢	白內障和眼球過小
肝脾腫大	視網膜病變
骨骼損害	動脈導管未閉鎖
前囟門膨大	肺部狹隘
腦膜炎	智能障礙
	行為失常
	語言中樞失控
	隱睪症
	腹股溝疝
	頭小畸形
	痙攣性雙側癱瘓

資料來源：行政院衛生署（2003）。

microscopy）才能看到。它的特徵是活動期與潛伏期交替進行。幾乎所有的梅毒感染都是經由性接觸時，從破損處進入人體。而經由非性接觸，如子宮內感染或輸血後感染則較少見。產前感染梅毒可能引起早產、胎死腹中及新生兒感染，而嚴重影響懷孕結果（黃淑君、林隆堯，2002）。

　　梅毒是一個相當古老的性病，所有懷孕婦女中約有3％左右經檢驗曾經或者目前正感染梅毒，若是在懷孕期間沒有發現而未加以治療，可能會造成胎兒感染而使得胎兒肺部、肝臟、脾臟、胰臟、骨頭及許多方面產生病變，甚至進一步造成死胎。在懷孕的任何時期母體感染到梅毒，都有可能經過胎盤將梅毒螺旋體傳染給胎兒，所以目前產檢將梅毒血清的篩檢列為產檢的必要項目（王伊蕾，2003）。

三、淋病

淋病（gonorrhea）感染約占所有孕婦中的7%，一般說來，未成年少女懷孕感染的機會較高，淋病患者中約有40%左右會合併披衣菌的感染。由於子宮內有胎兒阻擋，所以一般孕婦淋病菌的感染被局限在下生殖道，也就是感染到子宮頸、尿道及陰道等部位。但由於懷孕期性交方式的改變，也有專家指出孕婦若是感染淋病，口腔及肛門感染的機會都比一般婦女來得高。淋病感染若是在懷孕期間沒有治療好，有可能會造成自然流產、感染、早期破水、羊膜發炎及產褥熱等等。胎兒在通過產道時，也有可能受到感染而產生結膜炎、心內膜炎、腦膜炎等疾病。為了預防胎兒淋病性結膜炎的感染，所有的胎兒在出生後，醫護人員都將給予新生兒預防性的眼藥使用，以避免經過陰道而被感染淋病性的結膜炎（王伊蕾，2003）。

四、疱疹

疱疹（herpesvirus）病毒分為一型及二型：一型最主要是感染腰部以上的部位，例如口唇、鼻子等部位；二型則主要感染腰部以下，也就是性交傳染，但由於近年來性交方式的複雜化，約有三分之一的一型疱疹感染也與性器官有關。疱疹感染在懷孕早期並不會增加流產的機率，在懷孕後期則有可能會提高早產的機會，一般疱疹病毒很少經由胎盤或胎膜直接感染胎兒，大部分都是因胎膜破裂或胎兒在通過產道時接觸到被病毒感染的子宮頸及產道而受到感染，胎兒若是被感染到疱疹病毒有可能產生全身性的感染，而造成主要大型器官的壞死；或者是只感染局部器官，例如中樞神經系統、眼睛、皮膚及黏膜等；但也有受到感染的胎兒完全沒有症狀，單看感染的嚴重程度而有不一定的結果與反應。所以曾有疱疹病毒感染病史的婦女並非一定都須剖腹生產（王伊蕾，2003）。

五、弓型原蟲病

弓型蟲對人體的傳染途徑很多，口腔、鼻孔或破損的皮膚黏膜接觸到中間寄主都可能造成感染。而家中的貓、狗都是弓型蟲的宿主之一，所以孕婦玩弄小寵物具有潛在的危險性。此外，生食或吃未熟肉類也可能感染此病。孕婦在懷孕期感染此蟲時，會在孕婦血液中繁殖，最後由胎盤進入胎兒體內，然後侵入胎兒的中樞神經系統，故經常造成死胎或流產；若胎兒被產下，會造成新生兒腦傷、目盲或死亡（Papalia & Olds, 1975）。預防之道就是孕婦避免吃未熟的肉，不要與人握手，不去挖土（因為可能有糞便被埋在土裡），最好不要新飼養貓狗，如已飼養時，應找獸醫檢查此貓狗有無患弓型原蟲病（toxoplas-mosis）。

其他會影響孕婦懷孕、傷害胎兒的病很多，已被證實的有：天花、肝炎、猩紅熱、心臟病、腎臟病、糖尿病、愛滋病等，一方面孕婦在準備懷孕時應做健康檢查，二方面醫學界亦更努力的研究防治及治療之道，期使孕婦與胎兒的傷害減低到最少。此外，有些不明原因的新生兒傷殘或死亡，亦應繼續去研究它們的原因，以有效的控制劣質人口的產生，確保人類健康的下一代。

根據行政院衛生署（2002）調查統計顯示，2003年嬰兒死亡率為每千人五‧三五人，較1996年降低19.7%。其前三大死因分別為：(1)源於週產期之病態，占48.78%；(2)先天性畸形，占27.60%；(3)事故傷害占6.52%；(4)其他占14.12%；四項總和占所有死因的97.02%，如表2-10所示。

因此，嬰兒死亡最大因素在於「源於週產期之病態」占最大百分比。循此，經由之前所探討懷孕婦女在懷孕期間，所必須謹慎的處理個人衛生保健問題、疾病預防、避免不良嗜好及避開環境所造成胎兒不利的因素，是不謀而合的。

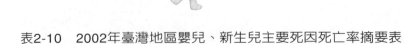

表2-10　2002年臺灣地區嬰兒、新生兒主要死因死亡率摘要表

單位（人）

排名	死亡原因	男嬰	死亡％	女嬰	死亡％	合計	死亡％
一	源於週產期之病態	289	50.35	250	47.08	539	48.78
二	先天性畸形	149	25.96	156	29.38	305	27.60
三	事故傷害	40	6.97	32	6.03	72	6.52
四	其他	78	13.59	78	14.69	156	14.12
	合計	556	96.87	516	97.18	1072	97.02

資料來源：整理於行政院衛生署（2002）。

參、丈夫的因素

前已述及，孕婦因本身生理上的因素、外界的污染、藥物而影響胎兒的情形，在許多研究報告及臨床上都是司空見慣的，然而丈夫的因素往往被忽略，事實上生兒育女是雙方的責任，新近科學家已漸漸由動物的實驗證實了不良的精子也會造成畸形的後代，例如當睪丸先天性發育不全、流行性腮腺炎併發睪丸炎、X光照射引起睪丸組織破壞、煙酒中毒、空氣污染、噪音等，都會影響精子的型態，進而影響受精卵。此外，另一情形就是藥物，就男性的因素而言，藥物可能造成畸形兒的情況有：

1. 藥物損傷了精子（尤其是染色體）。
2. 藥物進入了精液中，通過陰道壁而進入了子宮、輸卵管。
3. 藥物作用於男性的結果，使血漿中的睪丸激素含量降低以及性功能減退，這是間接的影響。

參考書目

內政部主計處（2003）。臺閩地區人口統計。內政部統計服務資訊網。
　　網址：http://www.moi.gov.tw/stat/index.asp

王作仁（1992）。醫學遺傳學。臺北市：聯經。

王建雅（2003）。嬰幼兒教保概論。臺北縣：啓英文化。

王麗茹（2000）。優生寶寶育兒百科。臺北市：藝賞文化。

王伊蕾（2003）。性病與懷孕。女人心事——婦產科諮詢服務網。
　　網址：http://www.obsgyn.net/info/general_obs_preg_std.htm

行政院衛生署（2002）。臺閩地區嬰兒死因統計結果。
　　網址：http://www.doh.gov.tw/statistic/index.htm

行政院衛生署（2003）。衛生保健常識——德國麻疹疫苗及先天性缺陷
　　兒預防。

行政院衛生署（2004a）。全民健康保險預防保健實施辦法。

行政院衛生署（2004b）。成年婦女於懷孕期與哺乳期之每日營養素建
　　議攝取量統計表。

何容君譯（2004）。幼兒保育學：兒童的照護與成長。臺北市：合記圖
　　書。

李鎡堯（1981）。人之初——子宮內二百八十天。臺北市：健康文化。

李鎡堯（1992）。性愛的結晶——生之慾——性、愛與健康。臺北市：
　　健康文化。

林克臻（2003）。懷胎十月。網址：http：//med.mc.ntu.edu.tw/

林佩蓉、陳淑琦（2003）。幼兒教育。臺北縣：國立空中大學。

林芳菁、黃麗方、趙明玲、顏蔭、鄭雯心、歐美吟、侯天麗（2003）。
　　嬰幼兒保育概論。臺北市：永大書局。

徐振傑（2003）。環境胎教論。網址：http://content.edu.tw/vocation/child_care/ks_sd/newmother/dir1316.htm.

陳幗眉、洪福財（2001）。兒童發展與輔導。臺北市：五南圖書。

陳保中（1999）。環境職業性生殖與發育危害。臺北市：國立臺灣大學公共衛生學院職業醫學與工業衛生研究所。

張欣戊（1995）。發展心理學。臺北縣：國立空中大學。

張峰銘（2003）。產前報告。

　　網址：http://www.ncku.edu.tw/~obgyn/index.htm

張淑文譯（2000）。懷孕百科全書——準媽媽每月應該知道所有知識。臺北市：邦城文化。

黃天中（1992）。兒童發展學。臺北市：東華。

黃淑君、林隆堯（2002）。梅毒——醫師專欄。臺中市：中山醫學院婦產科。網址：http://www.csh.org.tw/into/obs/default.htm

黃志成（1999）。幼兒保育概論。臺北市：揚智文化。

黃志成、王淑芬（2001）。幼兒的發展與輔導。臺北市：揚智文化。

黃志成、王麗美、高嘉慧（2005）。特殊教育。臺北市：揚智文化。

葉郁菁、王春展、謝毅興、曾竹寧（2002）。兒童發展。臺北市：華騰文化。

賈馥茗、梁志宏、陳如山、林月琴、黃恆、侯志欽（1999）。教育心理學。臺北縣：國立空中大學。

臺大醫院婦產部（2004）。衛教資訊——揮出孕產期營養全壘打。

　　網址：http://ntuh.mc.ntu.edu.tw/obgy/content/5a-4.htm.

鄭欽火（2003）。過猶不及——談婦女生育年齡。臺北市：婦女健康小百科。網址：http://www.ipa.com.tw/comm/menu.htm.

盧素碧（1993）。幼兒發展與輔導。臺北市：文景書局。

Barker, D. J. P. (1994). *Mothers, Babies, and Disease in Later Life*. London: BMJ Publishing Group.

Bronfenbrenner, U. (1979). *The Ecology of Human Development*.

Cambridge, MA: Harvard University Press.

Buhler, k. (1930). *Mental Development of the Child.* Harcourt Brace Jovanovich.

Coursin, D. B. (1972). *Nutrition and Brain Development in Infants.* Merrill-Palmer Quarterly, 114, 1377-1382.

Fallen, N. H. & McGovern. J. E. (1978). *Young Children with Special Needs.* Ohio: A Bell & Howell Company.

Gesell, A. (1952). *Infancy and Human Growth.* New York: Macmillan.

Gesell, A. (1954). The Entogenesis of Infant Behavior. In L. Carmichael(Ed.), *Manual of Child Psychology* (2nd ed.). New York: Wiley.

Havighurst, R. J. (1972). *Developmental Tasks Education*(3rd ed.). N.Y.: McKay.

Hurlock, E. B. (1968). *Developmental Psychology*(3rd ed.). N.Y.: McGraw-Hill Inc.

Hurlock, E. B. (1978). *Child Development*(6th ed.). N.Y.: McGraw-Hill Inc.

Ottinger, D. R. & Simmons, J. E. (1964). Behavior of Human Neonates and Prenatal Maternal Anxiety. *Psychological Reports, 14*, 391-394.

Papalia, D. E. & Olds. S. W. (1975). *A Child's World-Infancy through Adolescence.* N.Y.: McGraw-Hill Book Co.

Thompson,W. R. (1957). Influence of Prenatal Maternal Anxiety on Emotionality in Young Rats. *Science, 125*, 698-699.

Waldrop, M. F. & Halverson, C. F. (1971). *Minor Physical Anomalies and Imperative Behavior in Young Children.* N.Y.: Brunner/Mazel.

第三章
嬰兒身體發展與保育

學·習·目·標

• 瞭解新生兒出生後生活之改變
• 瞭解新生兒生理發展狀況
• 瞭解如何保育新生兒
• 瞭解早產兒及過熟兒
• 瞭解嬰兒生理發展與保育方法

第一節　新生兒的發展與保育

　　從產房中傳來嬰兒哭泣的聲音，剎那間流露出「愛就從現在開始」的喜悅。九月懷胎的辛苦歷程，多少擔心、多少惶恐，在一聲宏亮的哭聲後，總算苦盡甘來。接下來，在小生命的成長過程中，更要小心翼翼的保護及照顧，才能奠定日後成長的基礎。本章就來談談剛出生新生嬰兒的發展及保育。

壹、生活的改變

　　從子宮到這個世界裡，新生兒的生活環境幾乎天壤之別，以往不論營養、排泄、呼吸等，均由母體間接或直接負責，而現在必須樣樣「自己來」，以往子宮內的光線，與出生後的光線也大大的不同，由**表3-1**可知新生兒出生前後之生活狀況的差異。

表3-1　出生前後新生兒生活的比較

項目	出生前	出生後
環境	羊水	空氣
溫度變化	母體溫度（變化不大）	隨氣溫而變（變化較大）
溫度高低	母體體溫	室溫
光線	黑暗	室內光線
外在刺激	較小	人為、環境均大
營養	依賴母體的血液供給	依賴外在食物及自己的消化系統
氧氣供給	由母體之血液經由臍帶供給	由呼吸器官供給
排泄物	由母體血液排出	由腎、腸道、皮膚排出

　　新生兒對於如此變化，自然有調節和適應的能力。當然，如果成人能讓這個衝擊減到最低，能給他一個較適合生長的新環境，如室溫不要太低或太高，溫差變化小，室內光線柔和，人為或環境的不良刺激少等，這樣他會更快適應的，否則如果溫差太大、室內光線太強、閒雜人抱來抱去、噪音太多等，可能會影響他的身心發展，這小生命對於此一新世界，也不會有好感。

貳、新生兒生理狀況

一、新生兒定義

　　有關新生兒的定義，目前並沒有定論，有的文獻指出生到兩週為止（郭靜晃等，1998），有的認為是出生至四週（王建雅，2003；林芳菁等，2003）。本書將新生兒定義為從出生至兩週為止。

二、生理的發展

　　包括頭部、體重、身高、體溫、心跳、呼吸系統、消化系統、排泄系統、循環系統共九項重要發展指標，試說明如下：

(一) 頭部

　　新生兒出生時容貌多半不太漂亮，頭部由於經過產道時，被擠壓而略長稱為「胎頭變形」（molding），這些狀況要到半個月以後才會有所改善。身體各部分的比例亦與成人不同，頭部的長度約占身長的四分之一，又因未長牙，臉部寬而短（Hurlock, 1978）。圖3-1顯示胎兒至成年頭部與身體生長的比例。

　　此外，新生兒頭蓋骨尚未完全接合，所以頭部的正前方和後方，隔著頭皮用手摸，會發現軟軟的似乎沒有頭骨。尤其頭頂上的一個空隙，特別容易看到，稱為囟門（fontanel），如圖3-2所示。囟門具有減

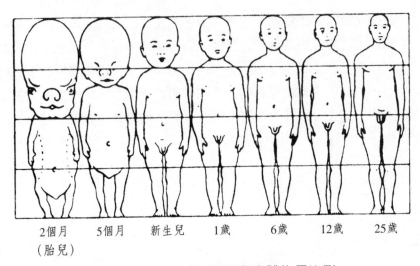

| 2個月
（胎兒） | 5個月 | 新生兒 | 1歲 | 6歲 | 12歲 | 25歲 |

圖3-1　胎兒至成年頭部與身體生長比例

資料來源：Simpson (1957)；取自黃志成（2004）。

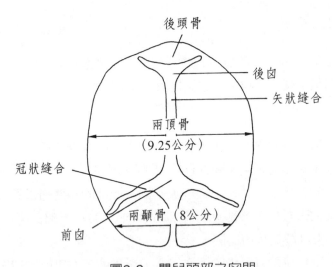

圖3-2　嬰兒頭部之囟門

資料來源：Eastman & Hellman (1966).

表3-2　新生兒常見頭部發展

頭部狀況	特徵
比例	・占其身長四分之一
頭圍	・約33至35公分
胎頭變形	・頭形變長且變形，約2至3天會改善
囟門	・大囟門——12至18個月時方告閉鎖 ・小囟門——6至8星期閉合

輕液體滯留腦部所造成過度壓力的功能。囟門又分為二，一在頭頂上前方，兩塊顱骨和兩塊頂骨之間，呈菱形的空隙，是為大囟門或前囟，約於嬰兒長到十二至十八個月時方告閉鎖。另一在頭頂後下部，在兩塊頂骨和一塊後頭骨的中央，呈三角形的空隙，是為小囟門或後囟，約於嬰兒生後六至八星期閉合。

(二) 體溫

出生一個月內的新生兒，由於腦部下視丘體溫調節中樞功能尚未發育完整，故無法維持生理新陳代謝於恆溫狀態。在剛離開溫暖的子宮時，體溫可以高達攝氏三十八度，隨著外界溫度的變化，則會開始有急遽的反應。如在較寒冷的氣候時，嬰兒若沒有做好保暖的措施，體溫可能會降至攝氏三十五・五度以下，所以剛出生的新生兒是不能以成人對環境冷熱的感覺，來當作增添衣服的標準的。在出生後的二至四日左右，體溫有時會突然升高至三十八度以上，這期間並無感冒徵候，主要是因為嬰兒出生後，呼吸、排汗及大小便失去的水分較多，會出現生理性脫水，體重也跟著下降，通常不需要特別給予藥物，只要多補充水分，發燒現象會逐漸緩和，體重也會在一週以後慢慢回升（王建人，2003）。

(三) 心跳與呼吸系統

在生產過程，心跳減慢，出生以後，心臟跳動速率則顯著增加，

在出生後二分鐘達到最高，每分鐘跳一百七十四次（Vallbona et al., 1963）。而後又慢慢遞減，新生兒的心跳平均每分鐘約一百二十至一百六十次。

胎兒出生後臍帶即被剪斷，此時無法借助臍帶獲得氧氣，而必須呼吸空氣，新生兒的啼哭，是因為吸入空氣而使肺部膨脹的原因。新生兒的呼吸是腹式呼吸，其原因由於新生兒的肋骨和脊椎略成直角，無法像成人一樣利用肋骨前端上下運動進行胸式呼吸，只能靠橫膈膜上下運動來擴張肺部，大約一歲左右行胸式呼吸。大多數新生兒在出生後二十至三十秒開始呼吸（Cockburn, 1984）。呼吸的次數會隨年齡的增加而減少，一歲時每分鐘約三十次，二歲約二十五次。如**表3-3**所示。

表3-3　人類不同階段的體溫、呼吸數及脈搏次數摘要表

標準值	新生兒	乳兒（0~1週歲）	幼兒（1~5週歲）	成人
體溫	37~37.4℃	36.8~37.3℃	36.2~37℃	36~36.5℃
呼吸數（每分）	40～60次	30～35次	20～30次	12～18次
脈搏數（每分）	110～150次	100～140次	100～110次	70～80次

資料來源：曾凡譯（2003）。

(四) 消化系統

消化系統主要的器官為胃和大小腸，由於新生兒的胃近於圓形，且呈水平的位置。一般新生兒在出生數小時內會顯得飢餓，需要進食，而且可藉探索、吸吮及吞嚥等反射動作完成進食。一個健康的新生兒，他有吸吮的本能，有能力吸收母乳或牛奶了。母乳大約在生產後的第二至三天才湧出，在此之前，產婦的乳房會分泌一種淡黃液體，稱為初乳（colostrum）。初乳成分稠濃、量少、抗體的含量特

多，可防止新生兒發生嚴重的下痢，並且可增強新生兒對疾病的抵抗力（行政院衛生署，2003）。初乳同時富含生長因子，刺激嬰兒不成熟的腸道發展。此生長因子使嬰兒的腸道準備好消化及吸收奶汁，並避免吸收到未消化的蛋白質。如果他在初乳之前接受過牛奶或其他食物，這些食物會破壞腸道而造成過敏。初乳是個輕瀉劑，幫助嬰兒排出胎便，預防日後的黃疸（嘉義長庚紀念醫院，2004）。

(五)排泄系統

新生的寶寶在呱呱墜地後，通常於二十四至四十八小時內會解出大便來，這時候的大便呈墨綠色、黏稠狀，是出生前在胎兒腸中形成的，內含大量的膽汁色素、胎毛、胎脂，以及一些腸內脫屑等物質，這種型態的大便叫作「胎便」。大約三至四天以後，大便受到食物的影響逐漸有所改變，顏色漸漸變成黃色或是帶一點綠色，質地則是黏糊狀且不成形，約一週後就變成嬰兒期的大便。

新生兒大腸反射相當強烈，加上乙狀結腸的容量不夠大，所以每次吃奶就造成大腸收縮排出大便，新生兒出生一週內，寶寶每日排便次數約四至五次，甚至解六到八次不等。隨著寶寶的成長，乙狀結腸容量增大，可儲存更多的糞便，於是解大便的次數就會減少，新生兒期之後到四個月大，每日約二、三次，五個月到一歲約兩次左右，過了一歲平均約一至二次。但有些寶寶在滿一至二個月，一天仍要解很多次大便，而有些寶寶卻要二到三天解一次大便，甚至要媽媽去刺激腸道才解得出來，儘管如此，解出來的大便只要是軟軟或是豆沙狀不是很硬，這都屬於正常現象（鍾明宗，2002）。

(六)循環系統

循環系統主要的器官為心臟和血管，由於新生兒的心跳是快速而不規則的，所以他的血壓也就不穩定，這種狀況要到出生十天才會有所改變（Papalia & Olds, 1975）。由於新生兒心臟小，血管粗，而靜脈

又比動脈粗，因此血壓比成人低。新生兒的血壓約為六十至八十／四十至五十毫米汞柱，隨著年齡增長，血壓會慢慢增高，至成人期平均約一百二十／八十毫米汞柱。

(七)身高與體重

新生兒平均身高為五十公分，平均體重為三‧四公斤，新生兒出生一週內因體液喪失、排泄、脂肪消耗等因素，體重會減輕5％至10％，稱為生理性體重減輕，約於第七至十天恢復至出生時體重，而至嬰兒五個月大時，其體重是出生時兩倍，一歲大時則為出生時三倍。足月生產正常新生兒，身高大約四十八至五十三公分，平均五十公分，男嬰比女嬰平均約高○‧五公分。如**表3-4**所示。

表3-4　新生兒體重變化摘要表

出生天數	體重變化
7至10天	回升至出生體重
第1個月	體重增加0.9公斤
第2個月	體重增加0.8公斤
第3個月	體重增加0.7公斤
第4至5個月	體重增加達出生時2倍

資料來源：張瑞幸、彭純芝（2001）。

參、新生兒的醫學評估

剛生下來的新生兒，其健康狀況如何？生命力如何？從子宮內環境到子宮外生活的調適如何？這一直是婦產科醫生、小兒科醫生以及父母所關切的問題，為了用比較客觀的方式來評量，美國哥倫比亞大學麻醉學家V. Apgar醫師於1953年設計一簡單的量表，來評定新生兒的適應能力，「亞培格量表」（Apgar Scale）在美國各醫院已被廣泛的

使用，它共分五個測驗，包括外表（膚色）、脈搏（心跳速度）、臉部
表情（反射興奮力）、活動（肌肉緊張度）和呼吸（呼吸速度）。每項
給0、1、2分，五種分數加起來成為一總分，可能從0至10分，90%的
正常新生兒得分約在7分以上，如果得分在4、5、6分的新生兒，可能
需要一些急救來改善他們的情況；得分在0至3分之間通常有嚴重的窒
息，每分鐘心跳在八十次以下，須馬上急救。此量表之評量時間為生
下來一分鐘、五分鐘或十分鐘各評量一次，據研究此分數與新生兒日
後的罹病率及死亡率有密切的關係。而此一分數，早在胎兒時期，從
測量胎兒的心跳速度就可預測出，也就是說，胎兒的心跳速度正常
者，將來出生後，「亞培格量表」的分數就高，而不正常的心跳速
度，有時亦能預測出生後在此量表有較低的分數（Schifrin & Dame,
1972）。「亞培格量表」介紹如**表3-5**所示。

表3-5　亞培格量表（The Apgar Scale）

症狀＼得分	0 分	1分	2分
心跳速度	無（無法發覺）	每分鐘少於100次	每分鐘多於100次
呼吸速度	無	不規則，慢	好，哭聲規則
肌肉緊張度	軟弱、無力	虛弱不活動	強壯而活動的
膚色	發青或蒼白	身體淡紅，四肢發青	全身呈淡紅色
反射興奮力	無反應	皺眉	咳嗽、打噴嚏、哭

資料來源：Apgar (1965).

肆、新生兒保育

　　新生兒剛來到這個世界，他們可以說處處在調適自己的生活，時
時處於危機中，適當的保育工作是有絕對的必要，保育的範圍說明如
下：

一、護理人員對新生兒的照顧

1. 做好新生兒的保暖工作。

2. 照料纖弱嬌嫩的新生兒，動作要柔和。

3. **呼吸**：在第一次呼吸開始前，清除新生兒口腔內的黏液、羊水等，必要時可用導管吸出咽部積液，預防吸入肺部，使呼吸道暢通。嬰聲初啼，輕輕拍打背臀，有助初次深呼吸。倘超過二分鐘，自然呼吸延遲，則須插入喉管，並給予氧氣。

4. **眼睛**：為免新生兒感染淋病雙球菌，導致失明，可用1％硝酸銀溶液或金黴素點眼，點後以生理食鹽水或蒸餾水沖洗，因其濃度與吾人體液相近。用盤尼西林二千五百單位生理鹽水點眼亦可。

5. **臍帶護理**（umbilical cord care）：出生後，先以血管鉗夾著臍帶，俟臍帶搏動停止，結紮剪斷，然後消毒斷端，用消毒紗布裹紮，再用絨布束腹帶包紮之。在初生二十四小時內，查看臍帶是否出血，予以適當處理，此後，當注意臍部的清潔與乾燥，直至臍帶脫落，臍窩完全長好為止，臍帶脫落約在四至十日期間。

6. **嬰兒室**：嬰兒室內所用的毛巾、被單等物要消毒，室內空氣要新鮮，溫度以攝氏二十至二十五度為宜，空氣亦要做適當調節。出入嬰兒室工作人員均須注意無菌問題，個別處理嬰兒時，事前事後，注意清潔手部。

7. **皮膚**：出生後以消毒溶液或橄欖油擦拭新生兒皮膚，用無菌溫水拭潔全身後，應保持乾燥。俟臍帶脫落後，方可盆浴。

8. **包莖**（phimosis）：新生兒若包皮過長者，可用力翻弄數次，使之變鬆，並告訴母親以後每隔一、二日亦如法翻弄一次。在每次翻弄之後，應即翻下，以免因包皮太緊，而影響局部血液循環，使龜頭充血脹大，則更不易翻了。若包皮十分狹窄而不易

翻動，可在產後一週施行包皮環截手術（circumcision），約十日後即可痊癒。

9.餵食：新生兒於出生後十二小時內任其睡眠，不予任何食物，在正式授乳以前，可餵5％葡萄糖水，每三至四小時一次。十二小時後，可試餵母乳，約每四小時一次，以刺激母乳分泌，通常生產後第二日開始授乳，若吮乳無力者，則行滴飼法或鼻飼法。

10.外傷：新生兒在生產過程常會造成機械性及缺氧性的傷害，這些傷害也許是因為不當或不夠成熟的技巧及注意力所致，然而縱使有純熟的技巧及適當的產科照顧也可能造成。在此所指外傷大都由於巨嬰症、早產兒、嬰兒頭部與產婦骨盆不成比例、難產、生產時間拖長，以及臀位生產等原因所造成。生產外傷包括頭部水腫塊、頭部血瘤、Bednar氏鵝口瘡、顏面麻痺、臂癱瘓、橫膈神經麻痺、鎖骨骨折、斜頸等，凡此症狀，都需要醫生及護士加以特別照護。

11.母嬰同房：在出生前，胎兒每天與母親朝夕相處，互為一體。出生後，新生兒被安置在沒有母親「溫暖」的育嬰房內，嚴格說來，育嬰房並不是新生兒最好的生長環境，因它頂多只能照顧新生兒的生理健康。然而高品質的新生兒成長環境，仍必須有母親的呵護，因此，在衛生條件及母親體力許可之下，在出院前，最好每天有母嬰同房的機會，讓新生兒與母親就像過去胎內環境一樣，緊緊相繫，如此對新生兒的心理健康、社會行為發展會有正向的幫助。

二、父母對新生兒的一般性照顧

普通的新生兒都在生後的三天至一週前後出院，以往在醫院裡面，由專業的護士做細心妥善的保育工作，父母當可放心。出院後，對新生兒的照顧責任就落在父母的身上了，父母在保育新生兒時，應

注意以下幾點事項：

(一)要給予親情

胎兒在母體內可以說是「母子一體」，其親密程度可想而知。根據陳秀蘭（2001）針對早年依附關係對孕期親子聯結預測之研究顯示，對父親愈信任的孕婦，對胎兒的想像就愈多；對父親及母親愈信任的孕婦，則愈能貢獻自己；和父親溝通品質愈好的孕婦，則和胎兒互動現象就愈好；對父親愈信任的孕婦，就愈能認同胎兒。

在出生以後，變成兩個個體，對於軟弱、無法獨立的新生兒來說，應是充滿了孤獨感，在這個時候，父母親不要忘記時時去關懷他，除了睡覺以外，盡可能的和他說話，摸摸他的頭，拍拍他的胸，哺乳的時候不要忘了更要親切的抱住他，如果將奶瓶塞到搖籃內的小嘴巴裡，就無異於在餵養家中的小寵物。

(二) 要給予適當的生長環境

新生兒初到這個世界，吾人應該給予適合他生長的環境，如此對他身心發展將會有所裨益，在環境方面要注意的很多，比較重要的有：

1. 溫度：室溫要適當，太冷或太熱對他都不太適合，此外溫度的調節對他亦很重要，因為新生兒身體運動量少，所以體內所產生的熱不夠充分，再加上皮膚的外表面積，和體重比較大都不相稱，因而發散的熱較多，身體非常容易著涼，所以室溫要平穩，不能忽冷忽熱，尤其冬天不要讓冷風直接吹到他身上，以免著涼。

2. 空氣：要注意室內空氣的流通，以保持新鮮的空氣，對於空氣品質的管制亦應注意，在外界的社區環境，盡量避免有空氣污染的現象，在家裡的空氣除了要保持與外界暢通外，不良的空氣如成人吸煙、廚房的瓦斯、炒菜的油煙，也要盡量遠離新生

兒，以免污染到他的呼吸系統。

3. 環境衛生：應注意居住環境衛生，住宅周圍要保持乾淨，不要堆積垃圾，排水溝也要保持暢通，以免細菌滋長。至於室內衛生，更與新生兒息息相關，應注意屋內的整齊清潔，尤其是嬰兒室更為重要，上至天花板、牆壁，下至地板都要事先打掃消毒乾淨，擺設宜簡單，不必要的東西應清理搬走，如此看來，不但乾淨、衛生、清爽，且較不會被細菌所感染。

4. 哺乳：產婦應盡量親自哺乳，萬一不得已需要餵哺牛奶時，應注意容器的衛生，因為新生兒的抵抗力相當弱，容易被細菌感染，有關哺乳問題，將在第五節再詳述。

5. 衣服和被褥：對新生兒而言，衣服以及被褥以保溫為主，裝飾在其次，要選擇穿起來方便又不刺激嬰兒肌膚的為最重要。

6. 睡眠：一般而言，平躺仰睡的新生兒全身肌肉可以放鬆，心、肺、膀胱等臟器不易遭到壓迫，可以睡得舒服。不過仰睡時放鬆的舌根後墜，容易阻塞呼吸道，讓新生兒呼吸費力。同時新生兒的胃是水平的，喝奶時灌入的空氣必須排出，因此，吐奶是經常有的情形。如果仰睡，溢出的乳汁可能會吸入氣管造成窒息，因此，剛餵奶後的新生兒不適宜仰睡。至於趴睡的優點是日後可能會有比較漂亮的臉形、頭形，也比較不會嗆奶。缺點則是新生兒可能會因為撥不開被褥、枕頭而窒息，同時趴著睡對心、肺、腸、胃、膀胱的壓迫較重，可能較不舒服。新式側睡法是一種折衷式的睡眠姿勢，將大毛巾捲成軸狀塞在側睡的新生嬰兒背部與床墊之間，其優點是不易嗆奶，比較不會被被子悶住，內臟也不易被壓迫。不過要記得常翻身，讓新生嬰兒變換體位以免把頭睡成變形。同時要注意不要把耳輪壓向前方，以免睡出一個變形的招風耳。

伍、新生兒加護中心

　　新生兒由於剛從子宮來到這個世界，內外環境變化太大，且身體抵抗力弱，因而死亡率高。近年來，歐美先進國家的研究已明白的告訴我們，如能早期發現產婦及新生兒問題，加以適當的處理及治療，可以大大減少新生兒的死亡率，而且即使一個病重的新生兒，只要能夠接受適當的處理及治療，對長大後的身心發展並不會產生多大的影響，因此在臺灣有必要盡速成立新生兒醫學加護中心，其任務如下：

1. 自國外引進新穎、精密之新生兒科設備。
2. 派遣醫生至國外學習、研究新生兒科。
3. 研究新生兒科學，例如新生兒適應、營養、疾病預防、死亡原因等。
4. 高危險性懷孕之處理及診斷。
5. 普遍建立新生兒科，加強加護病房之醫護人員訓練。
6. 成立遺傳諮詢機構。
7. 集結加護病房護士、呼吸器專門人員、營養專家、社會工作員、小兒傳染病科、血液科、神經科、遺傳資料科、物理治療、腦神經、外科等人員集思廣益，各盡職責，共謀我國新生兒醫護科學之發展。

第二節　早產兒與過熟兒

壹、早產兒

一、早產兒定義

早產兒（prematurity）的定義通常以妊娠週而定，婦幼馨知（2002）與中華民國早產兒基金會（2002）認為，懷孕週數在二十至三十六週（或二十週以上未滿三十七週）發生的分娩為早產。臺北市衛生局（2004）認為，早產係指妊娠三十七週以內之生產。早產兒的體重通常比足月生產之新生兒輕，若出生的體重低於二千五百公克稱為低體重兒，低於一千五百公克稱為極低體重兒。一般而言，出生體重愈低的早產兒，面臨的問題通常愈多，也更易造成身心障礙，如聽覺障礙、學習障礙、發展遲緩（黃志成、王麗美、高嘉慧，2005）。

二、早產兒發生率與死亡率

早產的發生率約占所有懷孕的5％至10％，但卻占新生兒死亡的

表3-6　早產兒出生體重、妊娠週數與存活率表

出生體重（公克）	妊娠週數（週）	存活率（％）
>1500	32	95
1000~1500	30~32	80~85
750~1000	30以下	50

資料來源：林芳菁等（2003）。

80％。臺灣地區每年約有二十五萬名新生兒（衛生署公布臺閩地區2002年新生兒出生數為二十四萬七千五百三十人），以目前週產期死亡率（指死產或出生後七日內死亡者）1.5％至2％而言，每年約三千七百五十至五千名新生兒死亡，其中極低出生體重早產兒就占了75％以上，即每年約有二千八百至三千八百名極低體重早產兒死亡（行政院衛生署，2002）。

根據翁新惠（2002）對低體重早產兒的醫療資源耗用分析中研究顯示，影響存活低體重早產兒首次住院醫療因素為：出生體重、合併症數量及住院期間最嚴重時疾病嚴重度。存活狀況不同對於資源耗用有很大差異：以存活者狀況而言，出生體重小於七百五十公克的平均住院費用約為一百五十八萬六千元，平均住院天數為一百四十六天，加護病房平均使用日數為一百零五天，幾乎是出生體重二千至二千五百公克的早產兒的兩倍，隨著出生體重的增加，住院醫療費用會等比數下降。出生體重二千至二千五百公克的早產兒住院照護降為九萬四千元，平均住院天數為十四天，加護病房平均使用日數為四天。因此，透過以上研究顯示，應提升產前和產後低體重兒照顧品質，以期減少早產兒醫療資源耗用。

三、早產兒合併症

除了死亡的威脅外，伴隨早產而來的各種急、慢性問題，常使整個家庭窮於應付。根據統計資料顯示，約一半以上的極低體重早產兒需要靠呼吸器維持呼吸，其他的早產兒合併症如高黃疸血症、敗血症、呼吸道疾病、水晶體纖維化導致失明或顱內出血所遺留的神經傷害及腦性麻痺等，不但造成孩子一生的陰影，也是家庭甚至社會沉重的負擔（中華民國早產兒基金會，2002）。

陳佩珊（2003）針對一項罹患慢性肺疾病之早產兒神經行為發展與影響因子研究顯示，罹患慢性肺疾病之早產兒於孕後週數三十五至三十七週與三十八至四十二週，經新生兒神經行為評估量表檢測，其

得分顯著低於未罹患慢性肺疾病之早產兒；腦部結構評估顯示罹患慢性肺疾病之早產兒有較高比例發生神經損傷，73％發生腦室內出血，72％併發腦室周圍白質軟化；另外，呼吸疾病的嚴重度與神經系統損傷均為早產兒之早期神經行為表現的重要影響因素。

四、早產兒發生原因

　　早產發生的原因，目前僅有50％可以探知其相關因素，大致可由幾個方面來分析，詳見**表3-7**。

表3-7　早產兒危險因子摘要表

懷孕前	懷孕中	胎兒方面	社會因素
・有早產經驗者 ・抽煙喝酒 ・接受人工受孕者 ・孕前體重過低 ・一年內密集懷孕 ・曾有不良產科病史 ・子宮頸接受過手術 ・營養狀況不良 ・使用成癮藥物 ・工作過度勞累 ・衛生習慣不良 ・情緒焦躁不安 ・貧血	・多胞胎 ・早期破水 ・前置胎盤 ・子宮頸閉鎖不全 ・妊娠高血壓 ・懷孕中嚴重發炎 ・子宮結構異常 ・曾發生過早產、早發陣痛或妊娠早期至中期流產 ・曾患腎盂腎炎 ・細菌尿、感冒	・先天染色體異常 ・胎兒受到感染	・年齡低於二十歲或高於三十五歲者 ・低社會經濟地位者 ・未婚生子

資料來源：整理自中華民國早產兒基金會（2002）。

五、早產兒的特徵及一般生理現象

早產兒的特徵及一般生理現象可由下列幾點來說明：

1. 身體軟弱，大多數時間是沉睡的。
2. 由於呼吸中樞發育不全，呼吸通常較微弱不規則，肺部不能完全擴張，極易發紺（cyanosis），且持續較久，有時達六星期。
3. 在頭顱上可看見囟門較大，骨縫軟。
4. 皮膚缺乏脂肪，皮膚較薄、透明。
5. 胎毛妊娠週數二十八至三十週時，胎毛量最多之後逐漸減少。
6. 體溫容易隨著外界氣溫高低變化而升降，因其調節體溫的中樞發育不全，脂肪層薄及身體表面積大，故不易維持正常體溫，但若給予外熱時，沒有特別留意，很容易引起發燒。
7. 胃腸的消化能力不良，若不小心及有規律的餵乳，會常嘔吐及腹瀉。
8. 易感染疾病，且對一般疾病的抵抗力弱。
9. 生理黃疸（physiologic jaundice）較一般正常的新生兒普遍。一般而言，大約60％的足月兒以及80％的早產兒在生下來一週之內會有黃疸出現，其中大約15％需要治療，黃疸是因為肝功能不正常所引起的症狀，其特徵是會使皮膚及眼睛變黃
10. 肌肉緊張力較弱，皮下脂肪較少，因而皮膚皺紋多並顯紅色，毳毛很多。
11. 吸乳能力薄弱，有時甚至不會吸乳和下嚥。
12. 早產兒產後三、四天之生理體重喪失，也較足月兒厲害，恢復體重所需的時間也較長。
13. 生殖器官：女嬰的小陰唇及陰蒂突出，大陰唇呈分開狀態。男嬰的陰囊小只有少許皺褶，睪丸未下降至陰囊。

表3-8　早產兒特徵與生理現象表

項目	特徵與生理現象
軀幹	軟弱。
體力	體力虛弱，大多數時間是沈睡的。
呼吸	呼吸中樞發育不全，呼吸通常較微弱不規則，極易發紺。
頭顱	囟門較大，骨縫軟。
皮膚	缺乏脂肪，皮膚較薄而透明。
胎毛	妊娠週數二十八至三十週時，胎毛量最多，之後逐漸減少。
體溫	隨著外界氣溫高低變化而升降，不易維持正常體溫。
腸胃	消化能力不良，會常嘔吐及腹瀉。
抵抗力	抵抗力弱，易感染疾病。
黃疸	使皮膚及眼睛變黃。
肌肉	張力較弱，皮膚皺紋多並顯紅色，毳毛很多。
吸乳能力	吸乳能力薄弱，有時甚至不會吸乳和下嚥。
體重	產後三、四天之生理體重喪失，較足月兒厲害，恢復體重所需的時間也較長。
生殖器官	女嬰——小陰唇及陰蒂突出，大陰唇呈分開狀態。 男嬰——陰囊小，只有少許皺褶，睪丸未下降至陰囊。

六、早產兒之護理

　　早產兒護理得好時，可以讓其早日脫離險境，儘早發育到正常，方法如下：

1. 動作要很輕柔，因早產兒很容易受傷出血。
2. 保持體溫，在醫院嬰兒室內，通常將早產兒置入育兒箱，提供適當的溫度及氧氣。但在保育箱太久的早產兒，因缺乏人際間之接觸，可能造成日後社會行為的問題。
3. 環境務必保持安靜。

4.儘量少接觸外人，護理者必須健康且有好的清潔習慣，以免被感染。

5.各種用具必須清潔，食器要消毒。

6.適度之運動有助於早產兒，但操作應小心而輕柔，時間也不能太久，以免過度疲倦。

7.能夠吮吸之早產兒可用一般之餵養法，但要用較小瓶子及較小奶嘴。不能吮吸者，則要用管餵法（gavage），將乳汁灌入胃中，如有需要，亦可注射葡萄糖，以補充營養。

8.早產兒較易得某些營養缺乏疾病，尤其是佝僂症和手足搐搦（維生素D缺乏）以及貧血（鐵缺乏），故在約一週後餵食開始正常時，可給予服用維生素A、C和D，鐵則約在兩個月時開始服用，有時較早。

9.呼吸道如因黏液及其他分泌物阻塞而發紺時，可輕輕將之吸引出。必要時，可供給濃度約30％的氧氣來治療，使用氧氣時，一定要經醫生指示，且時常檢查濃度，過高的氧氣濃度，會引起新生兒之視覺障礙（黃志成等，2005）。

10.若有嘔吐現象，可能是餵食過量或餵食後搖動太多，應減少餵食量或防止餵食後的搖動。

七、早產兒的追蹤

　　早產兒的追蹤一般建議時機是矯正年齡六個月起，每六個月一次定期回診與接受完整的追蹤檢查，直到矯正年齡兩歲為止。所謂矯正年齡是指早產兒出生後的月數減去早產的月數，以早產兒出生五個月來說，原先他是提早兩個月出生，所以矯正年齡應為三個月（五個月減去兩個月等於三個月），亦即其各方面成熟度與三個月月齡的嬰兒相當。追蹤檢查的項目至少包括：生長與營養狀況之評估、神經發育與粗動作檢查、心智發展評量、眼科評估和聽力檢查（育兒生活，2006）。

貳、過熟兒

一、過熟兒定義

所謂過期妊娠是指在「正確」換算的預產期那天以後十四天仍沒有自然產痛的孕婦稱為過期妊娠（尹長生，2001）。妊娠週數大於四十二週（二百九十四日）分娩稱為過期妊娠，這種新生兒常常皮膚黃染、皺縮，外觀像小老頭，皮下脂肪減少，頭骨很硬，頭髮長，指甲長於手指，這種新生兒稱為「過熟兒」（postmaturity）（王麗茹，2000）。

二、過熟兒合併症

1.四十二週後羊水減少而稠，常有大量胎糞。胎糞容易吸入呼吸道和肺泡，引起肺泡破裂、氣胸等合併症。
2.子宮胎盤功能不良造成「過熟兒症候群」。
3.會造成孕婦的產程延遲、產道裂傷、剖腹生產及產後大出血的機率上升；寶寶也比較容易在生產過程中發生肩難產、胎兒窘迫、顱內出血、鎖骨骨折、臂神經叢受傷等合併症。

三、過熟兒發生原因

過熟兒發生的原因是多元的，以下從不同的角度來說明：

1.胎兒腎上腺皮質刺激素不足及胎盤硫酸酵素缺乏。
2.胎兒中樞神經系統缺損（如：無腦兒）也較容易過期妊娠。
3.部分胎兒胎盤老化。
4.營養不良成為過熟兒。
5.有些研究發現，過期妊娠和體質有關，若第一胎是過期妊娠，

下一胎也是過期妊娠的機率從10％增加到27％；若前兩胎都是過期妊娠，那麼第三胎也是過期妊娠的機率會增加到39％。

四、過熟兒生理特徵

過熟兒往往沒有毳毛，指甲很長，頭髮也多，皮膚較白，有脫皮現象，此乃由於有保護作用的胎脂大量減少之故。

由於醫學的進步，過期生產並不可怕，只要定時門診及做必要的檢查（如胎盤功能、孕婦併發症等）即可，對過熟兒本身的危害會減到最小。而值得注意的是孕婦的心理問題，由於九月懷胎而期待胎兒出世，至今仍未有動靜，將促使孕婦更加焦慮，如此可能間接的影響到胎兒的「安寧」。

第三節　嬰兒的生理發展與保育

要做好嬰兒的保育工作之前，先要瞭解嬰兒的生理發展狀況，以此為工作的基礎，如此才能依照嬰兒的需要做好保育工作。就以生理生長週期而言，人生早期大致可分為四期：從產前期一直到出生後六個月，為快速生長期；約一週歲後生長逐漸緩慢下來一直到青春期前（約八至十二歲）為生長緩慢期；而自青春期開始，生長又加速，一直到十五至十六歲左右，是為第二生長快速期，以後生長又逐漸慢下來（Meredith, 1975）。

鄭雅文（2004）針對出生體重與青少年期健康狀況之相關研究顯示，低出生體重比正常出生體重者青春期發生膽固醇值異常的機會高出一‧四三倍，身體質量指數（BMI）值發生異常機率高出○‧九四倍，高血壓發生機率高出○‧七三倍，這結果顯示出低出生體重者未來發生疾病的風險較高。經由以上研究窺知，嬰兒期正處人生第一快

速生長期，為奠定以後良好發展之基礎，因此，保育工作就更須加以
重視。本節擬分別就嬰兒之生理發展加以說明，並述及保育方法。

壹、嬰兒身高、體重、頭圍和胸圍的發育

　　一般而言，寶寶的成長發育狀況會被營養狀況、家庭環境、疾病
和遺傳等因素所影響，雖然每個寶寶發育情況不盡相同，但都有一個
趨勢，家長可利用寶寶體重、身高、頭圍和胸圍等生長曲線來評估寶
寶生長狀況。衛生署所印發的寶寶健康手冊裡的生長曲線圖，便是一
項可資運用的良好工具，父母可藉以初步瞭解及掌握孩子的發育情
形，孩子成長發育上如有異常可能代表一些身體異常的警訊。

一、臺灣地區零到六歲兒童生長曲線

　　行政院衛生署依據1996年至1997年間進行之調查，公布「臺灣地
區零到六歲兒童生長曲線圖」，資料顯示，我國兒童生長曲線有相當幅
度的進步。

　　由本次調查所得到的曲線可發現，於出生至一歲以前，嬰幼兒之
身高、體重及頭圍與1982年並無很明顯的變化，而一歲以後，則不論
在身高或體重方面，均逐漸高於1982年。在體重方面，兒童二歲時比
1982年時之同齡兒童約重○‧五公斤，三歲時約重一公斤，四歲時約
重一‧五公斤，五歲時約重二公斤，六歲時約重二‧五公斤。在身高
方面，兒童二歲時比1982年時之同齡兒童約高一公分，三歲時約高
二‧五公分，四歲以後約高三公分。而在頭圍方面，二歲時之兒童比
1982年時之同齡兒童約大○‧五公分（行政院衛生署，1999）。

二、如何看成長曲線圖

　　1.曲線圖上：橫軸是月齡，縱軸是各項數值，如體重的公斤值、
　　　頭圍或身長的公分值。

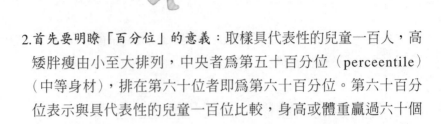

2.首先要明瞭「百分位」的意義：取樣具代表性的兒童一百人，高矮胖瘦由小至大排列，中央者爲第五十百分位（perceentile）（中等身材），排在第六十位者即爲第六十百分位。第六十百分位表示與具代表性的兒童一百位比較，身高或體重贏過六十個人，輸給四十人。

3.百分位曲線：圖3-3中列有七條分別代表第3、10、25、50、75、90、97百分位曲線，例如：一個六個月大的男嬰，體重是八‧五公斤，將他的資料畫成橫座標六個月，縱座標八‧五公斤的點，結果落在第75百分位曲線；由此可知，此男嬰比起同年齡的男嬰，贏了75％的人。一般說來，座標落在第25到75百分位，通常都算標準範圍。

4.嬰兒成長曲線正常化：嬰兒的生長在一歲以內最快，到週歲身高約爲七十五公分，二歲時約爲八十五公分；體重方面，出生時男嬰平均三‧三公斤，女嬰平均三‧二公斤；四個月時增加爲出生時的兩倍，週歲時爲三倍，二歲時爲四倍，五歲時爲五倍。只要各項指標順著正常曲線移動，身高體重平行增加，相差不超過兩條百分位曲線，那麼即使孩子偶爾一陣子食慾差一點，也不必擔心。如圖3-3、3-4、3-5、3-6爲行政院衛生署在1999年所公布的生長曲線圖。

5.發育異常：身材過於瘦小在臨床上定義爲身高或體重低於對照表的第三百分位，即低於最下面的曲線；而過重或肥胖則是身高或體重高於第九十七百分位，即高於最上面的曲線。頭圍大（大頭）或頭圍小（小頭）亦是以同樣的標準來定的。

6.影響幼兒成長的因素：影響幼兒成長發育的因素很多，如父母的遺傳、營養狀況、運動程度、內分泌及生長環境等等。黃奕清、高毓秀（1999）也引述相關文獻，認爲影響臺灣兒童身高體重發展因素有：經濟發展、教育水準、衛生水準、營養狀況。

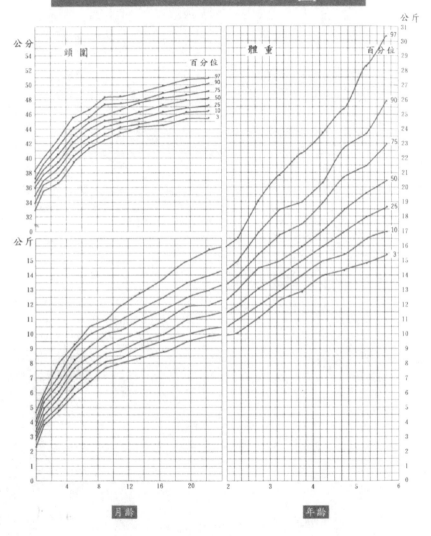

圖3-3　一至六歲男孩頭圍、體重生長曲線圖

資料來源：行政院衛生署（1999）。

男 孩 生 長 曲 線 圖(二)

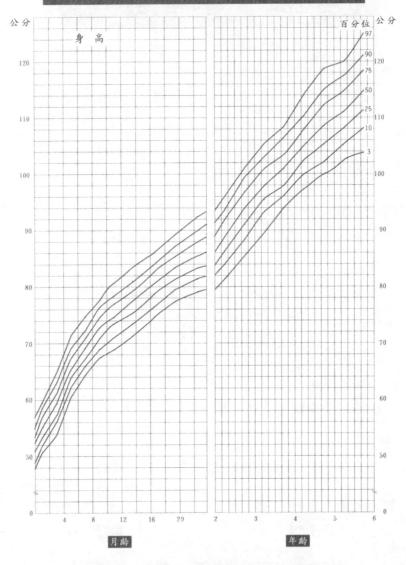

圖3-4　一至六歲男孩身高生長曲線圖

資料來源：行政院衛生署（1999）。

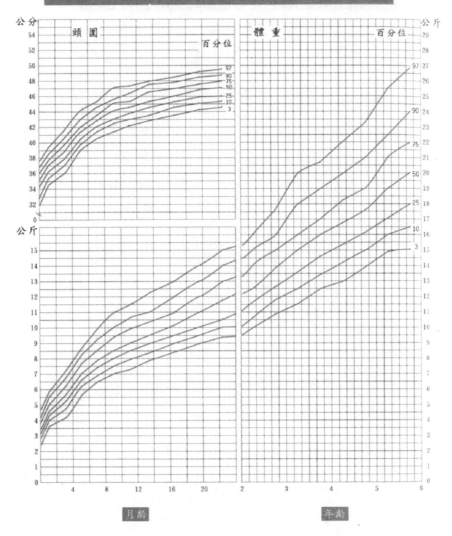

圖3-5 一至六歲女孩頭圍、體重生長曲線圖

資料來源：行政院衛生署（1999）。

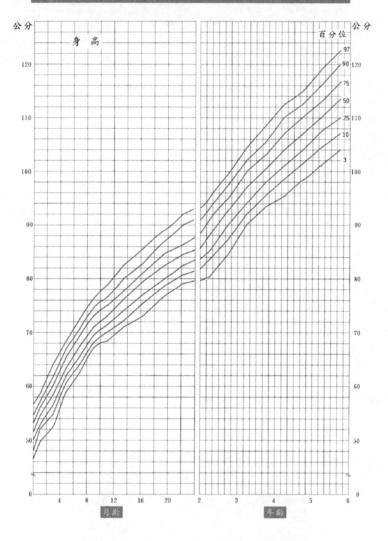

圖3-6　一至六歲女孩身高生長曲線圖

資料來源：行政院衛生署（1999）。

貳、感覺器官發展與保育

感覺器官（sense organs）又稱受納器，能接受體內或體外環境裡化學性質改變的刺激，產生神經衝動，經由感覺或傳入神經纖維達於各神經中樞，發動反射反應。

感覺器官自胚胎期、胎兒期就慢慢發展，直到嬰兒期大都還沒有發展到成熟的階段，不過各器官的發展速度仍有個別差異，有快有慢，然而在嬰兒期感覺器官的發展非常迅速，其速度的快慢，可能與胎兒期的發展基礎有相當的關係，而出生後，可能與營養和刺激有關，吾人除了給予適當的營養外，早期成人給予生活上的適當刺激，將是嬰兒感官發展的重要條件。以下就分別描述幾個感官發展情形：

一、視覺發展與保育

新生兒一誕生，視覺就開始發生作用，在他生命的前幾週，對光線的刺激反應最強，可能一直注視光源（例如窗子、電燈），也可能隨光源的移動而轉動眼球，當頸部成熟到某一階段時，甚至於可以隨目標物的移動而轉頭；三、四個月後的嬰兒，也隨著動作的發展，會配合眼睛的注視，用手去抓取，更甚者，到了八、九個月，身體會爬往所注視的目標物。在視覺距離方面，由於視覺尚未發展成熟，對於太近或太遠的物體，他都會感到模糊，對一個新生兒而言，他的最佳視覺距離約二十至三十公分，而對於二至三個月的嬰兒，其視覺焦點已可調整到約十至十五公分（Chase & Rubin, 1979），以後隨著視覺器官的成熟，對於更近或更遠的目標，也漸能適應了。對於目標物的大小，嬰兒是先能注視較大的目標，而後漸漸發展能注視小目標。在視力方面，嬰兒期並未有多大進展，從新生兒期幾乎只能分辨明暗的視力，三個月前時僅有0.01，到六個月大也只有 0.05，週歲約0.1至0.3，二歲約為0.3，到四至六歲時才達1.0。如表3-9所示：

表3-9　嬰幼兒視覺發展表

階段	視力	明視距離	動作反應
出生至一星期		約20~30公分	・隨光源的移動而轉動眼球 ・隨目標物的移動而轉頭（頸部成熟） ・區分黑白顏色
二至三個月	0.01	約10~15公分	・更近或更遠目標能適應 ・能注視較大目標，漸漸發展能注視小目標
四個月	0.01		・開始建立立體感視覺 ・以視覺追視物品
六個月	0.05		・視網膜已有很好的發育 ・嬰兒能由近看遠，再由遠看近，物體的細微部位也能看清楚 ・對於距離的判斷也開始發展
一歲左右	0.1~0.3		・幼兒的視力進一步全面發展 ・眼、手及身體的協調更自然 ・一歲之前的視力為「可塑期」
二歲左右	0.3		・兒童喜歡看圖片、畫畫，帶有圖片的故事常能吸引兒童的專注
三歲左右	0.6~0.8		・立體感視覺之建立已接近完成
四至六歲	0.8~1.0		・視覺神經發育成熟，接近成人視力

二、聽覺發展與保育

　　新生兒聽覺在出生時早已存在。他們喜愛母親細柔和較高頻率的聲音。但當他們感到煩悶，引起躁動時，男性低沉的聲調更能發揮安撫的作用。嬰兒出生後二至三週，已能分辨母親跟其他女性的聲音。他們對刺激性的噪音，一般是以不理會或高聲哭叫作為反應（郭雲鼎，2001）。

　　感音器在胎兒五至六個月大就已發育完成。但剛出生的嬰兒因中耳內充滿羊水，故聽覺仍不甚清楚，幾天後聽覺即可發生作用。嬰兒在清醒、睡眠、餵哺、哭泣的時候，對聲音的反應並不相同，當他清醒的時候，聽到聲音，他會將眼睛甚至於頭部轉向聲源；當他睡眠時，較大的聲音會吵醒他，甚至於受到驚嚇而哭泣；當他正吃奶時，聽到聲音會停止吸吮或變得緩慢的吸吮；當他哭泣時，聽到聲音可能會停止，然後再哭（除非身體不舒服）。嬰兒對聲音反應發展歷程如**表3-10**所示。

表3-10　嬰兒對聲音反應發展表

階　段	發展反應
6週至3個月	・對突如其來的聲音做肢體反應，如鞭炮聲、大聲關門，此為摩羅反射（Moro's reflex） ・嬰兒高興時會開始咯咯笑，發出ーー阿阿聲音
4個月	・不但頭轉向聲音，眼睛也會朝聲音方向看
5至6個月	・會習慣將自己的頭轉向聲源 ・已經會聽見自己名字
7至12個月	・對主要照顧者有呼喚反應

(一)如何早期發現嬰兒聽力障礙

1.聽到突然來的巨響，沒有摩羅反射，表示嬰兒沒有聽到聲音。
2.在嬰兒左右邊或後面叫他時，沒有反應，表示嬰兒沒有聽到聲音。

(二)如何預防嬰兒聽力障礙的發生

1.避免暴露在噪音環境中。
2.不可未經醫生診治自行購藥給幼兒服用，以免因藥物毒性造成聽力障礙。
3.避免近親結婚，接受婚前健康檢查及遺傳學醫師諮詢，減少遺傳性聽力障礙。
4.母親懷孕期間如罹患德國麻疹、腮腺炎、麻疹及巨細胞病毒等均可能導致胎兒先天性聽障，應在婚前接種疫苗，並小心防範被感染。

(三)聽力障礙普查

　　若已排除其他疾患，而聽性腦幹反應（ABR）檢查其閾值在七十分貝以上時，極可能須配戴助聽器；閾值在四十分貝以下時，應不至於有明顯學習障礙；而閾值在四十五至六十五分貝之間，若有語言或其他相關發展障礙時，應立即請耳鼻喉科醫師及小兒科醫師評估配戴助聽器對其學習及發展之助益和必要性。根據最近一個大型的新生兒聽力研究顯示，有5.6％的新生兒在出生時即罹患有最少一耳的聽力障礙；有約2％是雙耳同時受損的；而有約1％其障礙程度是中、重度以上的，對長遠語言發展會產生一定的影響（嘉義長庚醫院小兒科，2004）。

　　聽力對兒童的語言發展和學習非常重要。因此，有聽力障礙的嬰兒，特別是中度至嚴重重聽，需要盡早被鑑定和接受適當的治療。現時衛生署採用下列三種鑑別的方法：

1. 嬰兒健康的指標：健康有問題的嬰兒，例如出生時體重超低，或曾患腦膜炎等，患上重聽的機會較高。他們多數在醫院時已由醫生發現和接受聽力測驗，未被發現的後來亦可由醫院醫護人員鑑別出來，轉介往聽力評估中心接受檢查。

2. 父母或照顧者的觀察：父母或照顧嬰兒的人有很多時間接觸嬰兒，所以往往有重要的發現。由衛生署印製的「你的寶寶聽到你嗎？」介紹嬰兒的聽覺發展階段。如果你對孩子的聽力有懷疑，請告知醫護人員。

3. 「注意力轉移」聽覺測試：這是一種聽覺普查測試，希望從測試中找出有機會患上重聽的嬰兒，以便安排聽力評估，如有需要，及早給予適當的治療。

(四)嬰幼兒聽力障礙高危險指標

　　目前醫院對高危險聽障嬰幼兒做聽力篩檢，以便及早篩檢出聽障嬰幼兒。以下是嬰幼兒聽力障礙高危險群的指標，如表3-11所示：

表3-11　嬰幼兒聽力障礙高危險指標

項目	危險指標
一	母親懷孕時曾有過出疹子及發燒
二	有幼年聽障的家族史
三	出生時曾有缺氧窒息病史
四	三十二至三十四週以下之早產
五	低於一千二百公克之低體重新生兒
六	新生兒期曾長時期接受加護病房治療
七	在頭頸部外表有先天性缺陷
八	姑表親聯姻
九	被照護者懷疑聽力有問題的幼兒

資料來源：嘉義長庚醫院小兒科（2004）。

三、味覺發展與保育

嬰兒在出生時，舌頭表面都是味蕾（taste buds），味蕾為味覺的主要器官，為一種化學受納器（chemoreceptors），食物被口腔中之液體溶解後，由舌前方或中間的味蕾透過舌顏面神經傳入中樞，或由舌後方的味蕾透過舌咽神經傳入中樞。嬰兒在出生時，味覺已經發展很好，對甜的反應產生吸吮，而對鹹、酸、苦的刺激，產生臉部皺眉或吸吮反應。

世界各地的新生兒幾乎都喜歡甜味，在他們的奶瓶中加入糖水，他們會吸得比平常更久、更用力，心跳也增快。雖然新生兒們不喜歡甜味以外的味道，但到了二至三歲時，他們喜歡鹹的食物勝於淡而無味的食物（李宜賢等，2002）。

現今飲食型態的改變，父母不要因個人喜好或方便，而調整嬰幼兒飲食方式。宜從嬰幼兒本身營養需求考量，儘量以最自然的、清淡的食物為主。烹調方式以蒸、煮方式為宜。另一方面食物選擇宜從多方面食物去攝取，以減少偏食及負擔。

四、嗅覺發展與保育

嗅覺的器官為鼻子，是嬰兒期感覺器官當中較差的一個，嬰兒聞到不好的味道或嗆鼻時，起初的反應不但散亂且沒有組織，只類似輕微驚嚇的表現，以後漸漸變為順利的、有效的逃避行為，先是翻轉整個身體，以後只把頭轉過去。母乳餵養嬰兒對媽媽身體氣味特別敏感。嬰兒較靈敏的嗅覺是對「奶味」的尋找，這是嬰兒尋找母親乳房的線索，基於此，他可以很快的找到乳頭。

嬰兒出生後，有兩種運動和鼻子有關係，即呼吸和吸吮，所以對嬰兒的鼻子要特別注意清潔，同時注意室內溫度的調節，保持室溫在攝氏二十至二十五度，注意室內空氣的流通，以促進嬰兒鼻子的健康；同時要勤換尿布，以免造成嬰兒長期生活在惡臭的生活中，影響

其嗅覺發展變為遲鈍（盧素碧，1993）。

五、觸覺發展與保育

觸覺刺激從接收至反應的過程，需要身體各部分做一連串的配合和統整，所以是一個複雜的身體整合過程。觸覺為皮膚最早發展的功能，於胚胎早期，快速分化成三個原始胚胎：外胚層（ectodem）、中胚層（mesoderm）、內胚層（entoderm），而外胚層不僅發展成為神經系統，並延伸至全身的表皮，及其附生的皮膚內層細胞、腺體、毛髮和指甲，還包括感覺器官的神經上皮組織（蔡闉闉譯，1990）。由此可知皮膚與神經組織是源自外胚層分化，所以皮膚可視為外在的中樞神經中表面積最大的感覺器官。多數的新生兒觸覺發育得相當早，大約在出生後的三個月就能很明顯的感受觸覺的刺激；當小嬰兒被觸摸和擁抱時，他會有滿足和舒適的感受。

(一)觸覺發展階段

觸覺其實也是嬰兒出生就比較成熟的一個知覺，所以剛出生到一個半月大的嬰兒，他其實需要藉由觸覺的經驗得到這種被滋養、被撫慰或被愛的感覺，所以這是嬰兒滿重要的感覺之一。到了第三個月之後，其實嬰兒已經學會不同人抱他、不同方式、不同的觸覺經驗，他已經可以分辨不同的照顧者。四至七個月大嬰兒開始會探索自己的身體，所以他可能會跟自己的身體玩，譬如說：會吸吮自己的手指頭、腳指頭，在這階段這些也是一個很常見的觸覺反應。等到他學會爬行之後，你會看到嬰兒會主動去尋求一些觸覺或者撫摸的經驗，譬如說：他會爬到某個枕頭上或某個毯子上去趴在那裡，這就是很明顯的一個例子。

(二)促進嬰兒的觸覺發展

讓嬰兒接觸不同材質的布料——毯子、床單，或者在他的生活經驗有一些玩具，是由不同絨毛布或其他布料做成的，讓他在玩的時

候、操作的時候，就可以接觸到不同觸感的東西。當然我們也可以準備不同柔軟度材質的玩具，譬如說：黏土、麵粉，讓他可以體會掌握在手中去捏拿這種軟硬度感覺。有時候我們在跟孩子互動的時候，讓孩子對我們身體有不同的接觸，譬如說：爸爸的鬍鬚、媽媽的頭髮，這也是一個很好的觸覺經驗。有時候在玩玩具的時候，當然不同形狀的玩具，我們可以讓他連續去摸不同材質、不同重量，這個大概都是一個很好的觸覺活動。

根據簡加珍（2000）針對觸覺按摩對早產兒體重生長及神經功能發展研究顯示，實驗組較對照組體重有顯著增加；實驗組較對照組神經功能明顯進步；早產兒體重與神經功能成正相關。因此，觸覺按摩確能增加早產兒體重生長及促進神經發展。

(三)觸覺保育

在嬰兒期有關皮膚的刺激要注意勤沐浴，保持皮膚的清潔，並利用天氣晴朗的早晨或黃昏做空氣浴、日光浴。此外，可藉遊戲中的玩具，訓練嬰兒的觸覺，而最重要的是父母親溫暖的手、身體，隨時與嬰兒接觸，讓他得到溫暖，父母親的體溫，可以溫暖到嬰兒的心；在他的嬰兒床擺設，應該是柔軟的被褥，而不是冰冷的床架和硬硬的床板，這對他皮膚的刺激也是相當重要的。

參、腦的發展與保育

腦的發展在胎兒期相當快速，出生以後仍繼續快速的成長，初生時，腦重爲成人的四分之一，九個月後爲成人的二分之一，滿週歲時爲成人的四分之三。而事實上，腦的重量多寡，並無法決定嬰兒的聰明或愚笨，對於人類資質的決定，主要在於腦細胞的數目、性質以及視腦細胞間結合配對的情形，分工是否恰到好處。

研究顯示，嬰兒出生時，腦部的重量還不到成人的三成。然而打

從一出生起，成長速度，比十五歲的青少年快上一千倍，比五十歲中年人快上一萬倍。一歲時，嬰兒的腦容量就已經增加了一倍（天下編輯部，2000）。

另外，神經研究學者把初生的腦，幼兒的腦，成長後的腦，解決問題的腦，病變的腦，以PET（正電子射出斷層攝影）、fMRI（核磁共振造影）等造影方法呈現在世人面前，讓我們看到嬰兒快速成長的腦以及環境刺激對腦成長的影響。環境刺激讓腦細胞間產生連結，建立訊息傳遞網絡，並漸漸穩定下來，各司其職。與之有關的是嬰兒腦的可塑性，這是在成人的腦中不容易看到的現象。當成人腦受傷，受傷這一部分所負責的行為，表現出來就是受損傷的，因為成人的腦已失去其可塑性。對嬰幼兒來說，若不幸有了腦傷，受傷部位附近的腦細胞則會接收受傷部分本來所主管的運作。此時，行為表現或許較慢，但勝於全無表現。

這些腦神經發展的研究讓我們不得不接受人生最初幾年的重要性（柯華葳，2000）。根據以上之論述，我們深信嬰幼兒早期學習與經驗之歷程，是決定未來成就之關鍵。

一、左右腦機能發展

大腦分為左腦和右腦，這已是目前醫學可以證實的，而最早提出這個實證的是美國神經科學家諾曼·凱舒溫特，他解剖人死後的腦部，發現左右腦呈非對稱性存在，其中左腦較大，而且與語言大有關聯；此外，加州理工學院的羅傑·史貝利博士在分割大腦的實驗中發現，左腦與右腦是以胼胝體連接，這兩個半球是以完全不同的方式在進行思考，左腦偏向用語言、邏輯性進行思考，右腦則是以圖像和心像進行思考，並以每秒十億位元的速度彼此交流，儘管如此，這兩個半腦彼此的運作並非分工式進行，而是互相支援、協調，所以兩歲內的幼兒如果有腦機能損傷，大腦功能仍可以重新定位，由未受傷的半腦擔負起已受傷半腦的工作，而且表現與一般人無異（黃倩儀，

2002）。

二、如何促進大腦發展

休士頓貝勒醫學院教授培里更發現，幼兒很少遊戲或撫摸不足，會導致腦部發育不良，腦容量比同齡正常小孩減少20％至30％。另外，心理學家與教育專家不斷呼籲各界重視幼年經驗影響。而嬰幼兒的生活經驗，又是形成腦部網絡結構基礎（天下編輯部，2000）。因此，對於嬰幼兒而言，只要掌握住大腦的主要能力，日後便可以分支發展出更多、更複雜的能力，而左右腦主要的功能則可綜合為語言、記憶、閱讀、數理思考、創造與解決問題等六大類，家長應該在寶寶的大腦定型之前，以輕鬆、自然的方式，幫助他發展左右腦的各種能力。

循此，不管是家庭照顧、社會資源及福利政策，必須以「今天不投資，未來將付出代價」來思考，把握人生前三年關鍵期，投入人力與物力，針對嬰幼兒教育為優先之議題。

肆、牙齒

牙齒的發展從懷孕的第三個月起就開始，而在第五個月開始鈣化（calcitication），到出生時，二十顆乳齒的根基都發育齊全。至於第一顆牙齒何時開始長出，則有個別差異，快的在出生後六個月內即長出，慢的可能到十個月（甚至更晚）才長出，但平均長出的時間約在六至八個月，長出時間的快慢，與健康、遺傳、出生前後的營養、種族、性別和其他因素有關（Hurlock, 1978）。嬰兒長牙的順序，普通在出生後六至八個月，下顎門齒二顆開始長出，八至十個月上顎門齒二顆長出，其次是上顎側門齒。平均在九個月的嬰兒有三顆牙齒，而在週歲的嬰兒有六顆牙齒，乳齒的發展順序如表3-12所示。

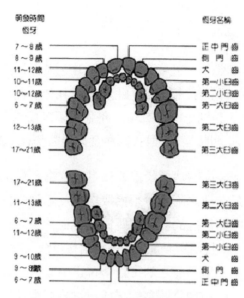

圖3-7　嬰兒乳齒發展狀況

資料來源：中華民國兒童牙科醫學會（2002）。

表3-12　乳齒發展表

上顎齒列	萌牙時間	脫落時間
中門齒	8~12個月	6~7歲
側門齒	9~13個月	7~8歲
犬 齒	16~22個月	10~12歲
第一臼齒	13~19個月	9~11歲
第二臼齒	25~33個月	10~12歲
下顎齒列	萌牙時間	脫落時間
中門齒	6~10個月	6~7歲
側門齒	10~16個月	7~8歲
犬 齒	17~23個月	9~12歲
第一臼齒	14~18個月	9~11歲
第二臼齒	23~31個月	10~12歲

資料來源：中華民國兒童牙科醫學會（2002）。

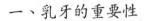

一、乳牙的重要性

人類為雙齒列動物，乳齒列為二十顆乳牙，而恆齒列之三十二顆牙齒中有二十顆為乳牙之繼生齒，用以替換乳牙。乳牙存在小朋友口腔中，短則五年，長則十一、二年，究竟乳牙在我們人生中扮演著什麼角色呢？以下試說明之（中華民國兒童牙科醫學會，2002）：

1. 咀嚼食物：牙齒的功能最主要為咀嚼食物，童年時期為小朋友成長發育最重要之階段，須攝取均衡及足量的營養。而健康且具備完整咀嚼功能的乳牙才能協助各種營養的攝取，避免營養攝取失調，使我們國家未來的主人翁長得快又壯。

2. 發音及美觀：學齡前之幼童為學習正確發音以及建立自信心之決定時刻。一口健康完整的牙齒可以讓兒童在學習發音時，口齒清晰，不至於語焉不詳，在微笑時可以唇紅齒白，有助於建立兒童之自信。

3. 誘導恆牙萌發：乳牙在適當時期會脫落由恆牙取代，若有乳牙的誘導及適當的空間，則恆牙得以順利萌發。若乳牙因病變或其他因素而提早脫落，或鄰接面齲齒未予以合適之復形，則恆牙萌發空間將減少，導致萌發異常。

4. 促進顎骨正常發育：單側牙齒的病變，會使小朋友不敢以患側咀嚼食物，長久下來，可能造成顏面發育不平衡。所以建立預防重於治療的觀念是首要的，若牙齒發生病變，應該早點發現盡早治療，否則最可憐的還是我們最親愛的小孩。

二、嬰幼兒口腔保健的方法

口腔保健最基本、最簡單的工具，就是使用牙刷及牙線。嬰兒在出生後的前六個月，由於牙齒尚未長出，只須在餵乳後，給予開水，並用濕紗布、毛巾或棉棒擦拭牙床、舌頭上的奶渣，以維護口腔的清

潔。一歲以下嬰兒在剛長牙時仍依上述方法清潔口腔。

　　另外，選擇一把刷頭適宜的牙刷，大約六排、三列刷毛的刷頭，約略是四顆下門牙的寬度較為適合，牙刷刷柄應選擇較粗的，以方便孩子拿握。刷毛最好以軟質且打磨過的為佳。刷牙是件愉快的事，讓孩子在輕鬆自由的環境下，好好將牙齒刷乾淨，是口腔保健的第一步。十歲以下的孩子刷牙的方法不限，只要孩子能將牙齒刷乾淨就好。孩子手腕的靈活度不如大人，強迫他們使用「貝氏刷牙法」，也許無法達到預期的效果。建議孩子刷牙以左右來回橫刷及上下來回運動的方式即可。用這樣的方法，讓孩子多刷幾分鐘，也能刷得很乾淨。

伍、骨骼發展與保育

　　骨骼組織的發生是從胎兒第二個月起，發生的起點，從組織關係上可分為兩種：一是管狀骨（如四肢骨）先發生一種軟骨組織，漸次化成硬骨；二是「頭蓋骨」等，先發生結締組織，其後逐漸骨化（ossified），到了出生的時候，只有各骨片的縫合線和集合點，成為膜狀，其他全部骨化了。嬰兒出生時，頭蓋的高度，大約相當於身長的四分之一，後來逐漸減少比例數，到成人時，便約相當於身長的八分之一了。骨骼發育以嬰兒期為最快，第二年逐漸減慢，一直要到青春期才會再快速成長。早期的骨骼發展具備「骨化現象」與「鐘擺現象」（penduium phenomenon）的特色。所謂骨化現象是指從胎兒期就開始進行的發展歷程，骨骼組織吸收鈣、磷等礦物質沉澱於骨骼內，使骨骼硬化的現象。所謂鐘擺現象係因出生嬰兒受到胎位與產程壓力的影響，下肢腿形呈現「O」形腿，一直到兩歲左右時，下肢腿會自行矯正成「X」形腿，到四歲時便趨於正常腿。因此，鐘擺現象就是由「O」形腿變成「X」形腿的歷程。

一、骨骼功能

　　骨骼是由硬骨組織、軟骨組織及纖維組織共同組成，其功能如下：

　　1.身體的支架：維持身體型態。
　　2.肌肉的附著點：可幫助運動。
　　3.保護柔軟的器官：如肺、心、腦、脊髓。
　　4.骨髓有造血的功能。
　　5.可貯存鈣、磷等礦物質及脂肪，在身體需要時，可釋放到血液中。

二、骨骼分類

(一) 依形狀區分為四種

　　1.長骨：股骨、脛骨、腓骨、肱骨、橈骨、尺骨及指骨。
　　2.短骨：腕骨。
　　3.扁平骨：部分頭蓋骨如額骨、頂骨及肩胛骨、肋骨。
　　4.不規則骨：脊椎、蝶骨、篩骨、薦骨、尾骨及下頜骨。

(二)依軀幹及四肢分兩種

　　1.中軸骨骼：頭顱骨骼、脊柱及胸腔骨骼。
　　2.四肢骨骼：上肢骨骼及下肢骨骼。

三、骨骼與營養

　　骨骼具有保護內臟的作用，成人的骨骼主要成分大都為鈣、磷等無機物及其他礦物質，少量的蛋白質及水分。嬰兒期的骨骼恰好相反，鈣質少而膠質多，韌性大而容易彎曲，骨質很鬆，如海綿狀，所

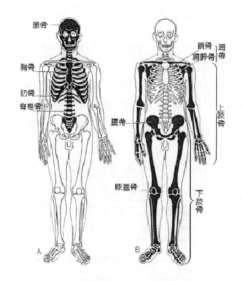

圖3-8　人體骨骼系統

資料來源：臺北市衛生局（2004）。

以嬰兒的身體柔軟易曲，可以擺出許多奇奇怪怪的姿勢出來。此外，也因為嬰兒骨軟，所以較不會有骨折、骨裂的現象。隨著嬰兒的長大，骨化就愈來愈明顯。骨化的骨骼組織吸收鈣、磷及其他礦物質的歷程，骨化進行的過程，由於身體各部分骨骼的不同而有不同，女嬰較男嬰骨化為早，大骨架（broad-framed）比小骨架（narrow-framed）的嬰兒骨化較早。

四、嬰幼兒常見骨骼問題

　　嬰幼兒在骨骼發育過程中，有一些「異常」是屬於先天性畸形，即其結構上不正常，譬如肌肉緊縮或骨骼異常引起的斜頸、多指或併指畸形、真正的馬蹄內翻足、先天性髖關節脫臼，以及上下肢骨骼缺損等。這些異常在外表上多半較明顯，真的有懷疑時，須請醫師鑑定或治療。以下列舉一些現象略微分析（見表3-13）（黃世傑，2002）：

表3-13 嬰幼兒骨骼常見問題特徵摘要表

項目	常見骨骼問題	問題特徵
一	斜頸、扁頭、臉頰輕度下陷	1.是胎內壓迫所造成，不須治療。 2.是頸部肌肉有腫塊時，最好要做物理治療。 3.是肌肉性斜頸，六個月大到一歲左右接受手術治療。
二	背脊突起	新生兒身體較軟，身體向前傾時，背脊較明顯。小嬰兒動來動去，背部好像有側彎現象。
三	胸骨異常	腹部上方左右的地方特別隆起，是軟骨發育不均衡的關係。
四	大腿皮膚皺褶不對稱或外張受限	患有先天性髖關節脫臼的小孩子頗為明顯。
五	小腿內彎及內旋	新生兒最常見的生理現象。
六	姿勢性內翻或仰趾外翻足	足部在子宮內可能處於往內翻或往外翻的位置。這種「變形」在出生後幾個月內就可以慢慢恢復正常。
七	扳機指或拇指內收	1.新生兒的手指在剛出生時都是緊握著，隨著時間會慢慢鬆開。 2.小孩的拇指彎曲或內收，多給手指做運動，穿矯正手架。
八	生產傷害	一側肢體不甚活動，檢查是否有鎖骨骨折或臂叢神經麻痺。
九	成長與發育	1.是否有智能不足、腦性麻痺或其他新陳代謝異常。 2.小孩常常踮腳尖「站」，一歲以上，就必須檢查是否為後腳筋太緊所引起，而為腦性麻痺之初期表現。

資料來源：整理自黃世傑（2002）。

五、骨骼保育方式

在骨骼保健方面，應注意有關的營養素如鈣質、磷質的攝取，而在嬰兒期最重要的是不要對他尚未骨化的骨骼施以不正當的壓力或姿勢，例如成人長期背著嬰兒工作，讓嬰兒雙腿過於分開，可能造成日後O字形的雙腳，不能讓嬰兒提早學坐或站，甚至於走路。此外，嬰兒用的枕頭應柔軟，中間可有一小凹度，有利頭骨發育。如果枕頭太硬或不用枕頭，可能會使嬰兒頭骨骨化變成「扁頭」或「歪頭」。

另外，黃盟仁（2000）認為，先天性問題在臨床上通常可以看得出來，多觀察學步前小寶寶腿部、髖部肌肉對稱與否，以及觀察手腳長度，注意寶寶成長狀況，因為許多問題及早發現，治療將可採用傷害性較小、治癒率較高的方式。發育期，多注意觀察，適度矯正姿勢，多數會自然痊癒，而最容易發生的骨折，在於預防，尤其是小朋友溜直排輪或玩滑板車，追求速度感的同時，一定要戴上全套保護裝置，減少事故發生，當然，不論大人或小孩，在骨頭受到嚴重傷害開刀治療時，配合復健才能早日恢復身體正常功能。

陸、肌肉發展與保育

嬰兒之所以能增加體重，主要為增加肌肉組織以及脂肪。肌肉可分為兩大類：一為粗大的肌肉或稱基本肌肉，手腳及軀幹的肌肉均屬此類；另一種為細小的肌肉，或稱附加肌肉，手指上及臉面之肌肉均屬之。嬰兒期之肌肉發展主要為前者，而事實上此種粗大的肌肉在胚胎期即已相當發達，出生後發展迅速至三歲左右已完全成熟。嬰兒肌肉柔軟而富彈性。隨著年齡的長大，肌肉逐漸堅實，肌腱的長度、寬度和厚度也漸增加。另外，肌肉的發展也遵循由首到尾原則，即頸部、軀幹、手臂，然後到腿部大肌肉；和由近到遠原則，即手臂、腿部的大肌肉，然後到手指、腳趾的小肌肉（李宜賢等，2002）。

一、影響肌肉發展因素

影響因素為先天遺傳、後天營養以及適當之活動、運動訓練。

二、攝取的營養

新生嬰兒的肌肉纖維雖已長成，但尚未健全，以後肌肉的發達除靠遺傳外，後天的營養也是很重要的，例如蛋白質和脂肪的攝取，對肌肉發展都有直接的幫助。

三、肌肉之保育

嬰兒一出生，就是透過操作來學習。沒有人教他如何用手和嘴吸奶。吸奶是嬰兒與生俱來本能之一，牽涉到許多肌肉能力。大部分孩子天生便有一套肌肉運動系統，讓他們得以生存。早期動作是全身大肌肉動作——踢腿、揮動手臂、挺背、轉頭。不久之後，嬰兒開始發展小肌肉動作，使用身體「遠端」部分，尤其是手和手指部分（丁凡譯，1998）。因此，嬰幼兒小肌肉在尚未發展成熟階段時，若貿然要求操作精細動作學習，會讓他產生挫折感，而影響未來學習興趣（黃志成，2004）。

除此之外，高麗芷（1994）認為，良好大肌肉動作協調，是精細動作發展的基石。所以嬰幼兒每天能在適當場地與時間，從事大肌肉的運動，如地上爬行、鑽洞、追逐玩具、投接球、扔飛盤及擲飛鏢遊戲，使手臂的肩、肘及腕等處肌肉靈活協調，並強化肌力，以便日後學寫字，能夠承擔手臂維持固定姿勢所需力量，還可增強肌肉能力，更可以增加身體自我形象概念。黃志成、邱碧如（1978）曾提出嬰兒體操的順序，如圖3-9所示可促進嬰幼兒肌肉發展。

運動項目	主要訓練期	動　作　方　法
足部運動 （附握腳的方法）	二至四個月	
手部運動 （附握手的方法）	三至四個月	
伏體運動 （或頭部運動）	四至六個月	
上起運動	六至八個月	
坐立運動	七至九個月	
站立預備運動	八至十個月	

運動項目	主要訓練期	動 作 方 法
站立運動	八至十個月	
倒立運動	至十二個月	

圖3-9　嬰兒體操

資料來源：黃志成、邱碧如（1978）。

柒、呼吸器官發展與保育

一、呼吸系統發展

　　一個新生兒正不正常可以表現在許多方面，例如，身體各部分發育有無畸形，體重是否過低以及各器官功能是否畸形。但出生的一刻，各器官當中最緊要的莫過於呼吸器官。同時呼吸器官又聯繫到循環狀態和大腦（王麗茹，2000）。

　　呼吸系統包括鼻腔、咽喉部、支氣管所構成的呼吸以及肺臟，執行內呼吸及外呼吸等生理功能，外呼吸係指僅供氣體通過的呼吸道的功能；內呼吸則為氧氣與二氧化碳的實際交換過程。胎兒呼吸器官的

發展前六個月就開始，肺臟在六個月以後開始急速發展，但卻不執行氣體交換，子宮內胎兒的氣體交換是透過潮水式運動，使得羊水自由進出體內，再藉由胎血循環獲取氧氣與二氧化碳交換，並非藉由肺臟呼吸，肺泡或小氣囊一直要到出生後才發育成熟，而執行呼吸系統的內呼吸功能。

　　胎兒出生時啼哭，促使部分肺泡吸入空氣而擴大，是肺臟呼吸功能的開始。新生兒一旦開始呼吸，塌陷的肺泡即擴張開來，第一次呼吸都在出生後三十秒內產生，呼吸運動開始後，心肺功能即刻發生相關。新生兒出生時其肺組織重量約五十至六十公克，隨年齡增加而增加，重量增加原因為肺泡開始執行呼吸功能、肺泡擴張、血流通過肺部及肺泡數量增加等（游淑芬等，2002）。至於嬰兒呼吸方式是橫膈膜式，即腹式呼吸。

表3-14　兒童呼吸速率正常值表

年齡	速率（次數/分鐘）
新生兒	35
1至11個月	30
2歲	25
4歲	23
6歲	21
8歲	20
10至12歲	19
14至16歲	17至18
18歲	16至18

資料來源：游淑芬等（2002）。

二、呼吸系統常見疾病

上呼吸道感染是造成嬰幼兒掛病號的最常見原因，也是發燒最主要的禍首。由於臺灣地狹人稠，加上這個年紀的抵抗力尚未建立完全，所以每人每年有六到十次的感染是可以接受的。其他一些經由呼吸道傳染的疾病，如咽峽炎、疱疹性口齒齦炎、手足口病及中耳炎等，也常在這年齡層發生。下呼吸道感染包括支氣管炎、細支氣管炎、肺炎和哮吼等都是容易發生的疾病。近年來臺灣地區罹患氣喘的孩子明顯增加，這類病兒在門診非常容易見到。

根據行政院衛生署（2002），針對住院件數／年齡統計顯示，因呼吸系統疾病住院零至九歲的嬰幼兒及兒童其住院占第一位。另外，門診人數統計零至九歲，因呼吸系統疾病門診，例如急性上呼吸道感染、流行性感冒、支氣管、肺氣腫及氣喘人數統計占第一位。調查零至九歲因呼吸系統死亡占所有疾病第四位。因此呼吸系統疾病，對於嬰幼兒而言，確實是家長、醫護人員所要面對課題。

三、呼吸系統保育

既然呼吸系統疾病是嬰幼兒最容易感染的疾病之一，那麼如何在照顧嬰幼兒的同時，也能注意一些嬰幼兒呼吸系統的保育知識，以下說明之：

1. **室內溫度**：體重低於三・六公斤的嬰兒，建議室溫應維持在攝氏二十至二十二度之間，隨著嬰兒的長大和體重的增加，夜晚的溫度可以稍微下降，重要的是室內空氣不要太乾燥。
2. **房間通風**：嬰兒房應該溫暖而空氣流通。確保嬰兒睡覺時不會受到窗外的風直吹。當嬰兒不在時，應打開房間窗戶保持空氣流通。
3. **環境與床褥**：注意環境整潔、床褥應定期清洗，減少空氣中棉

絮、塵埃及毛髮漂浮。

4.**清潔工具**：清潔打掃工具宜避免使用雞毛撢子，儘量使用吸塵器及無塵拖把或濕布擦拭。

5.**適當活動**：讓嬰兒呼吸新鮮的空氣，如：接近較自然環境及適當戶外休閒活動。

6.**睡姿方式**：睡覺姿勢會影響嬰幼兒呼吸順暢，如：仰睡有助於嬰兒呼吸，若嬰兒是俯睡姿勢時，墊被要厚一點。

7.**蓋被方式**：嬰兒睡覺時所蓋的被子，不可蓋住嬰兒的頭部，以免妨礙嬰兒呼吸。

捌、循環系統發展與保育

一、循環系統發展

　　循環系統主要器官是心臟和血管。心臟的重量隨身體的發育而增加，而以嬰兒期增加的速度最快，以後逐漸減慢。嬰兒脈搏比成人跳得快，而且容易變化，脈搏次數每分鐘約一百二十至一百四十次，成人則約七十二次。嬰兒期心臟與血管的比例與成年人不同，嬰兒血管占的比例較大，心臟較小，血管較粗，而且靜脈比動脈粗，因此血壓低。全身的血液重量，新生兒約為體重的十九分之一，而成人約為體重的十三分之一；血液的分配，成人多在肌肉、肝臟等處，而嬰兒則大部分是循環於皮膚。嬰幼兒與成人循環系統之比較如**表3-15**所示。

二、在循環系統的保育

　　應注意不要讓嬰兒過於劇烈的運動或太興奮，應在運動後有適度的休息。在血液方面應注重營養，尤其是鐵質的攝取，有助於造血。

表3-15　嬰幼兒與成人循環系統之比較

項目	成人	嬰幼兒
心臟	250公克	新生兒25公克→一歲45公克
心臟比率	較大	較小
血液量	占全身重量十三分之一	占全身重量十九分之一
脈搏次數	70~80次/分	120~140次/分
血壓	約90~140/70~90mmHg	約60~80/40~50 mmHg
呼吸	16~18次/分	20~35次/分
血管	動脈較靜脈粗	血管粗，靜脈比動脈粗

資料來源：游淑芬等（2002）。

玖、消化系統發展與保育

一、消化系統發展

　　新生兒的胃底尚未完全發育成熟，胃的小彎，處於將近水平的位置，凹陷的部位是向後的。到了起立步行的時候，他的胃便成垂直的位置，胃的容量由新生兒大約九十立方公分到嬰兒滿週歲時約三百立方公分。嬰兒由於幽門與賁門的作用尚未完全，因此乳汁常常逆流於食道上，而造成溢乳或嘔吐。食物從幽門到小腸的排出時間，母乳為二‧五小時，牛奶為三‧五小時，含脂肪性多時，排出時間則較遲，換句話說，在胃的停留時間較長。一歲以後，稀飯在胃停留的時間大約四小時，不易消化的蔬菜為四至五小時（盧素碧，1993）。

　　嬰兒的腸在出生時即能發揮它的功能，腸的長度和身長相比，約6：1至8：1（成人約5：1），大腸和小腸的容積隨年齡之增加而增大。

二、消化系統保育

　　關於消化系統的保健最重要的是注意食物的清潔，以免細菌感染，對於所攝取的食物，要柔軟不能太硬，以免增加胃和腸的負擔，嬰兒無法消化的食物，又會隨大便排出。

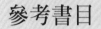

參考書目

丁凡譯（1998）。多感官學習——克服學習困難教學原則與應用。臺北市：遠流。

中央健保局（1996）。臺灣嬰幼兒男、女生生長曲線說明圖。

中華民國早產兒基金會（2002）。認識早產兒。

中華民國兒童牙科醫學會（2002）。兒童口腔保健。

中華民國兒童牙科醫學會（2002）。中華民國兒童牙科醫學會雜誌，第2卷第1期，第13-21頁。

尹長生（2001）。過期妊娠與過熟兒——媽咪寶貝流行通。媽咪寶貝雜誌，第10期，第42-45頁。

天下編輯部（2000）。從0歲開始。臺北市：天下雜誌。

王建人（2003）。新生兒正常體溫。網址：http://www.dryahoo.org.tw

王建雅（2003）。嬰幼兒教保概論。臺北縣：啓英文化。

王麗茹（2000）。優生寶寶育兒百科。臺北市：藝賞文化事業有限公司。

臺北市衛生局（2004）。婦幼保健手冊——骨骼篇。

臺北市衛生局（2004）。婦幼保健手冊——認識早產兒。

行政院衛生署（1999）。臺灣地區零到六歲兒童生長曲線圖。

行政院衛生署（1999）。臺灣地區一至六歲男孩頭圍、體重生長曲線圖。

行政院衛生署（1999）。臺灣地區一至六歲男孩身高生長曲線圖。

行政院衛生署（1999）。臺灣地區一至六歲女孩頭圍、體重生長曲線圖。

行政院衛生署（1999）。臺灣地區一至六歲女孩身高生長曲線圖。

行政院衛生署（2002）。全民健康保險統計年報──91年醫療統計年報。

行政院衛生署國民健康局（2003）。保健常識──視覺保育。

行政院衛生署國民健康局（2003）。保健常識──嬰兒期的營養。

李宜賢、李翰林、黃志祥、楊婷舒、高慧芬、毛萬儀（2002）。兒童發展──理論與實務。臺北市：永大書局。

林芳菁、黃麗方、趙明玲、嚴蔭、鄭雯心、歐美吟、侯天麗（2003）。嬰幼兒保育概論。臺北市：永大書局。

育兒生活（2006）。巴掌仙子成長路。育兒生活雜誌，2006年10月，第42-71頁。

柯華葳（2000）。我們需要研究嬰兒。嘉義市：國立中正大學心理學系。

翁新惠（2002）。低體重早產兒的醫療資源耗用分析。臺北市：國立臺北護理學院醫護管理研究所碩士論文。

高麗芷（1994）。全腦開發──感覺統合（上篇）。臺北市：信誼基金。

高麗芷（2003）。嬰兒按摩──嬰兒按摩與幼兒體操實用指南。臺北市：信誼。

婦幼馨知（2002）。何謂早產兒。婦幼馨知網站。

張瑞幸、彭純芝（2001）。兒童醫學小百科（一）──小兒照護實用篇。臺北市：華成圖書。

郭雲鼎（2001）。視、聽、觸覺新體驗。育兒生活雜誌，128期，第40-45頁。

郭靜晃、黃志成、陳淑琦、陳銀螢（1998）。兒童發展與保育。臺北縣：國立空中大學。

陳秀蘭（2001）。孕婦早年依附關係、婚姻品質與孕婦親子聯結之相關研究。臺北市：國立臺灣師範大學教育心理輔導研究所碩士論文。

陳佩珊（2003）。罹患慢性肺疾病之早產兒的早期神經行為發展與影響因子──初步研究。臺北市：國立臺灣大學物理治療學研究所。

曾凡譯（2003）。萬用育兒寶典──Babyhood 嬰兒物語。臺北市：臺灣實業文化。

游淑芬、李德芬、陳姣伶、龔如菲（2002）。嬰幼兒發展與保育。臺北縣：啓英文化。

黃世傑（2002）。寶寶骨骼發育正常嗎？。網址：http://ntuh.mc.ntu.edu.tw/health/new/1476.htm

黃志成（2004）。兒童發展。臺北縣：啓英文化。

黃志成、王麗美、高嘉慧（2005）。特殊教育。臺北市：揚智。

黃志成、邱碧如（1978）。幼兒遊戲。臺北市：東府。

黃奕清、高毓秀（1999）。臺灣地區53至81學年度中小學生身高及體重之變化趨勢。公共衛生，第25卷第4期，第247-255頁。

黃倩儀（2002）。左右腦均衡開發──寶寶聰明加倍。臺北市：國立臺北護理學院嬰幼兒保育系。

黃盟仁（2000）。小兒科骨骼的獨特性。慈濟院訊，第10期，第15-18頁。

嘉義長庚紀念醫院（2004）。懷孕準媽媽網頁──認識初乳。嘉義：長庚婦產科圖書館。

嘉義長庚醫院小兒科（2004）。兒童聽力測試──衛教專欄。

網址：http//www.tapd.org.tw.

網址：http://www.cgmh.com.tw/intr/intr5/c6700/OB/index.htm

網址：http://www.pch.org.tw/index.htm

蔡闓闓譯（1990）。胎兒發展及產前影響──小兒科護理學（上冊）。臺北市：華杏。

鄭雅文（2004）。出生體重與青少年其健康狀況之相關研究。臺北縣：輔仁大學體育學系碩士論文。

盧素碧（1993）。幼兒的發展與輔導。臺北市：文景書局。

鍾明宗（2002）。小baby的大便正常嗎？。育兒生活雜誌，第148期，第23-26頁。

簡加珍（2000）。按摩對早產兒體重生長及神經功能發展影響之探討。高雄市：中山醫學院研究所碩士論文。

Apgar, V. (1965). Perinatal Problems and the Central Nervous System. In U.S. Dept. of Health, Education and Welfare, Children's Bureau, *The Child with Central Nervous System Deficit*. Washington, D.C.: U.S. Government Printing Office.

Chase , R. A. & Rubin R. R. (1979). *The First Wondrous Year*. Johnson & Johnson Child Development Publications.

Cockburn, F. (1984). The newborn. In J. Forfar & G. Arneil (Eds.). *Textbook of Pediatrics* (3rd ed.). New York: Churchill Livingstone.

Coursin, D. B. (1972). Nutrition and Brain Development in Infants. *Merrill-Palmer Quarterly, 18,* 177-202.

Eastman, N. J. & Hellman, L. M. (1966). *Williams Obsterics*. New York：Appleton-Century-Crofts.

Hurlock, E. B. (1978). *Child Development* (6th ed.). New York：McGraw-Hill Inc.

Meredith, H. V. (1975). Somatic Changes during Human Postnatal Life. *Child Development, 46,* 603-610.

Papalia, D. E. & Olds, S. W. (1975). *A Child's World-Infancy through Adolescence*. New York：McGraw-Hill Book Co.

Schifrin, B. S. & Dame, Y. (1972). Fetal Heart Rate Patterns：Predicitions of Apgar Score. *Journal of the American Medical Association*, 219 (10), 1322-1355.

Vallbona, C., et al. (1963). Cardiodynamic Studies in the Newborn II. Regulation of Heart Rate. *Biologia Neonatorum,* 5, 159-199.

第四章
嬰兒的動作、飲食與大小便

學·習·目·標

• 瞭解嬰兒動作發展與保育方法
• 瞭解嬰兒飲食與營養
• 瞭解嬰兒的大小便及習慣

第一節　嬰兒的動作發展與保育

壹、動作發展

動作發展（moter development）始於胎兒時期，一般孕婦在懷孕的第四個月起，就可以感覺胎動，此時由於胎兒浮游羊水中，可謂活動自如，胎兒的活動包括移動軀體、轉動臀部、動手、伸腿、踢腳等。這些動作必須要到懷孕末期，由於身體的發育，漸漸的被「固定」在子宮內，胎兒的活動才稍微「收斂」一點。雖然新生兒由於神經系統尚未發展成熟，儘管他已無子宮的束縛，活動的次數和幅度較胎兒期為多、為廣，但仍然是無意義而且無目的的動作，以後為了適應現實的環境而活動，等到身體逐漸成熟再加以學習的交互運用，遂使動作漸趨有意義。

貳、動作發展原則

儘管人類有個別差異，但經過研究結果，不論胎兒期及嬰幼兒期，都發現在動作發展上遵循一定的發展原則，此發展原則有三種，說明如下：

一、發展方向

(一)頭尾定律（cephalocaudal law）

動作發展由頭部為先，一直到軀幹，最後到達腳部。在胚胎期，發展的重點可以說大都在頭部，到了胎兒期才漸漸發展到身體及四肢

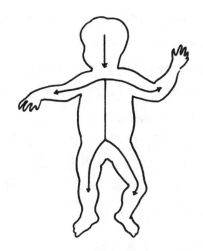

圖4-1 發展方向

資料來源：Vincent & Martin (1961).

（圖4-1），出生以後的嬰兒，如將嬰兒俯臥，他先會抬頭，然後才會坐，到了週歲才學走路，這都是頭尾定律的明證。

(二)近遠定律（proximodistal law）

動作發展是由軀幹開始，然後向四肢發展。在胎兒前期，頭部及軀幹已發展時，四肢尚屬胚芽狀態；出生後，嬰兒先會翻滾、會坐，然後才會站及走路，至於手部的精細動作，甚至於到幼兒期才漸發展，這都是近遠定律的明證。

(三)從整體到特殊的發展（mass-specific development）

即全身的、籠統的動作發展在先；局部的、小肌肉的活動發展在後。動作的發展是分化與統整的過程。換言之，局部的活動是由全體分化出來的，然後再重新組織，造成一個新型的或較精細的動作。

(四)成熟與學習（maturation and learning）

成熟是學習的基礎，也是學習的準備。因此，成熟是指個體生理

成熟特徵經自然發展過程而造成的改變。學習是經由練習或經驗，使個體的行爲產生較持久的改變歷程。學習不但是個體行爲改變的歷程，同時它本身也就是一種行爲（賈馥茗等，1999）。如果在關鍵期介入提供學習機會與訓練，那麼可以縮短成熟時間。因此，嬰幼兒動作發展有賴於成熟與學習的相輔相成。

　　動作的發展按一定的模式進行，而且在發展過程中，前一個階段的發展是後一個階段發展的基礎，亦即前一階段如有良好的發展，必可爲下一階段打下良好的基礎，有利下一階段的發展，如此循序漸進才可以使嬰幼兒發展達到極致。

二、嬰幼兒動作發展歷程與常模

　　嬰幼兒的動作發展是由神經系統、肌肉、骨骼及神經的協調來控制身體的動作發展。以下分三個時期：新生嬰兒期、嬰兒期、幼兒期來說明。

(一) 新生嬰兒期（從出生至二週）

　　剛出生嬰兒是無助的、手腳是無意義的亂動，尚無法自行取物或移動身體。直到三至四個月後，神經反射動作出現，肌肉張力逐漸形成，才慢慢具有自主活動能力。其動作發展型態區分爲兩種，如下分析：

■ 全身的活動

　　新生嬰兒身體上任何一部分受刺激時，往往會引起整個身體的運動。如當新生嬰兒的左手臂受到刺激時，不僅是左手臂會動，右手臂也會動，此外還會踢雙腿，扭動身體，頭還會轉來轉去。因此，全身性的活動以軀幹及雙腳的活動最大，頭部最小。以活動時間觀察，清晨時間活動量爲最大；中午最少；但午睡後又增加。嬰幼兒全身性活動使得新生兒能量耗損，尤其哭泣時耗損最多（王建雅，2003）。

■特殊性活動

包括反射動作及一般性反應兩種。

1.反射動作：反射動作是對特殊刺激的一種固定反應，並未受到腦意識的指導，這些動作的特點為：反應和刺激都比較單純而固定，即同一刺激常引起同一反應；為遺傳傾向，非經學習的，有覓食、防禦及適應外界的功能。由於神經的發展，尤其是腦皮質（cortex of the brain），大多數的反射會在新生兒出生後的幾週或是幾個月內消失（Minkowski, 1967）。但有少數的反射則終身存在，如瞳孔反射（光線射入眼睛時瞳孔縮小）。新生兒期較重要的反射動作有：

(1)巴賓斯基反射（Babinsky reflex）：又稱足底反射，若輕輕撫摸新生兒腳掌，其腳趾便向外伸張，腿部也搖動，這種反射在出生時就會出現，到四個月以後才逐漸減弱，而要到兩歲以後才慢慢消失（Bee, 1981）。

(2)達爾文反射（Darwinian reflex）：又稱為拳握反射，幾乎每一位新生兒都可以以手掌抓握一物，懸起身體的重量，這種能力從出生即出現，在出生一個月以後開始減退，數月後消失（Smart & Smart, 1977）。

(3)摩羅反射（Moro reflex）：又稱為驚嚇反應，當新生兒突然受到痛、光、強音的刺激，或失去支托時，會引起四肢衝擊運動，兩腳舉高，兩手腕向內側彎曲做擁抱狀。此種反射從出生開始，到四個月以後逐漸消失（Mussen, Conger & Kagan, 1979）。

(4)退縮反射（withdrawal reflex）：以大頭針輕輕的刺激新生兒的腳掌，新生兒就會把雙腳縮回。

(5)搜尋反射（rooting reflex）：在新生兒出生一、二週時，以手指撫摸他的嘴邊，他會把頭轉向手指的方向，用嘴去吸吮手

表4-1 嬰幼兒反射動作一覽表

反射動作	誘發刺激	反應
巴賓斯基反射	撫摸新生兒腳掌。	腳趾向外伸張，腿部搖動。
達爾文反射	手指或手掌上壓力。	手指緊握。
摩羅反射	受到痛、光、強音刺激，或失去支托。	四肢衝擊運動，兩腳舉高，兩手腕向內側彎曲做擁抱狀。
退縮反射	大頭針輕輕的刺激新生兒的腳掌。	新生兒就會把雙腳縮回。
搜尋反射	手指撫摸他的嘴邊。	會把頭轉向手指的方向，用嘴去吸吮手指頭。
頸緊張反射	仰臥著頭部轉向一邊，軀幹也隨著微側。	相對方面的臂從肘節緊張，手握拳靠近腦後。

　　指頭，這種現象在新生兒飢餓時尤其顯著。隨著新生兒的成長，以後只有把刺激物放在嬰兒的嘴邊，他才會吸吮（Schell et al., 1975）。

(6)頸緊張反射（tonic neck reflex）：胎兒的姿勢須適應著子宮內的情形，胎兒俯首彎背，腿臂屈曲，占著最小的空間，初生期最常見的姿勢，是仰臥著頭部轉向一邊，軀幹也隨著微側，相對方面的臂從肘節緊張，手握拳靠近腦後（Smart & Smart, 1977）。頸緊張反射約在生下來六個月大時消失（呂子賢，1992）。

2.一般性反應：一般性的反應於出生時即出現，對外來的或內在的刺激產生直接的反應。其牽涉到身體的部位，比反射動作廣。最常見的有視覺停滯作用、眼球自主的轉動、流眼淚、吮吸、吞嚥、打呵欠、打嗝、皺眉、舉頭、轉頭、軀幹的翻轉、腿部的舞動、踢伸及身體的痙攣等。這些動作既不協調，也漫

無組織，更沒有什麼目的，但是卻十分重要，以後的協調動作，就是奠基於這些動作之上的（Pratt, 1954）。

(二) 嬰兒期（出生二週至一歲止）

區分為粗動作發展、精細小肌肉發展、拿取動作發展三種。

■粗動作發展

1. 抬頭：新生兒依靠頸屈肌和頸伸肌主動收縮，成人幫忙下可使頭豎立。
2. 翻身：由仰臥翻身到側臥。
3. 坐：成人扶持下能獨坐一分鐘→能獨坐自如→可單獨坐十分鐘（Gesell et al., 1941）。
4. 爬：出現準備向前移動姿勢，即爬行萌芽→手和膝協調，保持身體平衡地爬行→匍匐爬行→向後爬行→用手和膝爬行→四肢爬行前進，請參考Ames嬰兒爬行發展十四步驟（Ames, 1937），如圖4-2所示。

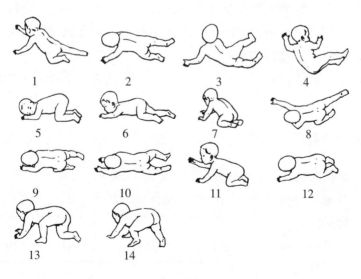

圖4-2　嬰兒爬的發展十四個階段

資料來源：Ames (1937).

圖4-3　四種立姿發展過程

資料來源：McGraw (1935).

5.站立：雙手扶著東西站立→能從站姿勢坐下→自己站起來(獨立
　站穩，請參考McGraw的四個嬰兒站立的發展過程（McGraw,
　1935），如圖 4-3所示。

6.走：可以向側面走→可以向後走→能扶著上下樓梯→獨自上樓
　梯。

■精細動作發展（陳幗眉、洪福財，2001）

1.動作混亂期：手動作無目的，並且不協調。

2.無意識撫摸階段：撫摸動作沒有任何目標，不具方向性，屬無
　意識的動作。

3.無意識抓握階段：抓握動作與新生兒抓握反射不同，無意識抓
　握及揮動。

4.手眼不協調抓握：能按照自己視線去抓住看見的東西；伴有不

相關動作發生；雙手無法同時協調去取物品。

5.**五指分工動作**：大拇指的動作和其他四指動作逐漸分開；可以按照物體形狀、大小或位置變換手姿勢。

6.**雙手配合**：兩隻手配合拿東西，並能夠將左右手互相交換東西。

7.**擺弄物體**：針對物體而活動，把物品搬來搬去、敲打、搖晃等。

8.**重複連鎖動作**：會喜歡用物體做重複的動作。

週次	動作發展	發展圖
十六週	觸物不到	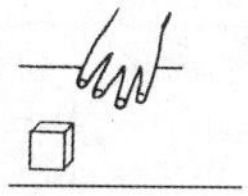
二十週	觸物	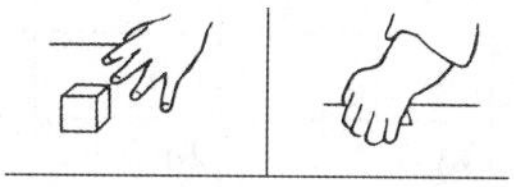
二十四週	用腕握取	
二十八週	用手掌握	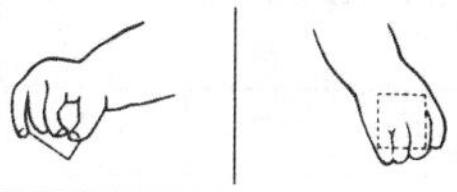
三十二週	用手掌握穩	
三十六週	用指抓取	
五十二週	用指抓取，輕巧、靈活地拈撮	

圖4-4　拿取動作發展

資料來源：Halverson (1931)；引自黃志成（2004）。

■ 拿取動作的發展

　　拿取動作的發展有賴於手和眼的協調，手部最初期的協調動作，是當臉部受到刺激時，可能會用手去撥開，這是本能性的自衛反應。嬰兒有目的拿取動作的發展過程為重複地用手腕和手掌心去觸壓，而進步到能用掌心去抓握，再進步到應用手指去拈撮，如圖4-4所示。

　　根據向秋（2003）的統計，一般嬰幼兒運動機能的合格率說明如表4-2。

表4-2　　一般嬰幼兒運動機能合格率　　　　　　　　　　　單位：％

	頭部穩定 總數	翻身 總數	坐 總數	爬行(爬高) 總數	抓物站立 總數	自己走路 總數
2~3月	14.7					
3~4月	66.6	9.8				
4~5月	94.5	44.9	1.4			
5~6月		80.9	11.6	2.6		
7~8月		93.3	49.3	13.5	5.3	
8~9月		98.0	83.3	38.3	30.7	
9~10月			92.7	62.5	57.9	1.2
10~11月			97.8	83.1	85.1	5.0
11~12月				90.9	92.4	14.9
1年0~1月				95.4	96.7	36.9
1年1~2月				98.1	98.7	56.8
1年2~3月						78.8
1年3~4月						88.6
1年4~5月						95.8
						97.0

資料來源：向秋（2003）。

(三)幼兒期（二歲至六歲）

在幼兒動作發展方面可分爲粗動作（gross motor）或肌肉動作（large muscle）、精細動作（fine motor）或小肌肉（small muscle）等發展狀況。

到幼兒時期肌肉與神經系統發展較爲成熟，且能控制身體兩側動作及協調性。因此，格塞爾及安馬斯達（Gesell & Amatruda, 1967）對於幼兒期動作發展順序之研究。如：二歲時會跑及堆六塊積木；三歲時會單腳站立、堆十塊積木；四歲時會單腳跳躍；五歲時變換雙腳跳躍等。

幼兒精緻動作（小肌肉）發展，主要由視覺與動作，而達成的手眼協調的技巧。舉凡書寫、繪畫、著色、剪、貼及操弄工具……等。

三、動作發展保育

前已述及，嬰兒動作發展與成熟及學習有關，爲此吾人從事動作發展保育工作就要從此兩點著手。關於成熟方面，除稟承先天的條件外，在後天就要注意營養問題，除了均衡的營養外，更要注意蛋白質、礦物質的攝取，將有助於肌肉及骨骼的發育。在學習方面，就是父母要給嬰兒充分練習的機會，亦即掌握各發展階段（如坐、爬、站）的關鍵期，給予訓練，在訓練時必須注意以下幾點：

1. 提供好的環境及空間：如此才不至於將嬰兒圍於一個小房間，限制他活動的機會，並要收拾一些可能造成危險的東西，如刀子、剪刀、藥等。
2. 嬰兒衣著要寬鬆：不要有太大束縛而限制他的行動。
3. 應提供更多的刺激物：如嬰兒玩具或家中可讓他玩的東西。
4. 萬一嬰兒跌倒，甚至於受傷了，不要表現出大驚小怪的樣子：應故作沉著，予以安撫及鼓勵。要知道成長必須付出代價，被保護在溫室裡的花朵是永遠長不大的。
5. 不要揠苗助長：過早練習或過度訓練，可能會影響到嬰兒動作

的正常發育。

6.增加親子互動機會：蘇建文、陳淑美（1984）研究指出：在親子互動當中，親子間的距離、母親趨近嬰兒的次數、提供玩耍機會等變項，均屬預測嬰兒動作發展之重要因素。

第二節　嬰兒的飲食與營養

在第一章吾人已提及嬰兒的發展需要，最重要的是「營養」和「健康」。因此，本節我們特別要為飲食與營養的問題提出討論，嬰幼兒期的營養是整個發育過程中最重要的一環，也是未來智力及體格發展的基礎，若營養缺乏會影響正常發育，特別是熱量、蛋白質、鈣質、維生素D等會引起發育不良、體格矮小、骨骼形成不全等。此外，營養不良間接的容易感染各種傳染病，如急性呼吸道疾病、腸胃炎、結核病等，並且生病時較嚴重，預後（prognosis）較壞。因此，為了嬰兒能奠定此一良好基礎，飲食與營養問題似乎是嬰兒期最重要的課題之一。

壹、嬰兒期的營養素

根據行政院衛生署國民健康局（2002）建議嬰兒期攝取的熱量，依月份及體重之不同，所需要營養素之攝取量，如**表4-3**所示。

貳、母乳

上天賜予嬰兒最完美的食物是母乳，因此「哺餵母乳」是近幾年來衛生署的衛生健康政策。至2003年底計有五十八家醫療院所通過母

表4-3　嬰兒期每日營養素之攝取量表

營養素	身高	體重	熱量	蛋白質
年齡（月）	公分	公斤	大卡	公克
0月～	57.0	5.1	110-120	2.4
3月～	64.5	7.0	110-120	2.2
6月～	70.0	8.5	100	2.0
9月	73.0	9.0	100	1.7
1歲	90.0	12.3		20
稍低			1050	
適度			1200	

資料來源：行政院衛生署國民健康局（2002）。

表4-4　2003年臺灣地區母嬰親善醫療院所評鑑結果分析報告

一	住院中	純母乳	33.39％
		混合	57.61％
		總哺乳率	91.00％
二	產後一個月	純母乳	29.46％
		混合	46.04％
		總哺乳率	75.50％
三	產後二個月	純母乳	21.84％
		混合	33.57％
		總哺乳率	55.48％

資料來源：行政院衛生署國民健康局（2003）。

嬰親善醫院認證的評鑑，參與認證的醫院之住院期間純母乳哺育率33.39％，混合哺育率為57.61％，總哺餵率為91.00％（行政院衛生署國民健康局，2003），如表4-4所示，雖然有逐漸進步，但根據世界衛生組織（1996至2002）調查，如表4-5顯示，臺灣和其他開發國家相比

表4-5　世界衛生組織會員國母乳哺育率調查（1996至2002）

國家	年度	母乳哺餵率 %					
		曾以母乳哺餵率	完全母乳哺餵率（4個月以下）	完全母乳哺餵率（6個月以下）	副食品適時添加率	持續母乳哺餵率（12至15個月）	持續母乳哺餵率（23至24個月）
加拿大	1997	79					
美國	1998	64					
奧地利	1998	96					
丹麥	2000	98	66				
法國	1998	49					
挪威	1999					40	
波蘭	1997		51				
瑞典	1996	98					
英國	2000	69	23	20	14		
北韓	2000		91		18	86	37
日本	2000		41				
蒙古	2001	97	88				
菲律賓	1998	88	47	37	60	47	23
越南	2000	99	28		87	82	23

資料來源：行政院衛生署國民健康局（2003）。

仍明顯不足。

　　因初生之嬰兒的消化器官尚未發育完全，又無牙齒以司咀嚼作用，故須餵以流質性食物，而母乳是嬰兒最好的天然營養食品。假如母親身體健康，均應親自哺餵嬰兒。然而，分析臺灣地區母乳哺育率低落原因，包括母親個人因素如奶水分泌不足、就業關係、身體不

適、醫療院所的設施及政策不利於母乳哺育、醫護人員及民眾對母乳的認知不正確、孕產婦之家人未予支持等。

一、餵哺母乳的優點

(一) 具免疫力

　　餵哺母乳已經證明可以提高嬰兒的抵抗力，防止各種病毒、寄生蟲和細菌的入侵，而且帶給發育中嬰兒各式各樣的益處。母乳中的蛋白質主要為乳清蛋白，包括了乳鐵、乳蛋白、溶菌素及分泌型免疫蛋白甲等，提供初生嬰兒非常重要的免疫及抵抗力（陳昭惠，2002）。另外，母親的身體有一種神奇的能力，能夠持續監督嬰兒環境中有害的微生物，一旦發現，身體便會產生特定的抗體，加進母乳裡面（葉郁菁等，2002）。

(二) 所含營養素最適合嬰兒需要，且易吸收

　　母乳中所含的重要營養素說明如下：

1. 乳糖：母乳乳糖含量多，約占母乳的42％，有利於乳酸菌的生長，乳酸菌可以抑制病原菌的滋長，刺激腸蠕動而不易產生便秘，對於嬰兒的健康有益，且乳糖有益於嬰兒腦部發展。
2. 脂肪：母乳中所含的脂肪占51％，其中不飽和脂肪酸較容易消化吸收，更有助嬰兒腦部的發育。
3. 蛋白質：母乳中的蛋白質最適合嬰兒，較不易引起過敏，也較好消化吸收（陳昭惠，2002）。
4. 礦物質：母乳中含有適量的鈉、鈣和磷，不會增加腎臟的負擔。可避免日後心臟血管疾病，也比較不會有低血鈣的問題。母乳中的鐵質含量較配方奶粉低，但其吸收高達40％至50％（陳昭惠，2002）。
5. 維生素：母乳中含維生素A、B_1、B_2、C、D等，由於嬰兒直接吸

吮，養分不易喪失，較能完全吸收。

(三) 滿足嬰兒的吸吮本能

根據Freud的人格發展理論，出生到週歲的嬰兒處於口腔期（oral stage），以口腔一帶的活動（如吸吮）得到滿足。此時嬰兒吸吮的本能很強，故餵哺母乳能滿足嬰兒吸吮的本能。

(四) 增進親子關係

餵哺母乳時，嬰兒可以得到更多親情的刺激，如摟抱、愛撫等，可增進母子親密感的發展（Maccoby, 1980）。同時可讓嬰兒有安全感，而使母親有滿足感。餵奶時會刺激母親泌乳激素（prolaction），讓媽媽感覺安定而有成就感。而餵母乳成功的媽媽們也發現，小孩很好帶，很容易安撫。而由於嬰兒的基本需求（被愛撫、餵飽及溫暖）很容易滿足，小孩也較獨立（陳昭惠，2002）。

(五) 經濟、方便與環保概念

採用母乳哺餵最為經濟，不但可以節省家庭的開銷，並且也能為國家省下一大筆外匯支出，因為國家必須利用外匯來進口母乳的替代品。配方奶製作過程中，也必須消毒、運送及儲存，不僅利用環境資源，且會破壞環境。另外，醫院必須浪費人力及物力方式餵食配方奶，因此母乳本身才是最自然及天然的飲食。

(六) 哺乳媽媽更健康

當嬰兒吸吮母乳時，會刺激乳婦的腦下垂體後葉分泌催產素（oxytocin），可促進子宮收縮，幫助子宮復元。此外，哺餵母乳也可以逐漸代謝母體因懷孕所積存的脂肪。

研究發現，母乳餵愈久者，停經前的乳癌機會愈少。餵二到七個月的母乳，得卵巢癌機率可降到20%。在嬰兒六個月前，不分日夜完全哺育母乳，且月經尚未恢復前，母親再度懷孕的機會不到2%（陳昭惠，2002）。換句話說，餵哺母乳有利於避孕。

二、餵哺母乳的缺點

雖然餵哺母乳對嬰兒及母親有莫大的好處，但母乳並不是十全十美的嬰兒食品，仍有其缺點。

1. **母乳不能無限量的取得**：許多乳婦常因個人體質或其他因素，有乳汁不足的現象。
2. **乳婦不能由外人代勞**：不能由乳婦以外的人代勞，而影響職業婦女的工作。
3. **母乳營養供給之限制**：隨著嬰兒的成長，對於三、四個月後的嬰兒，母乳的營養分漸漸無法滿足嬰兒的需要，如維生素C、D及鐵質等均感不足，母乳之免疫力，亦大約在出生後六個月內較有效，過了六個月，就該加強疾病預防。
4. **母乳與新生兒黃疸病關係**：母乳含有黃體素，可能使新生兒產生黃疸病，不過此現象發生比率不高。
5. **母乳濃度與分泌量不易掌握**：不易確知母奶濃度及分泌量，以致部分母親過分依賴母奶或餵法不對，而使嬰兒營養不良。

三、乳婦停止授乳的幾種情形

1. **乳房病變**：乳房發炎膿腫，乳頭裂傷。
2. **乳婦患有癌症**：乳婦患有癌症，正在接受化學治療或放射性藥物治療，或因精神疾病使用影響腦神經中樞的藥物。這些藥物具有副作用，且會從乳汁中代謝，影響哺乳中嬰兒，故不宜哺乳。
3. **乳婦患有疾病**：乳婦患有可使本人有生命危險的疾病，如嚴重的心臟病、腎臟病、糖尿病、貧血、癌症等。
4. **乳婦患有肺結核**：乳婦患有法定傳染病肺結核，為避免傳染給嬰兒應停止授乳。

5. **乳婦患有愛滋病**：愛滋病毒主要經由血液傳染，患有愛滋病的母親有2％至5％的機會生下帶病的嬰兒，所以不建議患有愛滋病的母親哺育母乳。

6. **乳婦懷孕**：乳婦發現懷孕時，應漸漸地斷乳。

7. **患有先天代謝異常疾病的嬰兒**：例如患有半乳糖血（galactosemia）或酪氨酸血症（tyrosinemia）等罕見疾病的嬰兒，由於先天酵素的缺乏，使他們無法代謝母乳中的養分，反而會把代謝物不停地堆積，傷害體內重要器官，這種嬰兒應使用特殊配方奶粉，而不宜使用母乳及一般嬰兒奶粉。

四、餵哺母乳應注意的事項

1. **乳婦營養與健康**：在餵哺期間生活要安定有規律，不過分辛勞，避免有刺激性的飲料（如酒、咖啡、濃茶等）。每天應有充分的休息和睡眠，多進營養素及流質食物，如**表4-6**所示。適當的運動，並獲得陽光與新鮮空氣的機會，注意心理衛生，使精神愉快。

2. **乳婦衛生習慣**：要注意衛生，每次哺乳前應洗手，並洗淨乳頭，每天要換洗乾淨乳罩。

3. **乳婦乳房護理**：乳房護理工作重點包括：清潔、熱敷、按摩及適合胸罩之選擇。

4. **哺乳姿勢**：哺餵時乳婦須注意手部及背部的適當支托，保持舒適的姿勢。

   (1)臥姿哺乳：身體側躺在床上，膝蓋微彎曲，放一些枕頭在頭下、兩腿及背後。同側的手放在頭下，用對側的手來支撐寶寶的頭和背部。

   (2)坐姿哺乳：找一個有椅背的椅子，很舒服地將背部靠著椅背，雙腳放於腳凳上，在膝蓋放一個枕頭。

5. **哺乳步驟**：母親一手抱著嬰兒，讓嬰兒的頭枕著母親的手臂，

表4-6 每日飲食建議表

六大類食物	成年女性基本量	哺乳期婦女	說　明
水果	2 個	3 個	每個如中型橘子一個（100公克）或芭樂半個、香蕉半根
油脂	3 湯匙	3 湯匙	每湯匙15公克，一般用已足夠
蔬菜	3 碟	4 碟	每碟約3兩，煮好後約半碗，應有一半是深色蔬菜
五穀	3-4.5碗	4-5.5碗	每份飯一碗（200公克）或中型饅頭一個、土司麵包四片。可以麵食、甘藷、玉米等食物代替
肉魚豆腐蛋	1兩 1兩 1塊 1個	1.5兩 1.5兩 1.5塊 1.5個	每份肉、魚（去骨）1兩或豆腐一塊（100公克）、豆漿一杯（240西西）
奶	1杯	2杯	每份牛奶一杯（240西西）

資料來源：行政院衛生署國民健康局（2002）。

使乳頭很自然的送入嬰兒口中。母親的另一手托住乳房，用食指和中指輕輕壓著乳頭，不要使乳房妨礙嬰兒的呼吸，也可避免乳汁分泌太快，使嬰兒來不及下嚥，以致嗆得咳嗽，並注意兩個乳房交替讓嬰兒吸吮。

6.呃氣現象：餵哺完畢，將嬰兒抱起，使嬰兒的頭伏在母親的肩膀上，手掌微彎，由下而上，輕輕拍其背部，可以驅出嬰兒胃中的空氣，是為「呃氣」，以免因嬰兒賁門尚未發展成熟而容易溢奶。

7.回奶現象：如餵乳量及次數過多、過急或胃中有空氣時，嬰兒可能會溢奶或稱「回奶」，是在餵奶時或餵奶後約五分鐘內吐出

一兩口奶，這並非疾病，只要注意哺乳時間、乳流快慢、呃氣、餵奶後輕輕移動嬰兒即可。

8. **吐奶現象**：有些嬰兒在餵奶後約半小時，會劇烈地把胃內的奶完全噴出，是為「吐奶」，吐出之奶常已變為乳凝塊，這可能與消化不良、便秘、急性傳染病（如肺炎）、乳的濃度不宜（餵牛奶者）有關，最好請教醫師。

9. **哺育母乳次數**：餵奶時間的問題一直為大家所關切。根據高美玲（2001）的研究，餵母乳的最佳方式就是「依嬰兒需求餵食」（demand feeding），當寶寶有飢餓暗示的時候就要餵奶。而且，每二至三小時就得餵食一次，每天至少刺激八至十二次，直到奶水建立為止。除此之外，倪衍玄（2003）指出，奶水的產生取決於嬰兒的吸吮；嬰兒吸得多，母親奶水的製造就多；反之則少。要確保能製造足夠的奶水，應從嬰兒一出生起就哺餵母乳，不需要等到脹奶，一天至少餵八到十二次，不分日夜都哺餵母乳，並且不要限制一次餵多久時間，奶水量就會足夠。

10. **母奶之保存**：母乳能直接餵食時是最方便及經濟的做法，但若因乳婦本身因素（如就業），無法直接讓嬰兒吸吮，或是嬰兒必須住醫院，在這些情況下仍可哺育母乳。可藉由其他方式將乳汁排出，予以保存。

表4-7　母乳保存的時間

母乳條件／保存條件	剛擠出來的奶水	冷藏室內解凍奶水	在冰箱之外，以溫水解凍奶水
室溫25°C以下	6-8小時	2-4小時	當餐使用
冷藏室（0-4°C）	5-8天	24小時	4小時
獨立冷凍室	3個月	不可再冷凍	不可再冷凍
零下20°C以下冷凍庫	6-12個月	不可再冷凍	不可再冷凍

資料來源：陳昭惠（2002）。

參、人工哺育

當產婦身體不健康，或其他特殊情形，不能親自哺乳時，必須用其他乳汁（如牛乳或羊乳）或食物（如豆漿、米粉等）來餵養嬰兒，叫作人工哺育或人工營養法。

一、母乳、牛奶、配方奶粉營養成分之比較

面對市場上琳琅滿目的嬰幼兒配方奶粉，在選擇上首先必須注意的，就是愈接近母乳營養比例的奶粉愈適合嬰兒（擬母乳化）。由中華民國小兒科醫學會（2000）編製的《嬰兒與母乳哺育手冊》中，針對母乳、牛乳、配方奶粉的營養素成分比較，如表4-8所示，可清楚看出配方奶粉以近於母乳的成分比例調整，讓配方奶粉更臻完善、更適合嬰兒。

二、母乳庫啟用

人工哺乳應是極不得已才實施，可是臺灣似乎已蔚為風氣，對嬰兒、母親及經濟效益實不是好現象，有待有關單位多加宣導，促使產婦使用母乳餵哺，如因職業婦女而無法親自餵哺時，亦可發展「母乳庫」，以使嬰兒能吃到母乳。全臺首座標準「母乳庫」設於臺北市立婦幼醫院，最多可儲存一千公升母乳量，未來除可供應大臺北地區醫院需要母乳的嬰兒，捐贈者日增後，可望照顧全臺早產、重症等有母乳需求的嬰兒，母乳成為「現代奶娘」（中國時報，2005）。

三、法令保障

我國「勞動基準法」（2002年修正公布）第五十二條規定，子女未滿一歲女工親自哺乳者，於第三十五條規定之休息時間外，雇主應每

表4-8　母乳、牛奶、配方奶粉營養成分之比較

營 養 素	母 乳	牛 奶	配 方 奶 粉
蛋白質％大卡（kcal）	6	21	9
乳清蛋白與酪蛋白比例	60：40	20：80	20：80或60：40
脂肪％大卡（kcal）	56	50	50
a.不飽和脂肪酸比例	9	4	49
b.不飽和脂肪酸比例與飽和脂肪酸比例	0.2：1.0	0.08：1.0	1.8：1
c.亞麻油酸％大卡（kcal）（Linoleic acid）	3.8	1.1	20
醣分％大卡	33	29	41

礦 物 質	母 乳	牛 奶	配 方 奶 粉
a.鈉質－mEg／L	7	22	10
b.鉀質－mEg／L	13	35	17
c.氯質－mEg／L	11	29	13
d.鈣質－mEg／L	340	1170	550
e.磷質－mEg／L	40	920	460
f.鈣與磷比例	2.4：1	1.3：1.0	1.2：1
g.鐵質－mEg／L	0.5	0.5	12
h.鋅質－	1.2	3.9	4.2
g.滲透壓（osmolality）	280	270	278
h.腎負荷（renal solute load）	81	220	100

資料來源：中華民國小兒科醫學會（2000）。

日另給哺乳時間二次，每次以三十分鐘爲度，且哺乳時間視爲工作時間。

四、奶粉之種類

臺灣地區幾乎是全世界奶粉種類最多的國家，有美國、日本、歐洲、澳洲等進口的，也有本地生產的，在這些有的大同小異、有的卻是迥然不同的奶粉中，根據不同成分或種類，將奶粉大致分爲：嬰兒奶粉、較大嬰兒奶粉、無（低）乳糖奶粉、醫療用奶粉與一般奶粉，並略做介紹。

(一) 嬰兒奶粉

嬰兒出生後最好是哺育母乳，但若因各種原因無法繼續哺餵母乳，可以選用嬰兒奶粉來取代母乳。這段時間所需要的營養素完全依賴單一食物來提供，所以嬰兒奶粉的成分必須有嚴格的規範，我國中央標準局對於預備給嬰兒使用的奶粉，有一套相當嚴格的標準，符合此一標準才可以用「嬰兒配方食品」或「嬰兒配方奶粉」之名上市。

(二) 較大嬰兒奶粉

當嬰兒長到四個月大後，母乳的營養將漸漸不敷生長所需，所以添加副食品是四個月後嬰兒餵食最重要的課題，至於是否需要更換奶粉，實際上並不是很重要的事。但是不要忘記，較大嬰兒奶粉最多只能提供寶寶所需熱量的50％至65％，正確的添加各種副食品仍是這段時期的重頭戲。較大嬰兒奶粉中的蛋白質雖比嬰兒奶粉高，但與一般的牛奶相比，其含量仍不及牛奶，事實上較大嬰兒奶粉除了蛋白質的成分變更外，脂肪、醣類、鈉、鈣和鐵等也都做了調整，除了鐵劑的添加被認爲對某些未能獲得足夠副食品的嬰兒有益外，其餘的變更是否有益，目前仍不是非常清楚。

(三) 一般奶粉

嬰兒滿週歲後就可以飲用牛奶了，一般奶粉經由適當沖調就是牛奶，其成分與鮮奶完全一致，所以喝鮮奶或一般奶粉除了方便與價格不同外，營養價值並無差別。週歲前的副食品，現在應該是「主食」了，而牛奶只是一種飲料，可以在正餐外的點心時間給予飲用；至於脫脂奶粉並不適合給一般的幼兒飲用，而果汁牛奶或其他加味牛奶，除了寵壞幼兒的胃口外，並無其他好處。

(四) 醫療用奶粉

特殊用途的醫療奶粉，從專供早產兒使用的早產兒奶粉，到腸黏膜嚴重受損時使用的所謂「元素奶粉」，或某些罕見的先天性代謝異常者所使用的治療奶粉。

(五) 無乳糖奶粉

乳糖是母乳、牛奶及嬰兒奶粉中主要的碳水化合物，也是嬰兒重要的營養來源，不過乳糖的消化吸收，需要健全的小腸黏膜上的乳糖酵素。當小腸受感染或嚴重腹瀉時，表面上的乳糖酵素也容易被破壞，此時被餵食的乳糖不但沒有辦法被消化吸收，反而會被腸中的細菌發酵，而產生水瀉、腹痛、脹氣等「乳糖不耐」的症狀，這些後續的症狀可以藉著不再餵食含有乳糖的食物來避免，所以才有無（低）乳糖奶粉的研發及上市。嚴格的說，無（低）乳糖奶粉也屬於醫療用奶粉之一，應遵從醫療專業人員的指示選用。

五、餵哺奶粉優點

雖然我們鼓勵嬰兒被餵哺母乳，不鼓勵嬰兒被完全餵哺奶粉，但由於餵哺奶粉有其優點，故仍有其存在之價值。餵哺奶粉的優點說明如下：

1.奶粉可充分供給嬰兒的需要，沒有不足的現象。

2.可以由別人代勞，不致影響母親因臨時有事外出或職業婦女上班。

3.在所有的人工哺餵法中，以牛乳的成分比其他食物更接近母乳。

4 每一種奶粉的品質及其各種營養素含量都是一定的。

5.可以按照嬰兒的個別需要算出其濃度及量的給予，而滿足其營養需要。

六、餵哺奶粉的缺點

餵哺奶粉的缺點說明如下：

1. 牛奶所含蛋白質與鈣質較多，糖分較少，易引起便秘。

2. 不經濟，即須花費金錢買奶粉。

3. 調製的手續麻煩，即須準備用水、奶瓶，哺乳完後還要清洗、消毒，如攜嬰兒外出時，更要帶奶粉、奶瓶，甚至於還為準備熱開水而煩惱。

4. 不易調節溫度。牛奶太熱時，恐怕燙傷嬰兒，要待牛奶涼了，又要大費工夫，嬰兒往往大聲啼哭，影響嬰兒及母親的情緒。

5. 保存不得法，很容易腐敗發酵。

6. 消毒不得法，很容易感染細菌。

7. 牛奶沖泡方法及其濃度不正確時，易引起嬰兒營養及腸胃障礙。

七、餵哺牛奶應注意的事項

1. 選用何種奶粉應由醫生指示，不得聽信商業廣告，並不隨便換廠牌，如因故為嬰兒換奶粉廠牌時，宜採取緩和漸進的方式，以免引起不適。

2. 調乳器材應洗淨、消毒，並妥加存放，以免感染細菌。

3. 餵乳時，仍應抱好嬰兒，不要忽略感情的交流。

4. 選用奶粉廠牌應該注意其商譽，以免被添加其他雜質，如飼料奶粉。

肆、副食品的添加

一、添加副食品的目的

1. 供給奶類以外的食物，以適應新食物，是嬰兒步入正常飲食生活的過程。

2. 為斷奶做準備。

3. 供給乳汁中無法供應或含量較不足為嬰兒漸漸成長所需營養素。

4. 添加副食品較經濟。

二、添加副食品的原則

1. 依嬰兒本身健康狀況、月齡的需要來決定副食品的添加。

2. 豐富的營養是副食品的主要條件，若添加得當，並不需要另外添加礦物質或維生素等營養，一歲以下的嬰兒，三大營養素所占每天總熱量的比例建議如下：蛋白質約7％至16％，脂肪約30％至50％，碳水化合物約35％至65％。

3. 選擇嬰兒所喜愛的、且易消化的食物。

4. 選擇製作簡便而衛生的食物。

5. 選擇新鮮的食物。

6. 每次添加一種食物，量由少漸增。

7. 副食在兩次餵奶之間給予，須有耐心。

8. 新食物添加後，應注意皮膚及大便的情形，如有異樣，應即停止添加。

9. 水分的攝取，須達到每天每公斤體重約一百五十西西（Krause & Mahan, 1981）。

三、副食品添加的程序

副食品的添加有一定的程序，必須依照嬰兒的發育給予，以免適得其反。說明如下：

1. **魚肝油或多種維生素**：半個月可給予，含維生素A、D，利於嬰兒骨骼及牙齒的發育。
2. **五穀類**：米粉、米湯、麵粉等五穀粉，在三至四個月添加，含醣類，可供給嬰兒熱能。
3. **蛋黃泥**：在四至五個月添加，可提供豐富的鐵質、蛋白質，修補建造嬰兒身體組織。
4. **果汁、果泥、菜泥**：在四至五個月添加，可促進嬰兒抵抗力及生長發育，防止壞血病、通便、保護皮膚黏膜。
5. **麵包、餅乾、豆腐、肝泥**：在五至七個月添加，提供嬰兒維生素A、B_1、B_2及鐵質的需要。
6. **肉類**：如魚肉末、肉末、魚鬆、肉鬆，在七至九個月添加，提供嬰兒蛋白質之需要。

四、斷奶的方法

隨著年齡之增加，母奶已不足提供嬰兒營養發展所需，所以在出生後四至六個月即可以開始添加副食品，亦是進入斷奶階段。

1. **斷奶時期選擇**：斷奶時期的開始，應選嬰兒健康狀況良好的時候實施，以免因增添其他食物，影響其腸胃的負擔。
2. **副食品選擇**：應選擇容易消化且衛生的副食品食物。
3. **添加副食品種類**：添加副食品的種類由少漸多，以便嬰兒能吸收到所需的各種營養素，且熱量要足夠。

4. **母奶次數漸減**：給母奶的次數要漸減，增加牛奶或其他流質食物。

5. **斷奶期間對嬰兒處理的行為**：如嬰兒仍欲吸母親的奶頭，不可用強烈方法拒絕，應以緩和的態度誘導，如分散他的注意力，或以假乳頭、奶瓶代之，不要用刺激性東西，如薑片、薄荷油，塗抹母親奶頭，讓嬰兒知難而退。

6. **斷奶期間嬰兒情緒反應**：斷奶期間，嬰兒情緒會較差，應注意疏導。

7. **器具代替**：逐漸改用杯子盛牛奶讓其飲用，雖然飲用時較慢，且牛奶會溢出，父母親仍要有耐心。

五、斷奶後食物

斷奶後的嬰兒，其食物來源以及種類漸與一般成人相同，但由於其在發育中的內臟（如腸胃、肝臟、腎臟等）尚未成熟，所以對於攝取食品的變差耐性（tolerance for deviation）低，在食物選擇及烹調方面須予注意，以利其生長發育。至於斷奶後的食物種類、烹調等注意事項，容後在第六章「幼兒的飲食」一節中予以詳述。

第三節　嬰兒的大小便及其習慣

嬰兒期的大小便問題，不但與生理發育有著密切的關係，而且還與日後人格發展有間接的關係。儘管嬰兒期來做大小便訓練（toilet training）仍然嫌早，因為腸道及膀胱的括約肌尚未發育完全，無法控制，但為在幼兒期能有較好的教育基礎，在嬰兒期就養成良好的習慣是有必要的。

一、嬰兒小便

初生嬰兒的排尿是屬於反射動作，當膀胱滿了就自然排出，一天要小便二十次左右，不受大腦神經的控制，隨著年齡的增長，大約到三歲時，大腦皮質控制排尿的中樞神經慢慢成熟，膀胱容積也加大，這時候，一天小便的次數會漸漸降到十次左右，同時也能在最適當的地點、時間將小便排出，達到控制尿尿的目的（洪峻澤，2004）。此外，小便的次數及分量也與吸乳量及流質食物（如水果、果汁等）的攝取有關。正常嬰兒的小便是淡黃色透明的液體。如果發現小便中有沉澱而呈混濁的現象，即為病態，應速加檢查。

二、嬰兒大便

(一) 嬰兒大便的種類

1. **胎便**：出生後兩天內之大便，是墨綠色的。
2. **正常大便**：吃母乳者，大便是金黃色像軟膏似的，帶有酸臭，但無惡臭的味道；吃牛奶的大便呈淡黃色，水分少，甚至帶有固體，有糞臭。
3. **青便**：青綠色，餵母乳者偶爾會呈淡綠；但若顏色很深，且臭味濃時，便是發酵的結果。
4. **不消化便**：水分多且帶顆粒狀，色黃帶一點草綠色，有黏液，如嬰兒正常活潑，偶爾有此現象是沒有關係的。
5. **飢餓便**：吃得太少故大便量少水分多，很均勻但帶有咖啡色。有的是母乳餵得不夠，奶量不足；有的是牛奶沖得太稀。
6. **赤痢便**：大便中帶有血液，是嚴重的疾病。嬰兒的大便，可以作為其是否健康的參考，父母親要隨時觀察嬰兒大便的形狀、濃稀程度、氣味等等，如有問題，應帶大便請醫生診治。

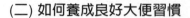

(二) 如何養成良好大便習慣

1. **嬰兒大便後處理**：嬰兒大便後，應速為其換乾淨的尿布，並清洗肛門附近弄髒的皮膚，擦乾並搓爽身粉，使他能區別乾淨與不乾淨，並體會乾爽的舒服與髒濕的難耐。

2. **每天養成大便習慣**：最好養成每天早晨大便的習慣，在每天早上第一次餵奶之後，基於古典制約學習的原理，在固定的地點，發出同一個聲音，不管有無排便都要做，讓他學習這是排大便的時間與訊號。

3. **排便訓練**：嬰兒八、九個月時，已學會坐了，可以在每天早上試著讓他坐在便盆上，如排便了就鼓勵他，但若沒有排便，只要保持沉默。

參考書目

于祖英（1997）。**兒童保健**。臺北市：匯華圖書。

中國時報（2005）。現代奶娘——全臺首座母乳庫啓用。2005年1月2日，刊載地方社會新聞版。

中華民國小兒科醫學會（2000）。**嬰兒與母乳哺育手冊**。

內政部（2002）。**勞動基準法**。

王建雅（2003）。**嬰幼兒教保概論**。臺北縣：啓英文化。

向秋（2003）。**優質一歲兒培育指南**。臺北市：活泉書坊。

行政院衛生署國民健康局（2002）。**保健常識——嬰兒期的營養**。

行政院衛生署國民健康局（2003）。母乳哺育調查。

呂子賢（1992）。漫談新生兒具備的基本反射。**嬰兒與母親月刊**，第190期，頁146。

洪峻澤（2004）。小兒夜尿——醫療保健。臺北市：書田泌尿科診所。
　　網址：http://ntuh.mc.ntu.edu.tw/ped/index-jo.htm

倪衍玄（2003）。餵哺母乳與嬰兒奶粉。刊載於臺大小兒科保健資訊。
　　網址：http://ntuh.mc.ntu.edu.tw/Ped/index-he.htm

高美玲（2001）。建立奶水方法。**大成報**，2001年12月5日，醫藥保健16版。

陳昭惠（2002）。**母乳最好——餵哺母乳必備指南**。臺北市：新手父母。

陳幗眉、洪福財（2001）。**兒童發展與輔導**。臺北市：五南圖書。

黃志成（2004）。**幼兒保育概論**。臺北市：揚智。

賈馥茗、梁志宏、陳如山、林月琴、黃恆、侯志欽（1999）。**教育心理學**。臺北縣：國立空中大學。

葉郁菁、王春展、謝毅興、曾竹寧（2002）。兒童發展。臺北市：華騰

文化。

蘇建文、陳淑美（1984）。出生至一歲嬰兒動作能力發展之研究。臺北市：國科會科學技術資料中心編印。

Ames, L. B. (1937). The Sequential Patterning of Prone Progression in the Human Infant. *Genent. Psychol. Monogr., 19,* 409-460

Bee, H. (1981). *The Developing Child* (3rd ed.). San Francisco：Harper & Row.

Gesell, A. et al.(1941). *Developmental Diagnosis：Normal and Abnormal Child Development.* N.Y.：Hoeber.

Gesell, A. L, & Amartruda, C. S. (1967). *Development Diagnosis.* New York: Harper & Row.

Krause, M. V. & Mahan, L. K. (1981). *Food, Nutrition and Diet Therapy.* Taiwan：University Book Publishing Co.

Maccoby, E. E. (1980). *Social Development-Psychological Growth and the Parent-Child Relationship.* N.Y.: Harcourt Brace Jovanovich, Inc.

McGraw, M. B. (1935). *Growth：A Study of Johnny and Jimmy.* N.Y.：Appleton-Century-Crofts.

Minkowski, A. (1967). *Regional Development of Brain in Early Life.* Oxford: Blackwell.

Mussen, P. H., Conger, J. J. & Kagan, J. (1979). *Child Development and Personality* (5th ed.). N.Y.：Harper & Row, Publishers.

Pratt, K. C. (1954). The Neonate. In L. Carmichael (Ed.). *Manual of Child Psychology* (2nd ed.).N.Y.：Wiley, pp.215-291.

Schell, R. E. et al. (1975). *Developmental Psychology Today (2nd ed.).* N.Y.：Random House, Inc.

Smart, M. S. & Smart, R. C. (1977). *Children：Development and Relationships* (3rd ed.). N.Y.：Macmillan Publishing Co., Inc.

Vincent, E. L. & Martin, P. C. (1961).*Human Psychological Development.* N.Y.：Ronald.

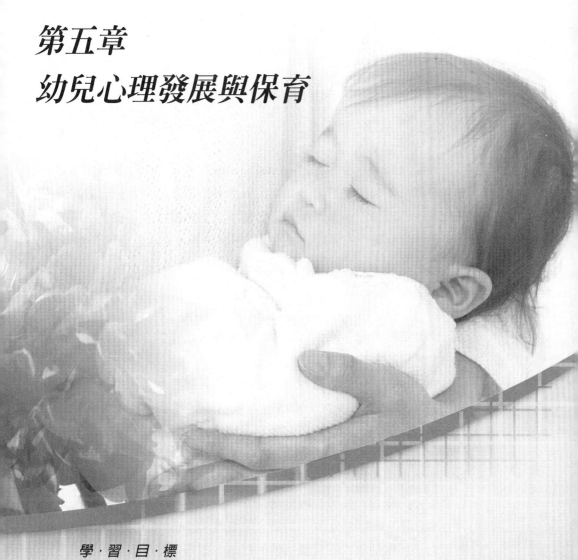

第五章
幼兒心理發展與保育

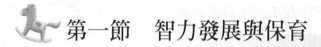

第一節　智力發展與保育

　　長期以來，什麼是智力（intelligence）？智力由什麼構成？智力如何發展？如何測量智力？如何有效開發智力？這一系列理論和應用的問題，心理學家、教育學家從各個不同的角度提出了很多不同的看法，迄今尚無統一的界說。根據各家學者將智力定義分成以下說明。

壹、智力的定義

　　什麼是智力呢？截至目前為止，心理、教育學者仍處於眾說紛紜當中，列舉如下：

　　Sternberg（1988）將智力界定為：從經驗中學習與適應周遭環境的能力。Sattler（1988）認為智力可以是對環境的判斷與適應的能力、學習的能力、解決問題的能力、抽象思考與推理的能力。朱智賢（1989）在《心理學大辭典》一書中提及：在中國較多的心理學家認為，智力是指認知方面的各種能力，即觀察力、記憶力、思維能力、想像能力的綜合，其核心成分是抽象思維能力。張春興（1995）則綜合各家之言，將智力分為：(1)概念性定義（conceptual definition），指對智力一詞做抽象式的或概括性的描述，如智力是抽象思考的能力，智力是學習的能力，智力是解決問題的能力，智力是適應環境的能力。(2)操作性定義（operational definition），指採用具體性或操作性方法或程序來界定智力，如智力是根據智力測驗所測定的能力。

貳、智力的理論

有關智力的理論，透過不同的表現型態，往往有其差異性，以下針對學者對智力理論所提出的學說，加以說明（黃志成，2005）：

一、智力二因論

智力二因論（two-factor theory of intelligence）是由英國學者Spearman於1904年所提出，理論中將人類的智能區分成兩個因素：

1. 普通因素（general factor，G因素）：普通能力是天生的，表現在日常生活中，亦即生為人普遍應具備處理日常生活事務的能力。
2. 特殊因素（special factor，S因素）：特殊能力通常指的是單一能力，部分兒童可能會在某些能力上表現優異，但在其他方面則表現平平，例如某一位兒童記憶能力很好，但在推理、理解、想像能力上卻普通。

二、多因素論

多因素論（multiple factor theory）是由美國學者Thorndike於1927年所提出，他認為智力是由三個獨立卻又彼此關聯的特殊能力所組成。說明如下：

1. 社會智力（social intelligence）：處理人與人之間關係的能力，社會智力高的兒童，通常表現出較佳的人際互動，社會技巧較好，因此，其與父母、師長或同儕的人際關係大都不錯。
2. 機械智力（mechanical intelligence）：機械智力高的兒童，通常較能瞭解和應用工具與機械的能力。
3. 抽象智力（abstract intelligence）：抽象智力較佳的兒童，通常在

空間關係、推理能力、理解能力、思考能力等會有較好的表現。

三、基本心能論

基本心能論（primary mental abilities）是由美國心理學家Thurstone於1938年所提出來的，他認為人類智力是由七種主要能力所構成。

1. **語文理解**（verbal comprehension）：閱讀時瞭解語文含義之能力。此能力強的兒童，在閱讀課文書報或考試之題目有好的領悟能力。

2. **語詞流暢**（word fluency）：對語詞反應敏捷對應之能力。此能力好的兒童，表現在造詞、造句、作文、重組、閱讀等方面的成就會優於一般兒童。

3. **數字運算**（number）：指在數學中的加、減、乘、除等計算能力，數字能力強的兒童，在學校中的數學成績通常較佳。

4. **空間關係**（space）：指兒童在三度空間（如長、寬、高）方面的領悟能力，此項能力好的兒童，在幾何圖形、心理地圖、認路方面會有較佳的表現。

5. **記憶歸納**（associative memory）：指兒童在面對一些不規則的數字、符號、文字能快速記得，在測量記憶能力的實務上，常以「記憶廣度」為之，例如一位兒童可以一次記得幾位不規則的數字，例如：6-7-5-2-0-8-3。

6. **知覺速度**（perceptual speed）：指兒童能迅速辨別事物異同的能力，例如媽媽今天的髮型變了，兒童是否很快可以察覺。在知覺速度的測量上，常有下列的題目：

   （　　）3769031257下面四個選項中，哪一個與上面的數列是相同的？①3769034257②3769031257③3769031267。

7. **一般推理**（general reasoning）：指兒童是否具備歸納推理的能

力，在評量實務上，常以數列推理、語文推理或圖形推理來測
量兒童的推理能力。

四、智力結構論

智力結構論（structure of intellect theory）是由Guilford於1959年
所提出，主張智力是思考的表現，思考的整個心理活動包括思考的內
容、運作及結果，涵蓋一百二十種不同的能力，於1982年又將智力細
分為一百五十種能力，至1988年更將智力擴充為一百八十種不同的能
力，這些能力係由上述三個層面組合而成，其中思考運作層面包括：
評鑑、聚斂性思考、擴散性思考、短期記憶、長期記憶與認知共六個
因素；思考內容層面包括：視覺、聽覺、符號的、語意的、行為的共
五個因素；思考結果層面包括：單位、類別、關係、系統、轉換、應

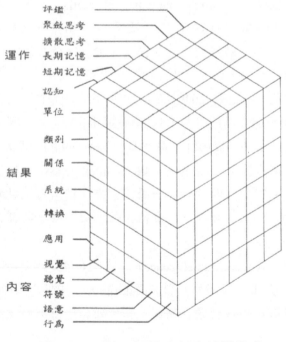

圖5-1　Guilford三向度智力結構模式

用共六個因素。如圖5-1所示。

五、多元智能論

美國哈佛大學教授Howard Gardner認為，過去的智力理論無法反映現實生活中智能活動的多樣性與複雜性，這些測驗工具只考慮語文理解和數學邏輯能力，難以詮釋人類智能的全貌。因此他主張智慧是在某種文化情境下能夠主動解決問題或創造具有價值文化產物的身心潛力，於是他提出八種智慧類型的理論架構，稱之為多元智能論（multiple intelligences theory），詳見表5-1所示。

1. 語言智能（linguistic intelligence）：語言智能指的是有效運用口語和文字作為思考工具與解決問題的能力。律師、演說家、編輯、作家、記者等是具備此種智能的代表人物。

2. 邏輯／數學智能（logic-mathematical intelligence）：邏輯／數學智能指的是能夠有效運用數字和科學邏輯作為思考工具與解決問題的能力。數學家、稅務人員、會計、統計學家、科學家、電腦軟體研發人員等是此種智能的代表人物。

3. 空間智能（spation intelligence）：空間智能是指善於運用視覺心像及空間圖像作為思考工具與解決問題的能力。嚮導、室內設計師、建築師、攝影師、畫家等是此種智能的代表人物。

4. 肢體／運作智能（bodily-kinesthetic intelligence）：肢體／運作智能是指善於以身體感覺與肢體語言來作為思考工具與解決問題的能力。演員、舞者、運動員、雕塑家、機械師等是此種智能的代表人物。

5. 音樂智能（musical intelligence）：音樂智能是指善於利用音樂、節奏、旋律來思考與解決問題的能力。歌手、指揮家、作曲家、樂隊成員、音樂評論家、調琴師等是特別需要音樂／節奏智能的職業。

表5-1　多元智慧內涵

智慧領域	語文／語言智能	邏輯／數學智能	視覺／空間智能	身體／肢體動作智能	音樂／節奏智能	人際關係智能	自我反省智能	自然觀察智能
定義	有效運用口語和文字思考解決問題的能力	有效運用數字和推理思考解決問題的能力	有效運用視覺心像和空間圖像思考解決問題的能力	有效運用肢體動作生產事物表達思想的能力	敏於察覺節奏、音調、音色、旋律，擅長利用音樂思考的能力	有效運用人際互動所得回饋訊息思考的能力	善於深入探索自我，能夠自知、自律的能力	善於觀察、分辨、認識大自然的能力
神經系統	左顳葉、額葉	左頂葉、右半腦	右半腦後區	小腦、基底神經節、運動皮質	右顳葉	額葉、顳葉（特別是右半球）、邊緣系統	額葉、頂葉、邊緣系統	神經系統
外顯行為特徵	喜好閱讀、寫作、說故事、文字遊戲；對語文、歷史課興趣濃厚	喜愛數學、理化課程，擅長提出假設並執行實驗以尋求答案；喜歡尋找事物的規律及邏輯順序	熱愛閱讀圖表、地圖，喜歡畫圖，製作3D立體作品	平衡、協調、彈性能力優於常人，喜歡動手縫紉、編織、雕刻，並擅長運用整個身體來表達想法	喜歡唱歌、捕捉聲音、回憶旋律、抓節奏	擅長察言觀色，愛好領導、組織、溝通協調以及自我行銷	有自知之明，能夠為自己生活做有系統的規劃	擅長區辨自然萬物，喜歡觀察欣賞自然景象
發展軌跡	兒童早期激發直到老年保持健康	青少年及早期成年達顛峰	在九、十歲時發生，藝術眼光維持至老年	因領域（田徑、體操）而有所不同，多數在青壯年達到顛峰	最早出現的智能	出生後三年關鍵期的依戀／團體生活發展	出生後三年的關鍵期的自我與他人界限	在兒童早期便已經具備

	語言	邏輯數學	空間	肢體	音樂	人際	自我	自然
合適學習切入點	聽、說、讀、寫、辯論、質疑	測量、比較、歸類、分析事物	視覺遊戲、構思設計空間矩陣、製圖	身體運動競賽、動作遊戲、律動、動作劇	歌曲創作、音樂欣賞、樂器演奏	分享、訪談、人際互動	自我反思、自主學習	自然情境、觀察、調查研究
適合的生涯規劃	詩人、作家、記者、演說家、政治家、主持人	數學家、統計學家、電腦工程師、股市分析師、會計師	建築師、藝術家、室內裝潢、電腦立體動畫設計師	演員、運動家、舞者、機械師、技工	歌者、演奏家、音樂創作家	推銷員、心理輔導人員、公關人員	心理輔導員、神職人員、哲學家	自然生態保育、農夫、獸醫、生物學家、地質學家、天文學家

資料來源：改編自Nicholson-Nelson (1998).

6. 人際智能（interpersonal intelligence）：人際智能是指善於透過人際互動所得的回饋訊息來思考與解決問題的能力。政治人物、心理輔導人員、公關人員、推銷員等是此種智能的代表人物。

7. 自我反省智能（intrapersonal intelligence）：自我反省智能是指以深入探尋自我認知、情緒方式來思考與解決問題的能力。心理輔導員、神職工作者、哲學家等是此種智能的代表人物。

8. 自然觀察智能（naturalist intelligence）：自然觀察智能是指透過觀察、欣賞大自然事物來思考以及解決問題的能力。自然生態保育者、農夫、獸醫、生物學家、地質學家、天文學家等是此種智能代表人物。

　　每一位兒童都具備這八種智能，只是程度上不同，這八種智能間有著協同作用，也就是當一項智能發生變化時，其他智能即受影響。所以每個兒童都可以藉由善用其強勢智能來影響弱勢智能。例如一位小孩子喜歡唱歌，也唱得不錯（音樂智能），但比較不會說話（語言智能），

我們可以讓他多唱歌、吟詩，如此對語言能力的提升必然有幫助。

參、智力商數

所謂智力商數（intelligence quotient，簡稱IQ）是對普通智能的測量（a measure of general intellectual ability），它可以從實足年齡（chronological age）來計算心理年齡（mental age）（Eysenck, 2000）。智力商數是由德國的心理學者L. W. Stern首創，其計算公式如下：

智商（IQ）=心理年齡（MA）／實足年齡（CA）×100

例如：一位兒童，他的實際年齡為八歲，做完智力測驗後，發現他的心理年齡是十歲，經由上述公式可以算出該兒童的智商為125。由此可知，兒童的心理年齡高於實足年齡時，表示其智商高於一般兒童；若心理年齡與實足年齡相同時，智商剛好100，表示資質普通；若是一位兒童的心理年齡低於實足年齡時，表示智商低於一般兒童。

肆、智商的分布

人類智商就如身高和體重一樣，呈常態分配（normal distribution），亦即智商普通者占多數，而智商極高或極低者占少數，Terman和Merrill（1960）曾以二千九百零四名二至十八歲之兒童和少年為受試，所測出智商的常態分配曲線如圖5-2，由曲線之下的面積，更清楚的顯示出：智力分配在兩極端者為數甚少，多數人集中在平均數（IQ＝100）左右。就理論上來說，以魏氏兒童智力量表 （Wechsler Intelligence Scale for Children，簡稱WISC） 為例，根據常態分配的原理，兒童智商的分配如下：

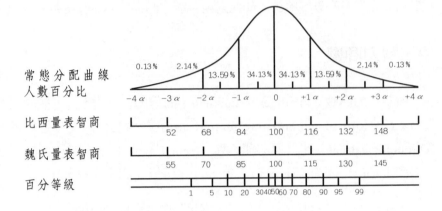

圖5-2　兒童智商常態分配圖

　　由上圖所示，兒童智商在145以上者，約占0.13％；智商在130至145之間者，約占2.14％；智商在115至130之間者，約占13.59％；智商在100至115之間者，約占34.13％；智商在85至100之間者，約占34.13％；智商在70至85之間者，約占13.59％；智商在55至70之間者，約占2.14％；智商在55以下者，約占0.13％。至於實際測量的結果，人類智商的分布是否也如此呢？根據研究結果，大致亦是呈常態分配（Terman & Merrill, 1960）。

伍、影響智力發展的因素

　　兒童智力發展到底受何種因素的影響？目前被提及較多的不外乎遺傳與環境以及兩者的交互作用，茲分述如下：

一、遺傳因素

　　決定個體遺傳特質者為染色體中的基因，基因既來自父母雙方，可見受父母之影響，子女的智力受父母之影響究竟如何呢？由表5-2可

表5-2　智商的家族研究

關　　係	相　關　係　數
同卵雙生子	
一起撫養	.86
分開撫養	.72
異卵雙生子	
一起撫養	.60
兄弟姊妹	
一起撫養	.47
分開撫養	.24
父母／子女	.40
養父母／子女	.31
堂（表）兄弟姊妹	.15

資料來源：Bouchard & McGue (1981).

知兒童的智力會受遺傳因素的影響：同卵雙生子（一起撫養）在智商的相關係數為0.86，而異卵雙生子（一起撫養）的相關係數為0.60，其間的差異可以用遺傳的因素來解釋，因為同卵雙生子有相同的遺傳基因，而異卵雙生子的遺傳基因並不同。再由父母、養父母與子女的智商相關係數來做比較，父母與子女在智商的相關係數為0.40，而養父母與子女在智商的相關係數為0.31，此一差異再度驗證智商與遺傳有關。因為父母會把「智能」遺傳給下一代；而養父母與子女通常無血緣關係，故其相關係數較低。

二、環境因素

　　環境因素可區分為兩大類，即「內在環境」與「外在環境」。這兩大因素產生交互作用影響智力發展。

(一)內在環境

即胎內環境（prenatal environment），胎兒之頭腦正急速發展，如果母體營養失調、感染、放射線照射、心理壓力等，都可能造成日後嬰幼兒的智能不足（Fallen & McGovern, 1978）。

(二)外在環境

至於生產後的環境對個體智力的影響如何呢？前述同卵雙生子的研究中，合住一起的智商相關係數為 0.86，若分開居住者僅為 0.72，可見環境對智力亦有影響，生產後之外在環境，則包括家庭、社區、學校等幼兒之生長、學習場所。例如，在家庭方面，個體生長的環境愈好，在智力測驗上所表現的智商將愈接近其遺傳極限的上限，甚至有學者（McCall, 1984）預測家中有新生兒的誕生，也會短暫的抑制其兄姊的智力發展。另兩位學者則根據許多系列的研究，而證實在學前期，嬰兒的家庭環境對其智力及語言發展均有深刻影響 （Bradley & Caldwell, 1981）。

陸、幼兒期的智力發展保育

前已述及，影響智力發展的因素包括遺傳與環境，對幼兒來說，遺傳已是無法改變的事實，然而環境因素是值得父母親及教保人員努力的，借助於環境因素的介入，幼兒的潛能得以發揮，其方法介紹如下：

1. **充足、均衡的營養**：由於嬰幼兒的大腦正值快速成長之中，充足、均衡的營養有助於大腦良性的發育，可促進智力的發展。

2. **重視生活教育**：智力是一種潛力，表示天生已具備；但嬰幼兒若文化刺激不足，則智能將無法有效發揮，而教育是激發潛力最重要的手段之一。因此，父母親及教保人員應重視生活教育，舉凡日常生活中的食衣住行育樂諸多常識，均應適時教

導，必能提升智能。

3.提供適當的讀物：從嬰兒期「布做的書」，到幼兒期的圖畫故事書，借助於書中的內容，除了可以提供嬰幼兒視覺刺激外，更可促進智能與認知發展。

4.戶外教學：父母親及教保人員應多利用機會，常帶嬰幼兒到戶外走走，並適時給予教育，對整個大自然、大社會必有另一番見識。

第二節　認知發展與保育

對幼兒的教育和保育工作，如能事先瞭解幼兒的思考模式、理解能力，作為編製教材、決定教學方法的依據，則教學效果將大大的提升。本節對幼兒認知發展的介紹將有助於此一目標的達成。

壹、認知及認知發展的定義

Huffman（2002）指出認知是一種心理活動，包括知識的習得（acquiring）、儲存（storing）、提取（retrieving）和知識的應用。溫世頌（2002）提及認知是泛指注意、知覺、理解、記憶、思考、語文、解決問題、智力、創造力等心智活動。黃志成、王淑芬（2001）也指出，認知是指人類如何「獲取知識的歷程」，亦即「從無知到懂事的歷程」。由以上幾個定義，對認知的含義歸納如下：所謂「認知」即是兒童透過各種心理活動，獲得、應用知識的歷程。

什麼是認知發展（cognition development）？所謂認知發展就是心智活動的進行過程，例如，記憶、知覺、理解等能力。兒童的認知發展是身心整體的連續變化過程，認知能力會隨著年齡和經驗增長而發

展，依賴於兒童原有的認知發展準備，會受到遺傳基因、生活經驗、環境刺激及教育背景等因素的影響（朱智賢，1989）。因此，認知發展就是指兒童如何從事簡單的思想活動逐漸複雜化，經過分化的過程，對內在和外在的事物，做更深入的領悟，而更有客觀、系統化的認知之歷程（黃志成，2005）。

貳、認知的發展與理論

有關認知能力的發展理論，以下將介紹瑞士心理學家Piaget和美國心理學家Bruner的理論。

一、Piaget的認知發展理論

兒童的認知和發展，是一系列的認知結構演變的結果，這些認知結構的演變，是由簡單至複雜，爲了便利解釋此認知發展過程，Piaget把人類的智能發展劃分爲四個階段，這四個階段是：

(一)感覺動作期（sensorimotor stage）

或稱爲實用智慧期，約從出生至二歲。此期嬰幼兒的認知活動建立於感官的即刻經驗上，主要是依靠動作和感覺，透過手腳及感官的直接動作經驗以慢慢瞭解外界事物。

(二)準備運思期（preoperational stage）

或稱爲前操作期，約從二歲至七歲。此期的幼兒是以直覺（intuition）來瞭解世界，往往只知其一不知其二，故亦稱爲直覺智慧期。此期幼兒開始以語言或符號代表他們經驗的事物，具萬物有靈觀，所以當他們玩玩具時，會跟玩具講話。這個時期又可分爲下面兩個階段：

1.運思前期：約在二至四歲間，其特徵爲：

(1)**自我中心**：即幼兒不易爲他人設想，以自我爲中心所做的理解或想法。例如，媽媽在大熱天帶小明去逛街，小明吵著口渴要喝水，當媽媽買了一杯飲料給小明時，他可能一飲而盡，完全不能同理媽媽是否也口渴。

(2)**直接推理**：例如，爸爸問小明：「當我們走到十字路口，遇到紅燈要怎麼辦？」小明回答說：「要停下來。」爸爸又問小明：「當我們坐飛機在天空上，遇到紅燈要怎麼辦？」小明回答說：「當然也要停下來！」

(3)**符號功能**：例如此期幼兒可以教導交通號誌，幼兒慢慢可以知道在十字路口時，遇到綠燈可以通行，遇到紅燈不可以通行。

(4)**集中注意**：幼兒在此期的專注力已比上一期更持久，尤其面對自己有興趣的事物，有助於對事物的認知。

(5)**缺乏保留概念**（conservation）：所謂保留概念即幼兒在面對同一物體的各種變化（如改變物體的形狀、位置、方向）時，能瞭解到該物體的若干特性（如大小、長度、數量等）仍維持不變的能力（黃志成、王淑芬，2001）。然而此期幼兒卻缺乏此種能力，例如：在一個細而高的試管中，加入十公分高的水，然後將試管中的水倒入底面積較大的燒杯中，此時幼兒會認爲水變少了。

2.**直覺期**：約在四至七歲間，其特徵爲：

(1)**以直覺來認識外在事物關係**：例如在孩子的慶生會上，當小明（五歲）正爲所分的蛋糕較小（其實差不多）而發脾氣時，如果媽媽把他的蛋糕拿上來，用刀切成兩塊，再還給他，他通常會很滿意，因爲他有兩塊蛋糕。

(2)**無法進行推理**：例如小明的彈珠比小華多，小華的彈珠比小英多，請問：「小明和小英比較，誰的彈珠多？」類似這樣的問題，此期的幼兒通常無法回答。

(3)有分類概念，但尚不能正確地建立分類層次，以區分大類和小類：例如將十個紅色的小皮球與五個黃色的小皮球混合成一堆，幼兒已能將紅色球與黃色球分開，但當吾人問此期的幼兒：「小皮球多呢？還是黃色的小皮球多呢？」此期幼兒最有可能的答案是：「紅色的球多」。

(4)有數量概念：例如大中有兩個糖果，大華也有兩個糖果，此期幼兒會認為兩人一樣多；又如大中有三個糖果，大華有兩個糖果，此期幼兒會認為大中的糖果比大華多。

(三)具體運思期（concrete operational stage）

或稱具體操作期，約從七歲至十一歲。此期兒童已能以具體的經驗或從具體物所獲得的心像做合乎邏輯的思考，故可稱具體智慧期。此期兒童具有下列之特徵：

1. 保留概念：保留概念是指當物體只在形式上或量度上改變而實質未變時，觀察者對物體所得概念有保持不變的心理傾向（張春興，1991）。

2. 具備可逆性概念：此期兒童思考可逆轉，例如，將一塊黏土揉成球狀或壓成圓餅狀，此期的幼兒會知道圓餅狀可再揉成球狀，這就是可逆性概念。

3. 邏輯分類概念：分類概念比前一期更進步，能注意到每一個事物可能有多個屬性。他們會依據物體具有的向度（如形狀、大小或顏色）來做分類的標準，同時，他們也具備等級順序的能力。例如，在桌上擺三張圓形的厚紙板，顏色分別為紅、黃、綠；再擺三張正方形的厚紙板，顏色分別為紅、黃、綠；再擺三張三角形的厚紙板，顏色分別為紅、黃、綠；如此將九張厚紙板混在一起，再要求此期兒童做分類，此期兒童可以被要求依不同屬性來分類，如：把顏色相同的擺一堆、把形狀相同的擺一堆。

(四)形式運思期（formal operational stage）

或稱形式操作期，約從十一歲至十五歲。此期兒童思考能力漸趨成熟，能運用概念的、抽象的，純屬形式邏輯方式去推理，他們的運思不再受具體經驗或現實世界的限制，思考內容可以抽象地超越時間、空間和地點，故又稱抽象智慧期。

依照Piaget的認知發展論，兒童在每一個發展階段，都有不同的思考模式，基於此，我們可推論其有不同的學習特質，在學習活動上，必須根據其學習特質加以設計，掌握學習的關鍵期，始能得到事半功倍之效，列表說明如**表**5-3。

表5-3　認知發展各分期之學習特質與學習內容

分　期	年　齡	學習特質	學習內容
感覺動作期	出生至二歲	以感官認識周圍的環境	可以聽到、看到、觸摸到的
準備運思期	二至七歲	運用語言、文字、圖形來學習	可以開始學習簡單的文字、數字和圖形等來從事思考
具體運思期	七至十一歲	以具體經驗或具體物做學習	可從事物的分類、比較，做邏輯思考以瞭解其間的關係
形式運思期	十一至十五歲	能運用概念、抽象的方式去推理	可以學習數學中的抽象概念代數幾何邏輯去推理

二、Bruner的認知發展理論

Bruner特別強調表徵（representation）概念，他認為人類經由動作、影像和符號三種途徑，將經驗融入內在的認知體系中。Bruner分別以動作表徵（enactive representation）、影像表徵（iconic representation）和符號表徵（symbolic representation）來代表兒童的三種認知模

式，茲分述如下（Bruner, 1973）：

1.**動作表徵期**：這是約六個月到二歲的嬰幼兒最常用的認知方式，此期他們對物體的直接作用來解釋其所接觸的世界，所表現的行動如看、抓、握、嚼等動作，並進而與周遭事物產生關聯，例如，椅子是能坐在上面的東西。

2.**影像表徵期**：大約在二、三歲以後，幼兒能夠應用視覺，如觀看事物的圖片或透過事物的影像而認識、瞭解該事物，除視覺外，幼兒亦可能應用其他感官來組織認知結構，五歲至七歲之間是此期認知發展最明顯的階段。

3.**符號表徵期**：此期兒童已能使用符號代表他們所認知的環境，符號表徵的發展是經由語言文字的媒介，表現在人類生活經驗的各領域之中。

綜合以上論述，Bruner以「動作表徵」、「影像表徵」和「符號表徵」來說明認知的三種模式及認知發展的三個階段。但是，這三種表徵系統是依序發展而互相平行並存，且各有獨特性，三者之間也是互補而非取代的。即每一新認知方式發展出來以後，前一階段的認知方式仍繼續發生認知作用。

參、影響認知發展的因素

影響兒童的認知發展的因素，以下分別說明之：

1.**年齡**：從Piaget的認知發展論而言，兒童的認知發展會受到年齡的影響，亦即只要成長到某一個年齡層，兒童對事物的瞭解與看法就會改變。

2.**智力**：若從Piaget的認知發展論而言，一個五歲的高智商兒童，其認知發展有可能已進入具體運思期；一個十歲的高智商兒

童，其認知發展有可能已進入形式運思期；相反地，智商低的兒童，由於心理成熟低於自己的實際年齡，一個三歲的低智商兒童，其認知發展有可能還停留在感覺動作期；一個九歲的低智商兒童，其認知發展有可能還停留在準備運思期。

3. 成熟：Piaget的理論基本上十分重視遺傳及生理成熟的因素，主張一個兒童的認知發展，是隨著成長而循序漸進的，透過與父母、師長、同儕的互動，自然發展。

4. 經驗：兒童借助於與家人、老師、同儕的互動，學習到各種知識；兒童也借助於各種課程、遊戲活動學習到各種經驗，有助於認知發展。

5. 社經地位：高社經地位的家庭，可提供較多的刺激給兒童，有利於兒童的認知發展，反之則不然。

6. 文化差異：不同文化提供不同的刺激給兒童，故其認知的內容將不一樣。

肆、認知發展的輔導與保育

幼兒認知發展之保育可分以下幾點說明：

一、雙親應有的努力

1. 產前期：避免生病、發高燒、懷孕時照射X光，以及亂服藥物，不可缺少維生素B_6、B_{12}，貧血或疲勞過度、缺氧等；又為人父者應注意酗酒後不可立即有性行為，以免生下智能障礙的幼兒。此外，孕婦懷孕期間不能經常或大量飲酒及抽煙（黃志成、王麗美、高嘉慧，2005）。

2. 出生時：應設法避免出生時胎兒缺氧的情況及產鉗傷害，以免生出腦性麻痺和智能障礙的幼兒。

3. 出生後：嬰幼兒要有適當的營養，並避免幼兒發生意外，如跌

倒或車禍傷及腦部，及疾病如腦炎、腦膜炎等，此外父母並應
給予適度、正確的刺激及教育。

二、家長與保育員（教師）應有的努力

1. 瞭解兒童處於哪一個認知發展階段：從兒童的年齡不難瞭解兒童
   正處於哪一認知發展階段，雖然兒童有個別差異，但透過觀
   察，並大致瞭解其資質，可以更清楚的知道其思考模式，可作
   為相處及教育的依據。
2. 瞭解兒童身心成熟狀態：瞭解兒童身心成熟狀態之後，可以作
   為平日與之談話、遊戲、互動、安排休閒與旅遊活動、提供課
   外讀物之依據，將有利於認知發展。
3. 增進兒童生活內容：兒童的學習能力很強而且很快，幫兒童安
   排各種動態、靜態的學習及休閒活動，必有利於認知發展。缺
   乏文化刺激的兒童，將少有學習的機會，自然影響其認知發
   展。
4. 跨文化刺激：讓兒童接觸生活周遭的各種不同文化，如：臺灣
   本土的客家文化、原住民文化，以及世界各國文化，一方面可
   以開拓兒童的視野，二方面可以增進兒童的思考空間，將有利
   於認知發展。

第三節　語言發展與保育

　　語言器官的發育與腦部神經網絡的聯繫與配合，讓出生的嬰兒從
發出哭聲那一刻起，便有了與社會溝通的管道，逐漸發展出語言之能
力。Hurlock（1978）也對語言（language）做了類似的界說，她認為
語言包含許多思想和感覺溝通的意義，用以傳達意思給別人，至於溝

通的方式包括寫、說、手語（sign language）、臉部表情、動作和繪畫。

壹、語言的發展

根據研究指出：人類語言發展都經歷了類似的幾個階段。雖然兒童到達某一個語言發展階段的年齡不完全相同，卻依循著一定的順序，經過長期不斷的修正、改變和演化，才漸漸變成後來的語言和文字（靳洪剛，1994）。

有關幼兒語言發展的研究頗多，且大都以分期方式表現，以下根據盧素碧（1993）、黃志成（2005）的觀點綜合歸納如下：

一、準備期

從出生至大約一歲左右，又稱「先聲時期」，主要是發音的練習和對別人語言的瞭解。此期嬰兒的語言發展，由無意義到有意義，由無目的到有目的，由生理需求的滿足到心理需求的滿足。此期語言發展大約可分下列四個階段：

(一)啼哭（crying）

哭泣反應：約初生至八週。最早嬰兒的啼哭，是開始用肺呼吸，氣流進出聲門，振動聲帶而發出來的，它是一種反射作用，並不具有任何意義；當嬰兒逐漸長大，在睡醒或餵奶完畢，偶爾會自己發聲自娛，此期嬰兒常常發出許多簡單的聲音，稱為爆發音；再由於成熟與學習的交互作用，嬰兒漸能以哭來表示生理上的不舒服，如生病、尿濕褲子、肚子餓等，哭泣為嬰兒與外界溝通最好的方法；而更高層次的哭聲，則希望喚來大人的陪伴，此時嬰兒表示他心理上的需求。

(二)咕咕聲（cooling）

咕咕期：約八至二十週。嬰兒滿月以後，除了啼哭聲以外，在喝完奶或與親人玩耍時會運用發聲器官發出聲音，像鴿子咕咕的聲音。

(三)牙牙學語（babbing）

戲語期：或稱喃語，約十六至三十週。此期嬰兒常常以發音當作一種遊戲，開始發出咿咿呀呀較接近人類語言聲音，似乎已稍能控制自己所發出的聲音。根據Gesell的研究，嬰兒的喃語屬於一種遊戲語言。根據研究指出，這種發音是全世界共通的語言，此類發聲方式正常兒童與聾啞兒童都會經歷著相同的歷程（郭秀分，2000）。

(四)回聲期（echolalia）

在嬰兒末期，自口中發出來有意義或無意義的聲音漸多，而且經常會反覆發出同一個音節聲音，例如，會叫「爸」、「媽」或其他字，父母在高興之餘，應注意嬰兒是否完全瞭解其所發出聲音的意義，同時有意的表達自己的意思，如此才算是開始說話。

二、單字句期（one-word sentence）

大約從一歲至一歲半，是真正語言的開始，這個時期幼兒的語言發展有三個特點：

1. **以單字表示整句的意思**：如幼兒說「媽」一個字，可能代表「媽媽快來」或「要媽媽抱」等。
2. **以物的聲音做其名稱**：如「汪汪」代表狗，「嗚嗚」代表火車，「咪咪」代表貓。
3. **常發重疊的單音**：如「抱抱」、「糖糖」等，此期是幼兒學習語言的關鍵期，幼兒往往為了需要，或發音成就感，而樂於學習，父母及保育員應及時把握此一良機。

在這一個時期，「媽媽話」是成人常對嬰幼兒說話的方式，通常

會提高聲調，用短字句慢慢說及問問題，並會重複說。一般而言，媽媽話對嬰幼兒母語的學習有相當的影響。

三、多字句期（several-word sentence）

大約從一歲半至兩歲，這時期幼兒的語言發展漸漸脫離了單字句時期的限制，由雙字語句（two-word sentence）進而為多字語句，這一時期的幼兒，語言發展有以下兩個特點：

1. 句中以名詞最多，漸漸增加動詞，而後增加形容詞。
2. 句子的結構鬆散，不顧及語法，這是隨想隨說的結果，例如「媽媽—燙燙—不喝」，意思是說：「媽媽，這水太燙，我不敢喝。」

四、文法期

大約從兩歲到兩歲半，這一個時期語言的發展是注意文法和語氣的模仿，在語言方面已較能說出一個完整的句子，而不必像前一期一樣，大人須去「猜測」他所講的意思。因此，學習成人的文法，是為此期幼兒語言發展的特色，幼兒能用敘述句表達簡單的經驗，用感嘆句流露自己的情感，用疑問句向人發問。這時也學會了應用代名詞，如我、你、他代表以往說話總是用自己的名字或自稱「弟弟」或「妹妹」，而且應用得相當正確，沒有錯誤。

五、複句期（compound sentence）

大約從兩歲半到四歲，此階段是幼兒字彙發展最迅速的時期，語詞的掌握能力，從名詞、動詞，進展到形容詞、副詞、代名詞等。這時期發展的特徵是「複句」與「好問」，茲分述如下：

(一)複句

幼兒語言的發展由簡單句（simple sentence）進步到複合句，亦即

能講兩個平行的句子，例如「他有娃娃，我也有娃娃」，隨著複句層次的提高，最後進展到包含主句與複句的複雜句（complex sentence），如「媽媽不在，弟弟就哭了」。

(二)好問

　　此期幼兒由於因果的思想開始萌芽，對於一切不熟悉的事物，都喜歡問其所以然，故又稱爲「好問期」（questioning age）。幼兒只要看到什麼、想到什麼，都會馬上提出問題來，兒童問問題通常開始於三歲，這個年齡可視爲語言與思考的爆發點，因爲從這時起，兒童已能運用語言來作爲獲得知識與消息的工具。成人有效的輔導，一方面可以刺激其語言發展，二方面可以滿足其求知慾，因此千萬不能用不悅的臉色對待，或隨便以話語搪塞。

貳、影響語言發展的因素

　　幼兒語言的發展，無論是字彙的增加或是語句品質的改善，都直接或間接地受多種因素的影響，亦即影響幼兒語言發展的因素是多元性的，茲舉其要者說明如下：

一、個人因素

(一)智力因素

1.大腦和語言器官成熟有關：人類與生俱有語言發展能力，而大腦的成熟決定語言學習的品質。Chomsky（1967）認爲兒童語言的獲得，是一種創造過程而不是學習過程，然而這創造過程與決定語言學習的人類左腦相關。根據研究顯示，左腦損傷，常引起失語症或語言紊亂的情形，而右半腦損傷卻對語言影響不大（郭秀分，2000）。

2.**智力高低與開始學說話的時間有關**：心理學家Terman和Oden
（1947）曾研究認為，資賦優異兒童開始說話的時間比普通兒童
早。Cromer（1974）研究智能不足兒童語言發展，認為其發展
速度緩慢。

3.**智力高低與語言學習品質有關**：智力較高幼兒，使用的語句較
長。McCarthy（1954）發現平均智商為133的兒童，平均語句長
度比平均智商為109的兒童為長。而智力低的幼兒比常態兒說話
較遲，天才幼兒則比常態兒說話較早。

(二)性別因素

多數的研究結果都顯示女童在語言的發展上占優勢，茲列舉如
下：

1.**女童的字彙優於男童**：McCarthy統計女童各年齡階層中，所使
用的平均字數均優於男童，如**表5-4**。女童的語言品質優於男
童；女童開始說話的時間比較早，發音清晰，詞句較長，語句

表5-4　男女幼兒語言發展情形

年齡　　平均字數　性別	男	女
1歲6個月	8.7	28.9
2歲	36.8	87.1
2歲6個月	149.8	139.6
3歲	164.4	176.2
3歲6個月	200.8	208.0
4歲	213.4	218.5
4歲6個月	225.4	236.5

資料來源：McCarthy(1954)；引自黃志成（2004）。

較多,同時在瞭解語言及運用語字的技巧方面,亦有較佳的表現(引自黃志成,2004)。

2.女童語言學習障礙低於男童:Hull等人研究美國男女童之說話障礙類型中,在構音缺陷(articulation disorders)、聲音異常(voice disorders)和口吃(stuttering)三方面,女童比例均比男童低(引自黃志成,2004)。在國內,林寶貴(1984)的研究亦發現男童語言或說話異常的比例比女童高,如**表5-5**所示。

表5-5 幼兒語言障礙出現率

性別 ＼ 年齡	4歲	5歲	6歲	合計
男	7.47	4.72	4.31	5.21
女	4.96	3.22	2.83	3.47
平均	6.26	3.98	3.58	4.36

資料來源:林寶貴(1984);引自黃志成(1999)。

(三)年齡因素

兒童的語言發展隨著年齡的增長而改變,林美秀(1993)的研究指出,年齡愈長,其語言理解與口語表達能力愈佳。

二、環境因素

環境因素對於幼兒語言發展的影響,可由下列幾點說明:

1.家庭社經地位:家庭社經地位低的幼兒學習語言較緩慢、發音生硬、字彙少、語句短(Cazden, 1968),這可能與社經地位低的家庭,幼兒教育機會少生活刺激少有關係;而生活在高社經地位的幼兒,有較好成人語言的模範和刺激,有較多增強和鼓勵語言學習的機會。

2.親子互動:父母親與嬰幼兒互動機會愈多時,嬰幼兒得到較多

學習語言的機會，有利於語言發展。

3.**父母親教育程度**：父母親教育程度愈高者，較能給予正確的方法及良好的示範，幼兒自然能學到正確的發音、優美的語句。

4.**兄弟姊妹及友伴**：幼兒如果有兄姊或年齡稍大的鄰居玩伴，可以增加學習語言的機會；若自己是老大、獨子或無其他玩伴，自然較少學習語言的機會。

參、語言的輔導與保育

1.**注意發音器官的保護**：舉凡與發音有關的器官應善加保護，尤其聽覺、牙齒的咬合、喉嚨、聲帶等都對語言發展有直接和間接的影響。

2.**提供良好的學習機會**：自嬰兒期，即應給予語言上的刺激，掌握語言發展的關鍵期，父母及保育員應耐心的教導，對幼兒說話宜用完整且有條理的語音、較慢的速度，讓幼兒易於接納，增加學習效果。

3.**提供幼兒學習語言的良伴**：如有兄姊是最好的機會，否則必須為其選擇適合的同輩友伴，讓其有模仿及練習的機會。

4.**給幼兒充分說話的機會**：成人應於日常生活或遊戲互動時，設法引起幼兒學習語言的動機，讓其多發表意見，耐心傾聽幼兒講話，並以親切的態度與正確的語音回應。

5.**提供輔助語言教育材料**：錄音機、錄影帶、電視節目、VCD、DVD以及讀物等，都可以以預先準備的材料，教育幼兒學習語言，例如讓幼兒聆聽兒歌錄音帶，不但可以讓其學唱歌，更有助語言發展。

6.**對於少數語言障礙的幼兒，務必要設法幫他矯正**：如口吃、發音不清等，不可以嘲笑或模仿其不正確語言的態度對之，如此只會徒增其困擾。

肆、語言障礙及輔導

一、語言障礙的定義及出現率

一個人的話語如果異於常人,達到引起別人的注意,妨礙溝通,或使說者或聽者感到困擾時,便是語言異常(speech disorder)(Van Riper, 1978)。Perkings(1980)認為,一個人說話時,不合文法,不能被瞭解,在文化及人格上有缺憾,或濫用語言機能的情況,叫作語言障礙。由此可知,一個幼兒如因生理上的缺陷、心智、情緒等原因,致使其無法發音或發音與表達困難,無法與人做正常的溝通,稱為語言障礙(speech impairment)。根據我國教育部的統計,我國學童有語言障礙的比率為2.42%(教育部,2004)。

二、語言障礙的分類與輔導

(一)構音異常(articulation disorder)

語言障礙中比例最多者,常見的情形是音的替代、省略、添加、歪曲及齒音不清。

教師宜提供正確的語言發音模式,利用圖卡、字卡、注音符號卡、語言學習機、發音部位模型、鏡子、錄音機等教材教具,實施辨音訓練與構音訓練;利用個別指導或團體輔導,進行語言訓練;訓練過程應盡量寓教於樂,利用遊戲、比賽、舞臺劇、角色扮演、歌唱、猜謎、朗讀等活動,製造愉快的學習氣氛、學習情境,在實際生活經驗中,讓兒童自然而然耳濡目染地學會正確的發音。

(二)聲音異常(voice disorder)

說話時,音調、音量和音質不合乎要求,如聲音沙啞、過於低沉或尖銳刺耳。

　　教師可指導一般發聲的原理及衛教，指導使用聲帶的正確方法。使兒童瞭解不必要的太大聲，或太興奮的叫喊聲等，對聲帶有不良的影響；也可以利用錄音機實施判斷適當的音調、音量、音質的聽覺訓練，用以矯正自己的聲音；對較小的兒童可利用行為改變技術或增強原理，鼓勵兒童用悅耳的聲音說話。

(三)語暢異常（rhythm disorders）

　　說話節律不順暢，夾雜重複字音等，如口吃。

　　教師需要認識口吃兒童的特徵，設法消除兒童精神壓力的根源，利用「減敏法」，讓兒童先在合唱、齊唱、共同朗讀、角色扮演、舞臺劇、對玩偶說話等壓力較小的情境中練習說話，然後逐漸將所依賴共同朗讀或合唱的情境除去，最後不借助他人的陪同而能單獨流利的說話。教師應鼓勵和支持口吃兒童，也鼓勵其他的同學接納口吃兒童，使口吃學生嘗到說話的愉快和成功的經驗。

(四)語言發展遲緩（delayed language）

　　即延遲學說話（起步太晚）和語言發展緩慢（進程較慢）。

　　教師宜注意語言學習的環境，使語言發展異常兒童被班上同學所接納，製造和諧融洽的教室氣氛，不讓語障幼兒在團體生活中受到壓力，也就是訓練班上同學不嘲笑其幼稚的語言或發音異常。可利用電話、玩偶、錄音機、捉迷藏遊戲等活動，引導兒童說話；透過團體活動或生活經驗，以增進語障兒童與玩伴之間交流與說話的機會。

三、語言學習輔具矯治使用

　　語言訓練教室可設置沙箱、水槽、語言觀察室、遊戲室、各種玩具、電話玩具、玩偶、積木、黏土、錄放音機、發音教室、語言學習機、溝通板等設備，以刺激兒童說話的動機。定期檢討學習的環境，兒童的語言行為，與教師的教學，才能保證兒童的進步與教學績效。語言矯正治療模式有兩種，分析如下：

1. 隨機教學模式：在各科教學或日常生活中隨時隨地鼓勵兒童使用語言，以獲得他所需要的事、物，讓他知道語言的重要性。
2. 溝通互動模式：教師要扮演催化者的角色，利用說話或動作激發兒童溝通的反應，也就是利用不同的增強與回饋幫助兒童說得更多、更好。

 第四節　情緒發展與保育

壹、情緒的意義與分化

一、何謂情緒

　　情緒（emotion）是指感覺及其特有的思想、生理與心理的狀態及相關的行為傾向（Goleman, 1996）。張春興及楊國樞（1984）則表示，情緒是個體受到某種刺激後所產生的一種激動狀態；此種狀態雖為個體自我意識所經驗，但不為其所控制，因之對個體行為具有干擾或促動作用，並導致其生理上與行為上的變化。由此可知，情緒是個體受到外在刺激所引發的一種複雜反應的內在狀態。情緒可能產生生理及心理的反應，經由內在調節後，藉由行為表現出來。當情緒反應時，對個人而言是由「靜態」到「動態」的過程，其表現在生理上的變化，如血壓升高、心跳加速、血醣增高、呼吸加速等；而表現在行為上的變化，如拍手叫好、哈哈大笑、嚎啕大哭、低聲哭泣等。

二、幼兒情緒分化

　　嬰幼兒情緒是成熟和分化的結果，根據Bridges的研究，初生嬰兒

除了恬靜（quiescence）的狀態外，所謂情緒，只不過是一種激動（excitement）的狀態而已，飽暖及睡醒無事時，呈現安靜的狀態，受到強烈刺激時，呈激動的狀態，此時情緒是未分化的。Sherman曾用四種不同情境試驗初生嬰兒：(1)針刺；(2)過時不餵奶；(3)束縛其手足的運動；(4)從高處驟然落下。結果嬰兒一律是大哭。由此可知，嬰兒原始的情緒是未分化的、籠統的、無特別形式可辨的（黃志成，2005）。

三、幼兒情緒階段特點

Bridges將幼兒情緒概分為三個階段，各階段都有其特點：

(一)第一階段

由激動的情緒分化出苦惱（distress）和愉快（delight）兩種情緒。苦惱的情緒主要是在反應嬰兒的飢餓、痛及其他不舒服的感覺，約於一個月大左右產生；愉快的情緒則是用以反應出需求得到滿足，或當成人逗著他玩時也會表現出愉快的樣子，約於三個月大時出現。

(二)第二階段

從苦惱的情緒下再分化出憤怒（anger）以及恐懼（fear）、厭惡（disgust）和嫉妒（jealousy）；愉快分化出得意（elation）、親愛（affection）和快樂（joy）三種情緒。一般而言，幼兒長到三至四個月時，開始會以「憤怒」來表達內心的不滿；到了五至六個月，遇到較陌生的人或環境時，他會顯得害怕，便是恐懼情緒的表現；當成人對著一個七個月大的嬰兒讚美時，他會因此感到成功，而樂於一再重複這件事，並表現出得意洋洋的樣子；稍長約至八個月時，嬰兒對於成人撫愛的動作會有親愛的反應。到了十二個月時，嬰兒漸漸懂得主動地去向成人表示親愛，而對於其他幼兒的親愛反應約要到十四至十五個月大時。至於嫉妒的情緒約要在十八個月才開始發生；而快樂的情緒更晚，約於十八個月以後才會分化出來，這種情緒反應要比愉快更

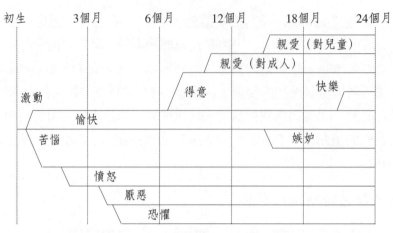

圖5-3　從出生到兩歲情緒分化過程
資料來源：Bridges（1932）.

為積極而興奮。從初生到兩歲情緒分化過程如圖5-3。

(三)第三階段

　　此階段約值幼兒二至五歲之間，此時會由恐懼中分化出羞恥（shame）與不安（anxiety）；由憤怒分化而產生失望（disappointment）及羨慕（envy）；更由快樂中分化出希望（hope）。

貳、影響情緒發展的因素

　　情緒自原始的基本狀態經過不斷的分化後，產生了多種具有特殊意義的情緒。但是幼兒如何從未分化的激動狀態而發展為各種情緒呢？或許有些媽媽偶爾會提出「小寶以前不會怕狗的，最近怎麼見了狗便會嚇得又哭又鬧呢？」諸如此類情形，都和幼兒情緒發展有關。以下就針對幾個影響幼兒情緒發展的因素加以探討：

一、身心成熟的因素

(一)生理方面的成熟

幼兒之神經器官及內分泌腺逐漸發展，才有能力反應情緒。例如神經系統之成熟方能幫助控制面部表情、發音器官及身體各部分的動作，使內在的情緒得以藉外在的表現反應出來；至於內分泌方面，亦可用來應付緊急的生理反應，與情緒發展有密切之關係。

(二)情緒成熟因素

幼兒由於機體成熟加以情緒分化、發展而達圓熟，其成熟的程度亦會影響到情緒的發展。Gesell（1929）曾將一嬰兒放於很小的圍欄內，十個星期大的嬰兒處此情境內並無特殊反應；到了二十週大時，處此情境會感到不自在，常會回頭找人，顯出有些懼怕；到了三十週時，只要將他一放入欄內，他就會大哭，由此研究，Gesell認為這乃由於機體成熟的結果（引自黃志成，2004）。

二、學習的因素

幼兒的情緒可以經由學習的歷程而得來，習得的方法有下列數種：

(一)由直接經驗形成

由於幼兒本身經驗的某些事物或情境中學習到的情緒反應。例如幼兒原本不怕狗，有一次到鄰家作客，此家之狗突然對其狂吠，把他嚇哭了，從此以後，他就一直怕狗。

(二)由制約反應（conditional response）作用形成

將一個原不能引發個體反應的制約刺激，伴隨在一個能引發其反應的非制約刺激之前出現，重複練習的結果，終能使制約刺激和制約反應之間建立聯結，幼兒的情緒亦賴此種學習方式而得。茲舉

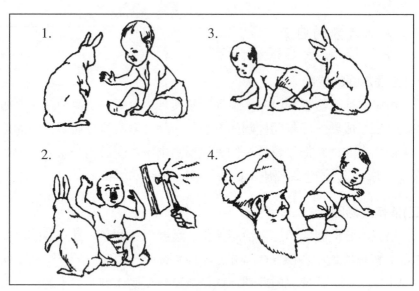

圖5-4　嬰兒恐懼的制約學習

資料來源：Thompson (1962).

Thompson（1962）對嬰兒恐懼情緒的制約學習實驗結果說明之，如圖5-4所示。

(三)由類化（generalization）作用形成

在制約刺激可單獨引起制約反應之後，與該制約刺激相類似的其他刺激均能引起反應，說明如下：

1.在制約學習之前，嬰兒對白兔無恐懼，且伸手撫摸之。

2.突然大聲與白兔兩者相伴出現。

3.嬰兒見白兔而驚避之。

4.嬰兒見白色毛髮亦起恐懼的情緒反應。

從未在制約過程中伴隨增強刺激出現，但也可以引起個體的制約反應。例如上述Thompson所做的實驗，嬰兒不但看到白兔會怕，而且

看到有白色毛的動物都會怕，如白鼠、白狗等，這種把白兔的制約反應又轉移到其他相似的東西上去，叫作驚懼反應的遷移。

(四)由成人的暗示養成

幼兒情緒的反應，往往由於成人直接或間接、有意或無意的暗示形成。例如幼兒通常在聽完故事後，開始懼怕巫婆或鬼，事實上他根本沒見過巫婆，也沒見過鬼，他之所以懼怕，完全由成人或較大的兒童學習而來的。

參、幼兒的情緒障礙

一、何謂情緒障礙

何謂情緒障礙（emotional disturbance）？根據教育部（2002）「身心障礙及資賦優異學生鑑定標準」第九條的定義，嚴重情緒障礙是指「長期情緒或行為反應顯著異常，嚴重影響生活適應者；其障礙並非因智能、感官或健康等因素直接造成之結果。情緒障礙之症狀包括精神性疾患、情感性疾患、畏懼性疾患、焦慮性疾患、注意力缺陷過動症，或有其他持續性之情緒或行為問題者」。情緒障礙兒童常因為暴躁不安、注意力不集中而影響學校的學習、人際關係以及居家生活，若未能及時的輔導，影響未來發展甚巨（高嘉慧，2002）。

二、情緒障礙的原因

造成情緒障礙的原因很多，可能是由生理、心理和社會環境（包括學校、家庭、社會文化），或由多種原因交互作用所致。根據黃志成（2005）指出，兒童情緒障礙的原因可分下列幾方面：

1. 兒童與社會衝突：如初入學的兒童，對適應新環境易產生恐懼與不安。

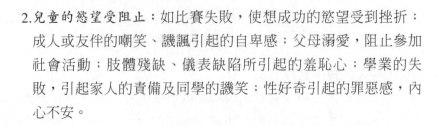

2.兒童的慾望受阻止：如比賽失敗，使想成功的慾望受到挫折；成人或友伴的嘲笑、譏諷引起的自卑感；父母溺愛，阻止參加社會活動；肢體殘缺、儀表缺陷所引起的羞恥心；學業的失敗，引起家人的責備及同學的譏笑；性好奇引起的罪惡感，內心不安。

肆、情緒發展的輔導與保育

情緒是一種心理狀態，它更是生活感情的表現，情緒發展是否適當，會直接影響到幼兒生活，所以輔導與保育的問題就不可忽視。為了培養幼兒良好的性格，在情緒發展的輔導應注意下列幾項：

一、提供良好的家庭生活

幼兒期的生活以家庭為重心，是故愉快、和諧的家庭生活經驗、親情的給予，對其情緒發展有莫大的影響。嬰幼兒通常與母親產生依戀關係（attachment relationship），母親為其依戀對象，和依戀對象分離時，嬰幼兒會大哭大叫顯現不安，而與依戀對象共處時，立即明顯地降低嬰幼兒的焦慮，由此可見，和諧的家庭生活、母親對幼兒情緒發展的重要。

二、情緒的宣泄

每一位幼兒在生活中都可能遭到挫折與衝突，而表現出不良的情緒反應，成人應給予幼兒發洩情緒的機會，否則一味的積壓可能產生更嚴重的困擾。此外，幼兒亦可從歌唱、遊戲、運動中，得到情緒的宣泄、疏導和昇華。

三、注意幼兒身體健康

健康的身體可以間接促進良好的情緒發展；不健康的身體可能會

導致幼兒發怒、恐懼、退縮等；至於身體上的殘障、缺陷更會使幼兒產生自卑的心理。

四、成人要有良好的情緒示範

幼兒的模仿力強，若成人常顯示出不良情緒，可能讓幼兒在無意中加以學習，所以成人應能收斂、控制自己的情緒，做好情緒管理。父母應有公正一致的管教態度，對於子女不可過於嚴厲，應該仁慈和藹，實施愛的教育。

五、注意新情境的調適

當幼兒面對新環境時（例如，搬家、上托兒所、幼稚園），可能會產生恐懼或其他不適應狀況，父母及保育員應即時予以疏導。若家中新添弟妹時，不可忽視對他的愛，不要讓幼兒有被冷落的感覺。曾有學者研究幼兒在其母親住院生產時，從生理、心理反應發現，此期對幼兒的活動、心跳、夜間睡眠及啼哭次數都有不良影響，可見新情境對幼兒之影響是很大的（引自黃志成，2004）。

六、情緒的整理

當幼兒接受情緒方面的指導後，成人應給予整理情緒的時間，亦即留給幼兒考慮「反應方式」的時間。

七、耐心的瞭解幼兒的需求

幼兒有生理上的需求，也有社會心理上的需求。為求幼兒良好的情緒發展，父母及保育員對於幼兒的言行應仔細觀察，以滿足他的需求，避免情緒困擾現象產生。

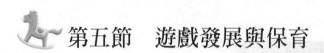

第五節　遊戲發展與保育

　　對幼兒而言，生活即是遊戲，沒有遊戲就沒有學習。幼教之父F. Froebel認為：「遊戲供給兒童樂趣、自由與滿足，是幼兒發展最高的一面。」遊戲是幼兒期最主要的活動，可以在任何時間、任何地點進行。幼兒玩遊戲都是自然而發、充滿愉快、自願且無特定目的的活動（Landreth, 2002）。透過遊戲的方式，可以讓幼兒的心智與體能發揮最大潛能，來滿足自我肯定與信心，並藉由遊戲建構與他人互動的社群關係，進而提升創造力、學習與思考發展。

壹、遊戲定義

　　湯志民（2001）認為，遊戲是教育；遊戲是學習；遊戲是生活，在遊戲中學習和生活，也在生活和學習中遊戲，遊戲是他們的世界，透過遊戲，可統整所學，並增進全人發展。黃庭鈺（2002）歸納遊戲的定義為：遊戲者主動參與無外在任務，而自行協調訂定規則，或無目的任何動靜愉悅活動之歷程。

　　遊戲是幼兒的第二生命，也就是說，幼兒生活即是遊戲，舉凡幼兒的身體發育、動作發展及人格心理的塑造，都在遊戲中進行，幼兒的生活可說是「飢則食，飽則嬉，倦則眠」，吾人常看幼兒即使在吃飯時，也是邊吃邊玩，如此說明遊戲在他們生活中所占的分量了，這是將遊戲以廣義視之。

貳、遊戲的功能

就Piaget的發展理論而言，幼兒利用感官去幫助他們認識周圍的世界，因此透過遊戲過程正好可以滿足幼兒這方面的需求。Winnicott（1993）就發展而言，遊戲是一種經驗，一種創造性的經驗，一種時空連續的經驗，也是生活的一種基本型態。

遊戲具有生物性的、內在的、人際的以及社會文化的功能 （O'Connor, 1991）。Charlesworth（1992）提出幼兒遊戲具有七種功能：

1.增進溝通、自我控制、社會的、語言的閱讀書寫技巧。
2.問題解決能力。
3.促進好奇心及遊戲性。
4.促進社會認知能力。
5.幫助幻想和增進真實之間區別的發展。
6.提供大人學習幼兒如何看世界的工具。
7.提供治療作用。

另外，黃志成、邱碧如（1978）認為遊戲功能可歸納為下列幾點：

1.**增進身體發育**：幼兒遊戲中，無論爬、跑、跳，都是一種運動，他可以從各種運動中，活動筋骨，促進血液循環，增進身體的發育。
2.**學習生活技能**：幼兒在遊戲中，可以學習到許多生活上的技能。例如，幼兒扮家家酒，可以從吃飯的項目裡，練習拿碗筷，再大一點可以學習餐桌上禮節。
3.**培養創造力**：幼兒可以利用玩具，憑自己的想像力，創造出各種圖形、建構各種屬於自己的遊戲，發揮想像創造的能力。

4.促進心理健康：幼兒遊戲時，通常會很快樂，天天生活在快樂的氣氛裡，有助於心理的健康，人格也得以正常發展。

5.加速社會化：幼兒發展至某一階段以後，就喜歡和同伴一起玩耍，有了玩伴以後，就開始學習與人相處，逐漸和團體中的每一分子發生交往，幼兒也就從這個階段開始社會化了。

6.培養守法精神：不同的團體遊戲，訂有許多不同的規則，當幼兒玩各種團體遊戲時，必須遵守遊戲規則，培養將來長大後具有守法的精神。

7.增加教育機會：幼兒在遊戲中，可以得到許多受教育的機會。例如，數數遊戲，可以使幼兒認識數字或培養一些數的概念；猜謎遊戲，可以增進幼兒的知識以及聯想力等作用。對幼兒而言，遊戲和學習是一體的，在遊戲活動中，可促進幼兒的求知慾，並在學習中得到樂趣。

8.訓練感官：幼兒遊戲可以訓練幼兒感官，例如，圖片、顏色球可以訓練視覺；音樂、歌唱可以訓練聽覺；用手觸摸各種玩具物件可以訓練觸覺；在遊戲中，聞到各種味道，可以訓練嗅覺。

9.建立道德觀念：幼兒在遊戲時可以學得團體對善惡、是非之評價以及標準，進而建立良好的人格特質，諸如公平、誠實、真誠、自制，以及優秀運動員勝不驕、敗不餒的精神。

參、影響幼兒遊戲的因素

遊戲的種類很多，包羅萬象，但是並非每一種遊戲所有的幼兒都喜歡，而且每一個幼兒喜歡遊戲的程度也不盡相同。幼兒遊戲常受各種因素的影響，茲分述如下：

1.性別的影響：有些遊戲會受到性別因素的影響，大致來說，男

童所喜歡的遊戲，多是些較活潑、劇烈、消耗體力多、含競爭性，以及有組織的遊戲，例如槍戰、電動玩具、官兵捉強盜等；而女童所喜歡的遊戲，則是比較文靜、柔和、不耗體力、細巧而富於模仿性的，例如唱歌、洋娃娃、扮家家酒等。

2.年齡的影響：從嬰兒期到幼兒期，其心理、人格、認知、身體動作的發展都很快，遊戲的內容也隨之不同，遊戲的品質也不同，例如以捉迷藏而言，對一個七、八個月的嬰兒，只要將手蒙住臉部，身體不須移動，就可以和其玩得很開心；隨著年齡的增長，在遊戲時，必須跑去躲起來或把眼睛蒙起來才能滿足其需要，這都是與年齡有關。

3.智力的影響：聰明的幼兒比一般的幼兒喜歡玩耍，也能在遊戲中表現他的機智、應變、領導及活動性，此外，所從事的活動也比較複雜，對新的活動較容易接受，且富創意及想像力。相反的，對於智力較差的幼兒，則表現出呆板、缺乏創意、缺乏適應群體的能力等等。

4.健康的影響：健康關係著幼兒的活力，愈是健康的幼兒，活力愈大，喜歡從事比較耗費體力的遊戲；而身體健康較差的幼兒，則比較喜歡從事耗費體力較少的遊戲，例如堆積木、玩玩具、玩沙等。

5.家庭社經地位的影響：家庭社經地位高的幼兒，其遊戲的內容多、品質高，例如家中有各式各樣的玩具，父母亦能教導其玩各種遊戲；至於家庭社經地位低的幼兒，玩具通常較少，而父母亦較少有時間陪他們一起玩。

6.文化背景的影響：幼兒遊戲與文化背景有關係，《禮記·學記》一文中論及：「良冶之子，必學為裘；良弓之子，必學為箕。」孟母三遷，傳為美談，在臺灣幼兒遊戲內容中，也常出現拜拜、迎神等宗教活動，這都與文化風俗有關係。

7.自然地理環境的影響：幼兒遊戲也受自然環境（如山地、濱

海、城市、鄉村）的影響。寒帶的幼兒玩堆雪人，熱帶的幼兒可能可以經常泡在水裡玩；城市的幼兒居住公寓者多，活動範圍多所限制，鄉村的幼兒則田野樹林處處可玩。

肆、遊戲的種類

依場所來分，幼兒遊戲可分為室內及室外遊戲；依參加的人數來分，幼兒遊戲可分為單獨及群體遊戲；依使用的工具來分，幼兒遊戲可分為器械、球類、跳繩、樂器等遊戲；以下將幼兒遊戲按內容性質分成五種：

1. 感覺運動遊戲：如搖鈴。
2. 創造性遊戲：如積木。
3. 社會性活動與模仿想像遊戲：如扮家家酒。
4. 思考及解決問題遊戲：如猜謎語。
5. 閱讀及觀賞影劇、影片遊戲：如看圖畫故事書、看DVD。

伍、遊戲的發展分期

儘管幼兒期在整個人生的歷程中，算是一個短暫的時期，然而此期在身體動作、心理上發展都極為迅速，由此也因身心之不同，而有差異。遊戲在幼兒的發展上扮演很重要的功能，尤其幼兒遊戲呈現的方式深受周遭環境的影響 （Shin, 1998）。綜合而言，幼兒遊戲發展的分期如**表5-6**所示：

表5-6　遊戲發展分期與特質

類型	發展年齡	遊戲特質
單獨遊戲（solitary play）	0-2歲	幼兒在發展上自我中心很強，所以在遊戲活動時，均以自我為基礎，既無意與其他幼兒共同玩耍，也不想接納其他友伴，此期幼兒往往一面遊戲，一面自言自語，自得其樂的活動著。
平行遊戲（parallel play）	2-3歲	遊戲活動已突破個人單獨的行為，進入群體，但這並不意味著群體活動的開始，因為此期幼兒雖在群體中玩耍，然而大都各玩各的，彼此間少有溝通。
聯合遊戲（associated play）	3歲開始	幼兒漸漸社會化，開始與周圍的玩伴談話，共同遊戲，人數以二人或少數人為主，他們並無特殊組織，只是做相同或類似的活動而已。
團體遊戲（group play）	6歲開始	幼兒的遊戲開始變得複雜，由無組織變為有組織，例如騎馬打仗，已能分成兩組展開活動，遊戲的結構，亦隨年齡的增加，漸漸分化。

陸、玩具

　　談到幼兒遊戲，如果不對玩具有所描述，似乎有所欠缺，因為幼兒拿什麼，玩什麼，對他們而言，可謂無所不拿，無所不玩。因此在此所稱之玩具，僅能廣義定之：凡是被利用為遊戲對象的物體，皆可稱為玩具，因此，舉凡運動器械、樂器、空罐、洋娃娃、木塊等等，都可算是玩具。由於玩具美觀、好玩、新奇、種類多，故一直為幼兒所深愛，而且百玩不厭，幼兒在入學以前，不論在托兒所或家庭裡，均應提供足夠的玩具讓幼兒操弄、學習、探索。

(一)幼兒玩具的價值

1. 促進動作技能的發展：幼兒在操弄玩具時，借助於手的抓、捏、握、轉、丟、拋等，以及在操弄玩具時的走、跑、跳等，可以促進粗動作及精細動作的發展。

2. 增進智能發展：許多益智性玩具，如積木、七巧板、跳棋、樂高等，幼兒在遊玩時，可以增進智能發展。

3. 培養創造力：幼兒在玩玩具時，可以以玩具為道具，創造出許多新奇的事物，例如以樂高玩具做成機器人、房子、汽車等，有利於創造力的發展。

4. 激發想像力：在遊戲中，幼兒常將玩具想像成各種事物，如此可以培養想像力的發展。

5. 可以培養美感：玩具的顏色很多，手工或模型都很好看，幼兒終日取之操弄，自然可以培養美感。

(二)玩具的選擇

幼兒玩具既然對幼兒有如此大之貢獻，故吾人必須謹慎為幼兒選擇玩具。選擇玩具除了應考慮不同階段之需要外，尚須注意以下原則（郭靜晃，1992）：

1. 以孩子的能力來選擇玩具，而非依孩子的喜好選擇。
2. 確實閱讀玩具的標示及指導說明，並與孩子共同分享。
3. 將塑膠的包裝丟棄，以免引起窒息的危險。
4. 不要買有繩索或長線的玩具給較小的小孩，因一不注意可能會勒住小孩頸部，造成窒息；避免玩具的零件會鬆脫而被孩子吞嚥下去。
5. 定期檢查玩具是否有故障或危險，如不能維修，應立刻更換或丟棄。
6. 確定孩子知道如何使用玩具。

7.為儲存較大孩子的玩具櫃子裝鎖,或將玩具放置在較高處,以免較小的幼兒拿去玩耍。

為預防玩具掉落下去,應教導孩子在櫃子取用或放置玩具時,要將蓋子或門取下,或加上安全鎖,避免幼兒接觸電器玩具。依下列外表特質選擇玩具:

1.無毒之外漆。
2.安全玩具(ST)。
3.不可燃燒物品。
4.不會導電或不會有破隙,讓電流跑出來。

柒、遊戲之輔導與保育

幼兒對各種活動的參與是盲目的,只要他認為有趣的、奇異的,都會想去嘗試。他們不但沒有正確的方法,甚至有些不適合自己玩的,或是具有危險性的,都無法知曉,因此,幼兒遊戲之輔導與保育就愈顯得重要了。

一、遊戲的指導原則

大致而言,指導幼兒遊戲必須根據以下幾個原則:

1.注意幼兒心理,瞭解其個性、興趣之所在,因勢利導,並引導其具有奮發向上的精神。
2.藉著遊戲,來培養正確的生活習慣,和與人和諧相處的美德。
3.不要一味的教導,使幼兒處處模仿大人,應重視幼兒的創造力,給予創造的機會,並獎勵他的創造結果。
4.注意遊戲環境的布置,安排適當活動時間和機會。
5.講述良好、正確的方法,以及著重滿足幼兒需要,和富教育價

值的內容。

6.遊戲之前要使幼兒瞭解遊戲的內容、規則和應注意的事項。

7.提供幼兒許多新奇有趣的遊戲,使幼兒遊戲的內容不流於枯燥。

8.態度必須和藹親切,為幼兒樂於接受。

9.不要以大人的眼光來看幼兒的遊戲行為,應以幼兒的心理來瞭解幼兒遊戲,並加以指導。

10.對幼兒遊戲的全部經過,包括事前準備、活動的進行、玩具道具的使用,以及事後的影響,都應做全盤檢討,以為下次指導之依據。

11.幼兒遊戲後,應給予休息、吃點心的機會,以免過度消耗體力。

12.注意遊戲中的安全措施,以免發生意外事件。

13.玩具、器械使用完畢後,應讓幼兒歸回原位,妥善管理,並定期保養,一方面可使幼兒養成清潔的習慣,二方面可使幼兒養成守秩序的習慣。此外,並可延長玩具、器械的壽命。

14.父母或教師指導活動時,應盡量參與遊戲,除了可以實際體驗外,也可使幼兒產生認同感。

15.應使幼兒徹底遵守遊戲規則,並防止幼兒在遊戲中投機取巧或舞弊,使幼兒養成守法的精神。

16.對於幼兒的表現應多給讚美,對於犯過的幼兒以勸導代替責罰。

17.要尊重幼兒的意見,大人只能從旁協助以利進展。

18.在競爭性的遊戲中,避免太過讚揚勝利者,對於失敗者應給予撫慰。

以上為指導幼兒遊戲的基本原則,雖詳細條列,亦恐有疏漏之處,但是綜合言之,指導幼兒遊戲的原則應該根據教育學、兒童心理學、

生理學及社會學的知識行之，幼兒才能在遊戲中得到最大的好處。

二、遊戲的指導方法

任何工作，都有其工作方法，讀書有讀書的方法，彈琴有彈琴的方法，至於指導幼兒遊戲，當然也必須要有方法。如果指導幼兒遊戲的方法正確，幼兒不但易懂，玩起來也快樂，所收到的效果當然就大；反之，方法不對，幼兒不但無法接受，還會收到反效果。所以對於幼兒遊戲的指導，我們不得不加以注意，而且必須更進一步地研究遊戲的方法，大致來說，幼兒遊戲的指導方法可分以下幾個步驟：

(一)決定遊戲的項目

幼兒遊戲的種類很多，項目較難決定，但是只要合於某種目的，以及符合幼兒身心發展即可。例如：身體衰弱的幼兒，就應該選擇比較能鍛鍊身體的遊戲；不合群、適應力差的幼兒，就應該選擇團體遊戲，讓他從中學習；如果要教導餐桌禮節，就來個進餐遊戲；要幼兒瞭解交通問題，就可以把玩具汽車、火車都搬出來，並指導交通安全問題。

(二)遊戲前的準備

遊戲前的準備足以決定遊戲的成敗，準備充足，則進行順利，準備不足，則進行中會有障礙，所以事前的準備很重要。事前準備必須注意以下幾點：

1. **確定時間**：有些遊戲在某些特定時間進行會比較適合，如季節性、白天或晚上，甚至在白天的某一時段裡就要有所區別；例如早晨宜做須動腦筋的遊戲，飯前飯後不宜做激烈遊戲等等。
2. **確定場地**：遊戲之前要先確定場地，是室內？還是戶外？假如是室內，那是在客廳？還是臥室？遊戲的場地假如能預先布置，效果會更好。

3. 確定玩具：遊戲中需要用到哪些玩具，事先都要有所準備。例如剪紙遊戲需要紙張、剪刀等，假如事先沒準備好，臨時找不到剪刀，找不到紙，那是多麼的掃興。

4. 細心觀察：大人對於遊戲的進行，應該細心觀察，以為指導的根據。例如：幼兒進行團體遊戲時，就要觀察他的行為類型，對同伴有無興趣？如何與同伴接觸？與同伴在一起時，行為如何？對其他的玩伴，他的感覺如何？他和整個團體的關係如何？擔任什麼角色？地位如何？有無特殊問題或傾向？遊戲前後有無成長？如此對幼兒的整個遊戲行為觀察後，再予以研判，將有利於指導。

5. 檢討：從決定遊戲項目到遊戲結束，整個過程中，必須詳細加以檢討，有無得失，作為下次指導的參考，這是一項非常重要的過程。較小的幼兒不會檢討，只好由大人行之，四、五歲的幼兒已稍可理解，可參與檢討，一方面可培養他對遊戲的興趣與認識，另一方面更可培養他的處事能力。

除了以上說明的方法之外，指導幼兒遊戲要多示範，要經常變換遊戲的種類和方式，以符合幼兒的心理需要，因為他們好模仿，他們喜歡變化之故，如此才更能提高他們的興趣。

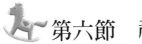

第六節　社會行為發展與保育

壹、社會行為的意義

一個人與外界的社會環境接觸時，一方面影響別人，一方面也受

別人影響，所產生的人與人之間在生理上或心理上的交互作用，就是「社會行為」（social behavior）（王淑芬，2002）。人是社會的動物，自幼即應培養社會行為發展，以便日後獨立於此一社會，是故幼兒的社會行為發展是不容忽視的。

朱敬先（1992）在論及幼兒成熟的社會行為（social maturity）時，曾舉出三項條件：

1.幼兒與他人共同生活、工作與遊戲的能力，並從這些活動中得到快樂。
2.有效的、創造的生活，給予愛的能力，以自尊、努力、成功為樂。
3.與人為善的社會行為，如：友善、合作、助人、容忍、服從團體及熱心公益。

基於上述三點，吾人不難知道幼兒期之社會行為訓練目標，這是值得父母及保育員參考的。

貳、社會行為的發展歷程

一、初生的嬰兒

完全處於「自然人」的階段，隨著成人不斷的給予擁抱、撫摸、對他說話、餵他食乳，以及替他處理身體的不適（如換尿布、清除糞便），如此漸漸地得到回饋——嬰兒漸漸有反應於成人了，此後漸由單向的溝通而成雙向溝通，亦即社會行為逐漸萌芽。而此社會行為也因為身心的成熟及學習的作用，表現在日常生活中的發音、動作、情緒及其他可能表現的外顯行為。

二、一歲以後的幼兒

是社會行為發展的關鍵期，因為此期身心發展都有顯著的進展，例如此期幼兒已逐漸掙脫母親的懷抱，漸漸自己學走路，他已開始跨出人生的第一步了，探索新奇的世界，再加上語言的學習（進入單字句期），如此更具體的表現他的社會行為，周遭的人也喜於見到此一小生命擴展他的生活環境，而基於欣賞、保護，更樂於處處與他為友。

三、二歲以後的幼兒

在社會行為發展方面將有突破性的進展，主要是語言方面的表現有十足的進步，雖然表達上無法達到理想，但語言的應用較能隨心所欲，大人也能完全領悟，不必再像過去一樣「猜測」了。而此期幼兒跑跳自如，只要有正常的身心發展，在社會行為方面大致可採取主動，發展社會行為的對象除了父母親之外，如有兄姊將是一個很好的機會，因為兄姊將會表現出他對弟妹的社會化行為，而弟妹也無形中增加一個認同（identification）的角色。

四、三歲以後幼兒

社會行為發展有了新的變化，因為此時期幼兒大都已上托兒所或幼稚園，無形中，他們的玩伴增加了不少，而且又都是年齡相仿的。因此，他社會化的對象已不再僅限於家庭成員了，老師和同儕團體都可能給他正向及負向的刺激，他漸漸的要學習什麼是受歡迎的特質，以及什麼是不受歡迎的特質了，而學習的場合，應以遊戲活動中最好，根據前節所述，此期幼兒遊戲已進入聯合遊戲期，因此，在遊戲活動中，可以完全獲得學習的機會。

五、四歲以後的幼兒

開始發展自我意識（self-consciousness），因為此期正值幼兒個性

的發展期，成人應讓其有表現自我的機會，以免將來沒有自己獨特的個性。有了自我意識，幼兒才能設身處地站在別人的立場上看自己，考慮到有關社會團體對自己作爲的態度，這些都是發展社會行爲所必須具備的。

六、五歲以後的幼兒

是一個小大人，此時能說能走而且也很聽話，對於成人的教導與訓示，他完全能接受，這是一個相當需要「社會贊許」（social approval）的時候，成人和他講道理將有助於他的學習，幼兒期行將結束，正常的社會行爲發展，將有助於他去迎接另一個時代——學齡兒童期，入了小學，進入幫團年齡（gang age）的階段，又將是人生一大挑戰。

參、影響社會行為發展的因素

影響幼兒社會行爲發展的因素頗多，本節歸納整理分成下列幾項來說明：

一、個體因素

1. 智力：智力高者，社會適應力強，反之則否。
2. 健康：健康的幼兒，富於活力，樂於參加各種活動，喜與幼兒相處，表現積極的社會行爲。而發育不良或生理有缺陷的幼兒，則在行爲表現上有畏縮遲鈍的現象，往往因此影響社會行爲發展。
3. 社會技巧：社會技巧是影響社會行爲重要的因素，缺乏社會技巧，會交不到朋友，被孤立、被拒絕。

二、家庭因素

1. 父母的感情：父母感情融洽，家庭氣氛必定和諧，幼兒在此有利的環境下學習社會行為，必有所獲；若家庭氣氛不好，幼兒易養成退縮、粗暴等個性，將不利於社會行為發展。
2. 親子手足間的關係：在「兄友弟恭」的和睦感情中，有益於社會行為的進展；相反的，若在家庭中，兄弟姊妹間充滿了競爭、猜忌、攻訐，將會影響社會行為的發展。

三、學校因素

1. 保育員對幼兒的態度：在托兒所或幼稚園裡，若保育員和老師採民主式的教育方式，幼兒較易建立安全感及自信心，同時也富於合作性，有助於培養良好的社會關係。
2. 同伴間的友愛：同一學前教育機構的同儕團體，如果大家都互助、友愛，則有利於社會性的發展。
3. 機構的設備：教育機構裡如有充裕的遊戲設備，無形中使幼兒接觸的機會增加，大家玩成一片，而增進彼此互動的機會，將可促進幼兒社會行為正常的發展。

肆、社會行為的輔導與保育

幼兒社會行為的輔導，將有助於日後發展良好的人際關係；適切的保育工作之進行，亦可避免產生一些非社會行為或反社會行為，因此有效的輔導及保育工作是幼兒期的重要課題之一，吾人可從下列幾方面著手：

一、在幼兒本身方面

提供幼兒良好的遊戲場所及玩具，從小培養其合群的觀念，讓其

在與友伴的相處中，習得符合社會規範的社會行為以及判斷是非善惡的概念。如偶遇幼兒出現不良的社會行為，一定要瞭解原因，進而選擇最有效、最適合他的方式加以治療，千萬不能施予打罵等不當的懲罰行為。

二、在家庭方面

要提供美滿的家庭環境及家庭氣氛，讓幼兒從小在父母兄姊的愛護中長大，如此幼兒必能愛護周遭的人；讓幼兒體會家庭生活中祥和、溫暖、合作、互助的一面，必有利於將來社會行為的發展。

三、在學前教育機構方面

托兒所或幼稚園要實施愛的教育，不要在學前教育中做過多的競爭活動，或給幼兒太多的壓力，讓幼兒愉快、活潑的生活在園所中，教師以及保育員的態度要和藹、慈祥，並鼓勵幼兒間互助合作的行為，平日之單元教學中，亦注重社會化活動的教學目標。

四、在社區方面

「里仁為美」，要選擇良好的社區環境：「守望相助」，讓幼兒感染到成人間合作的精神，如此耳濡目染，幼兒從小生活在這種環境中，對日後社會行為發展當有助益。此外，在生活閒談中，在講故事中，多告訴幼兒社會的光明面，讓幼兒體認人群關係的可貴，進而發展社會行為。

第七節　人格發展與保育

壹、人格的意義

人格（personality）乃是個人在對人、對己、對事物等各方面適應時，於其行為上所顯示的獨特個性；此種獨特個性，係由個人在其遺傳、環境、成熟、學習等因素交互作用下，表現於身心各方面的特質所組成，而該等特質又具有相當的統整性與持久性（張春興，1995）。由此可知，幼兒期的人格特質，除受先天的遺傳因素所影響外，主要是後天環境的影響，大致而言，年齡愈小的嬰幼兒，其可塑性愈大，是故如何掌握嬰幼兒期之可塑性，去塑造幼兒良好的人格特質，實是重要的課題。

嬰兒剛誕生，在自己個性的表露、對他人的態度，或是對各種事物的適應，幾乎是一片空白，即使有所反應，也僅偏向一些「生物性」，或是所謂的「自然人」，如此而已，隨後由於身心的逐漸成熟，在生長環境中不斷的學習，自我概念（self-concept）逐漸形成，而漸漸有自我（ego）的存在，往後的幼兒，無論在對人、對己，都逐漸出現自己獨特的一面，而這種獨特的人格特質，也往往代表他個人，絕對沒有第二個人與他有完全一樣的人格特質。

貳、人格的發展

幼兒的人格發展理論一直為心理學家所興趣研究者，本節將以新舊二學說來說明：

一、Freud的人格發展論

　　Freud根據獲得愉快之身體器官而將發展分成四個時期，即口腔、肛門、性器官及生殖器官（genital）（Hall & Lindzey, 1957）。按照Freud的看法，個人人格的基本結構大致在六歲以前即已形成，而其發展亦以上述之器官所獲得的滿足為主，茲分述前三個時期如下：

(一)口腔期（oral stage）

　　按照Freud的理論，初生到週歲的一段時間為口腔期。因為在這一段期間內，嬰兒的活動，大部分以口腔一帶為主，嬰兒從吸吮、吞嚥、咀嚼等口腔活動，獲得快感。若嬰兒的口腔活動受到限制而得不到滿足，將來性格的發展，可能偏向悲觀、依賴、被動、退縮，甚至對人仇視等。唇顎裂嬰兒若給予鼻餵法長期餵食，會影響口慾的滿足。

(二)肛門期（anal stage）

　　從一歲到三歲左右，幼兒的人格發展由口腔期轉入肛門期。其愉快得自父母在為其大小便訓練後能自行控制排泄行為，很多幼兒以此贏取母親之歡心。若在此期訓練不當（如過於嚴格），將來在人格發展上，可能導致其性格冷酷、無情、頑固、暴躁，甚至於破壞等人格特質。

(三)性器期（phallic stage）

　　三歲至六歲的幼兒，常從性器官獲得快感，因而常有自慰行為。此期在行為上最顯著的現象，是一方面開始模擬父母中之同性別者，另方面以父母中之異性者為愛的對象。換言之，男童在行為上模仿父親，但卻以其母親為愛戀的對象，是為戀母情結（Oedipus Complex）；女童在行為上模仿母親，但卻以其父親為愛戀對象，是為戀父情結（Electra Complex）。

二、Erikson的心理社會學說

在二十世紀末期的名心理學家中，Erikson之人生週期學說影響力至巨，其基本概念為每人從嬰兒期至老年期必經過八大時期，在每個時期中須解決其重要之衝突及完成其應有之成長任務，如果成功的度過每個時期，特殊之適應力必定加強。本書討論之範圍僅限於幼兒期部分，而Erikson學說之前三期為本書所要探討的，以下就分別說明之：

(一)嬰兒期

相當於出生後的第一年，又稱信任對不信任期（trust vs. mistrust）。嬰兒如能獲得各種需要的滿足，能持續受到成人的關愛，必然會覺得這個世界安全可靠，則會發展信任感。若成人的照料不持續、不適當，或缺少時，則會向另一極端發展為不信任感。因此，在本期之發展任務就是要發展信任的性格，可導致富於希望的人生觀。

(二)幼兒期

相當於生命中的第二與第三年，又稱自主對羞愧、疑惑期（autonomy vs. shame, doubt）。幼兒在此時期中已具有行走、攀爬、推拉等動作能力，這些動作有助於幼兒建立自信，使其願意自己來從事每一件事情。若在此期成人缺少耐心，常幫幼兒做每一件事，他無意中就會發展出懷疑自己能力與羞愧無能的感覺。因此，在本期之發展任務就是要建立自主的能力，此種能力可導致個體堅強的意志。

(三)遊戲期（play age）

相當於幼兒四歲到五歲，又稱為自動對內疚期（initiative vs. guilt）。此時幼兒自己會主動發展各種活動，而不是對其他幼兒的動作反應或模仿。如果幼兒能有充分的機會自主的活動，他就會養成自動自發的特質。反之，若幼兒缺少此種機會，或有此機會但常遭遇挫折，則可能向相反的另一極端發展，而構成內疚感。因此，在本期的

主要發展任務就是要建立自動的性格，如此必定有工作目標，且願爲此目標全力以赴。

參、影響人格發展的因素

根據多數心理學家研究的結果，認爲個人的人格，有些是受先天遺傳的影響，有些則受後天環境的影響，現分爲兩大類加以說明：

一、遺傳與生理的影響

到底遺傳因素對人格做何種程度的影響，至今仍無法確定，但由學者的研究，吾人確可得到證明：

(一)智力

Terman（1925）曾比較智商130以上的兒童與普通兒童的人格特質，發現智力高者均得到較高的人格分數。Clark（1992）綜合各家研究，提出資優者的人格特質爲：多樣興趣、好奇心、敏感性、幽默感、具領導能力。

(二)體型

Kretchmer（1925）認爲體型會影響人格，肥胖型（phknic type）者性格外向，善與人相處；瘦長型（asthenic type）者性格內向，喜批評，多愁善感；健壯型（athletic type）者性格較外向，活力充沛。

(三)精神疾病

Kallmann（1958）研究精神分裂症（schizophrenia）之病發率與血統間有密切的關係，據他研究，父母均患精神分裂症者，其子女之平均病發率爲68.1%；父或母一人患精神分裂症者，其子女之平均病發率爲16.4%；而家族中無精神分裂症者，平均病發率爲0.85%（引自黃志成，2004）。

(四)生理因素

生理因素的影響，係指個體生理功能對其人格發展的影響。在生理功能方面，以內分泌腺的功能對人格的影響最為顯著，當內分泌失常時，個體的外貌、體格、性情，甚至於智力都會發生影響。例如在嬰幼兒期甲狀腺分泌不均時，身體和智力的發展都會受到阻礙，嚴重時會成為智能不足（盧素碧，1993）。

二、環境與社會的影響

(一)家庭的影響

家庭因素對幼兒人格的影響很大，舉凡幼兒生理與心理需要的滿足、家庭中的地位、父母的管教態度、家庭氣氛、父母的職業、教育程度、社會地位等，無一不影響幼兒的人格發展。茲舉要者說明如下：

1. 早期經驗：在嬰兒時期所得到情緒上的傷害，比以後任何時期所獲得的類似傷害，對未來人格發展有著更不良的影響。若嬰兒期缺乏母親持續的照料，或缺乏被關愛的感受，都會促使在未來人格發展上構成缺陷。不過，若此種缺乏照料或關愛時間較短，則所發生的影響較少，且亦較不持久。
2. 家庭氣氛：若家庭氣氛不和諧，父母之間缺乏愛，父母對子女有拒絕感等，都會導致幼兒情緒的不穩定，使幼兒缺乏對社會良好的適應能力。
3. 父母對子女的管教態度：父母對子女有良好的管教態度，則有利於子女的人格發展，如誠實、合作、開朗、樂觀。若父母對子女管教態度不當時，易使子女形成不良的人格特質，如對人敵視、依賴、缺乏自信、悲觀等。
4. 出生序：老大的人格特質比較傾向於獨立、支配、自我滿足、高成就和領導性；家中排行較小的幼兒則較為同儕團體接受，

　　但缺乏順從性（Baskett, 1984）。

(二)學前教育機構的影響

　　1.**教保人員的人格特質**：教保人員的個性如熱情、溫暖，則幼兒在
　　　和諧的環境中學習，不僅心情愉快、學習情緒高，而能充分發
　　　揮潛能。反之，有神經質或不健全人格的教保人員，則幼兒的
　　　人格難免也受到干擾。
　　2.**教保人員的管教態度**：通常可分為民主型、專制型與放任型三
　　　種。民主型的教學方式，是師生共同參與，對幼兒不嚴加管
　　　制，可培養幼兒自動自發自治的人格特質；專制型的教學方式
　　　使幼兒在行為上顯示情緒緊張，不是表情冷淡，就是懷有攻擊
　　　性，缺乏自治能力，做事被動，較缺乏進取心；放任型的態
　　　度，使幼兒易於形成無目標、無組織、無紀律的狀態。

(三)社會文化的影響

　　社會文化對幼兒人格的影響是多方面的，舉凡各種社會習俗、規
範、價值觀念與道德標準等，均將成為個人的行為準則，而直接影響
及人格發展。

肆、人格發展的輔導與保育

　　對幼兒人格發展的輔導與保育之首要目的，乃在促使其人格的和
諧與協調，其次在能適應所處的環境，並能依自己之人格特質，在所
處的環境發展自我。為此，對幼兒期人格輔導與保育之原則說明如
下：

一、提供良好的胎內環境

　　維護孕婦之身心健康，使胎兒有舒適之子宮內生活環境，如此胎

兒在母體內可得到良好的刺激，將有助於日後人格之健全發展。

二、適當的管教方式

從出生後的餵哺方式、嬰兒的護理、大小便訓練，以及日後對幼兒的教保問題，都應保持適當、合理的態度，如：親情的施予、對幼兒的接納、細心及耐心的照護等。

三、提供幼兒良好的示範

父母及保育員對幼兒的人格發展具有直接的影響力，因為他們是幼兒言行模仿的對象，因此成人如期望幼兒能發展良好的人格特質，則必須以身作則，發揮示範作用。

四、培養優美的情操

平日居家生活，多讓幼兒接觸音樂美勞、健身活動、積木造型、遊戲玩具等育樂活動；假日多帶幼兒參觀、郊遊及旅行，讓幼兒多接觸大自然，期使胸襟開朗，有助於優美情操的培養。

五、培養獨特的人格特質

依幼兒的人格發展，消極的消除以及矯治一些不良的特質，如殘忍、攻擊、自私、孤僻等；並積極的鼓勵及培養一些良好的人格特質，如仁慈、同情、友愛、合作、善良等。如此除可導正幼兒人格發展外，並可發揮幼兒本身獨特的人格特質。

參考書目

王淑芬（2002）。兒童發展與輔導。臺北市：保成。

朱智賢（1989）。心理學大辭典。北京：北京師範大學。

朱敬先（1992）。幼兒教育。臺北市：五南。

林美秀（1993）。學前兒童語言發展能力及其相關因素之研究。臺北市：國立臺灣師範大學特殊教育系碩士論文。

林寶貴（1984）。我國四歲至十五歲兒童語言障礙出現率調查研究。國立臺灣教育學院學報。第9期第132頁。

高嘉慧（2002）。讀書治療對情緒障礙兒童輔導的應用。發表於「童書與兒童情緒輔導」學術研討會，2002年4月26日。臺南縣：崑山科技大學。

張春興（1991）。張氏心理學辭典。臺北市：東華。

張春興（1995）。現代心理學。臺北市：東華。

張春興、楊國樞（1984）。心理學。臺北市：三民。

教育部（2002）。身心障礙及資賦優異學生鑑定標準。

教育部（2004）。九十三年度特殊教育統計年報。

郭秀分（2000）。高屏地區國小三年級學童作文受閩南語影響之研究。屏東縣：國立屏東師範學院國民教育研究所碩士論文。

郭靜晃（1992）。兒童遊戲──遊戲發展的理論與實務。臺北市：揚智。

湯志民（2001）。幼兒學習環境設計。臺北市：五南。

黃志成（2004）。幼兒保育概論。臺北市：揚智。

黃志成（2005）。兒童發展。臺北縣：啟英。

黃志成、王淑芬（2001）。幼兒的發展與輔導。臺北市：揚智。

黃志成、邱碧如（1978）。幼兒遊戲。臺北市：東府。

黃志成、王麗美、高嘉慧（2005）。特殊教育。臺北市：揚智。

黃庭鈺（2002）。臺北市國小室外空間規劃與兒童社會遊戲行為之研
　　究。臺北市：國立臺灣大學園藝學系碩士論文。

靳洪剛（1994）。語言發展心理學。臺北市：五南。

盧素碧（1993）。幼兒的發展與輔導。臺北市：文景。

溫世頌（2002）。心理學。臺北市：三民。

Barbe, W. B. (1967). Identification of Gifted Children. *Education, 88,* 11-
　　14.

Baskett, L. M. (1984). Ordinal Position Differences in Children's Family
　　Interactions. *Developmental Psychology, 20* (6), 1026.

Bouchard, T. J. & McGue, M. (1981). Familial Studies of Intelligence: A
　　Review. *Science, 212,* 1055-1059.

Bridges, K. M. B. (1932). Emotional Development in Early Infancy. *Child
　　Development*, 3, 324-341.

Bradley, R. & Caldwell, B. (1981). The Home Inventory: A Validation of
　　the Preschool Scale for Black Children. *Child Development, 52*, 7.

Bruner, J. S. (1973). *Beyond the Information Given*. N.Y.: Norton.

Charlesworth, R. (1992). *Under Starting Child Development* (3rd ed).
　　Albany, N.Y.: Delmar.

Chomsky, N. (1967). *Aspects of the Theory of Syntax*. Cambridge, MA:
　　MIT.

Clark, B. (1992). *Growing Up Gitted: Developing the Potential of
　　Children at Home and at School* (4th ed.). N. Y.: Macmillian
　　Publishing Co.

Cromer, R. F. (1974). Receptive Language in Mentally Retarded:
　　Processes and Diagnostic Distinctions. In R. L. Schiefelbusch & L. L.
　　Lloyd (Eds.), *Language Perspectives-retardation, Acquisition and
　　Intervention*. Baltimore: University Park Press.

Cazden. C. B.(1968). Three Sociolinguistic Views of the Language and Speech of Lower-class Children with Special Attention to the work of Basil Bernstein Develop. Med. *Child Neurol.* 10, 600-612.

Eysenck, M. W. (2000). *Psychology.* UK: Psychology Press Ltd. Publishers.

Fallen N. H. & McGovern, J. E. (1978). *Young Children with Special Needs.* Ohio: Bell & Howell Co.

Flavell, J. H. (1977). *Cognitive Development.* N. J.: Prentice Hall, Inc.

Gardner, H. (1983). *Frames of Mind: The Theory of Multiple Intelligences.* New York: Basic.

Gesell, A. (1929). Maturation and Infant Behavior Pattern. *Psychol. Rev.,* 36, 307-319.

Goleman, D. (1996). *Emotion Intelligence.* N.Y.: Bantam Books.

Hall, G. A. & Lindzey, G. (1957). *Theories of Personality.* N.Y.: Wiley.

Huffman, K. (2002). *Psychology in Action* (6th ed.). MA: John Wiley & Sons, Inc.

Hurlock, E. B. (1978). *Child Development* (6th ed.). N.Y.: McGraw-Hill Inc.

Kretchmer, E. (1925). *Physique and Character.* N.Y.: Harcourt, Brace and World.

Landreth, G. L. (2002). *Play Therapy: The Art of the Relationship.* (2nd ed.). New York: Brunner-Routledge.

McCarthy, D. A. (1954). Language Development in Children. In L.Carmichael, *Manual of Child Psychology* (2nd ed.). N.Y.: John Wiley & Sons, Inc.

McCall, R. B. (1984). Developmental Changes in Mental Performance: The Effect of the Birth of a Sibling. *Child Development,* 55, 1317-1321.

Nicholson-Nelson, K. (1998). *Developing Students' Multiple Intelligence.*

MO: Scholastin Professional Book.

O' Connor, K. J. (1991). *The Play Therapy Primer: An Integration of Theories and Techniques*. New York: John Wiley & Sons, Inc.

Perkings, W. (1980). Disorders of Speech Flow. In T. Hixon, L. Shriberg, & J. Saxon (Eds.), *Introduction to Communication Disorders*. N.J.: Prentice-Hall.

Sattler, J. M. (1988). Historical Survey and Theories of Intelligence. In J. M. Sattler, *Assessment of Children* (3rd ed.). San Diego: J. M. Sattler, Publisher.

Schell, R. E., et al. (1975). *Developmental Psychology Today* (2nd ed). N.Y.: Random House, Inc.

Shin, D. (1998). The Effects of Changes in Outdoor Play Environment on Children's Cognitive and Social Play Behaviors. *International Journal of Early Children Education, 3*, 77-93.

Sternberg, R. J. (1988). *The Triarchic Mind: A New Theory of Human Intelligence*. New York: Viking Penguin Inc.

Taylor, B. J. (1973). *A Child Goes Forth*. Brigham Young University Press.

Terman, L. M. (1925). *Genetic Studies of Genius*. CA: Standford University Press.

Terman, L. M. & Oden, M. (1947). *Genetic Studies of Genius*. Stanford, CA: Standford University Press.

Terman, L. M. & Merrill, M. A. (1960). *The Stanford Intelligence Scale*. Boston: Houghton Mifflin.

Thompson, G. G. (1962). *Child Psychology* (*rev.ed*). N.Y.: Houghton Mifflin.

Van Riper, C. (1978). *Speech Correction: Principles and Methods* (6th ed). N.J.: Prentice-Hall.

Winnicott, D. W. (1993). *Playing and Reality*. New York: Routledge.

第六章
幼兒保育

學·習·目·標

- 瞭解幼兒營養的需要、食物的供應及飲食習慣的輔導
- 瞭解幼兒的牙齒保健
- 瞭解幼兒排泄習慣的訓練、尿床的原因及輔導
- 瞭解幼兒的衣著及衣著習慣的培養
- 瞭解幼兒住室的設計、布置及家具
- 瞭解幼兒的睡眠及輔導
- 瞭解幼兒意外事件發生的狀況及處理
- 瞭解幼兒疾病的預防及護理
- 瞭解幼兒被虐待的種類、特質及保護

　　嬰兒既不能說話，也不能走路；既不能自己吃飯，也不能自己穿衣，是一個依賴性很大的個體；隨著身體的發育和不斷的學習，這種情形在幼兒期已漸漸改觀了，他們牙牙學語，步履蹣跚的向這個世界跨出第一步，而由於他們的行動已不像嬰兒期一樣，完全在成人的掌握當中，再加上他們缺乏對環境認識及對自己行動的判斷力，在此期的保育工作就更形艱巨了。

第一節　幼兒的飲食

　　在幼兒保育的範圍裡，最重要的莫過於飲食，飲食對幼兒有三種功能：一是提供肌肉活動的燃料；二是提供化學元素（elements）和複合物（compounds）給幼兒建造和修補組織；三是滿足幼兒的快感。由此可知，飲食對幼兒生理及心理都有幫助，是培育幼兒身心健康的必要條件。均衡的飲食是保持健康的要素之一，幼兒營養的需要包括熱量和營養兩個方面，以下就幼兒所需的熱量與營養素逐一討論。

壹、幼兒營養的需要

一、熱量

　　每人每日消耗的熱量主要有兩部分，一是在休息狀態下為維持身體恆常運作（心跳、呼吸、維持體溫等）與新陳代謝所需要的熱量，此與體重成正比；另一為身體在活動的狀態下（走路、跑步、閱讀等）所消耗的熱量，此與活動的劇烈程度成正比。依據行政院衛生署（2005a）的資料顯示，一歲嬰兒每日所需熱量約為一千零五十至一千

二百大卡，四歲幼兒每日約需一千四百五十至一千六百五十大卡。身體需求的熱量應該有50％至55％來自碳水化合物，15％來自蛋白質，脂肪則占30％以下。

　　食物提供的熱量以卡或大卡的單位來計算，身體所需要從食物獲得的熱量，則必須視每天需要消耗的熱量而決定。由於幼兒的成長速率、身材大小與體重均有個別差異，所需要的熱量也有所差異。當熱量攝取超過一日所需，多餘的熱量會轉化為脂肪堆積於體內，造成幼兒體重過重；反之，當熱量攝取不足時，造成幼兒體重過輕的現象。評估幼兒熱量攝取是否適當，可利用生長曲線圖進行持續與定期的記錄，當百分位線是呈現持續上升或上升速率在固定的範圍內，表示熱量提供適宜（**圖**3-3至**圖**3-6為我國一至六歲幼兒生長曲線圖）。

二、營養素

　　營養是一種或多種化合物的混合物，存在食物內，具有供給熱能、建造與修補體內組織，以及調節生理機能的功用。此外，朱敬先（1992）認為幼兒營養不良時，對身體的生長以及牙齒均有不良影響，且易得傳染病，同時也會引起情緒以及行為的不良適應，可見食物的營養與幼兒發展有密切之關係。幼兒所需的營養素包括蛋白質、脂肪、醣類、礦物質、維生素與水，茲分述如下：

（一）蛋白質
■蛋白質的營養功能

　　1.建造及修補組織，促進生長：新生的細胞都要靠蛋白質作為構成的材料，它是一切生命的基礎。胎兒、幼兒由於身體快速成長，需要大量的蛋白質，如果蛋白質缺乏則會影響正常的生長發育。

　　2.調節生理機能，維護健康：人體中最主要的兩種防禦病菌侵襲的系統是白血球和抗體，它們的作用完全依賴蛋白質供應的充足與否，欲使幼兒健康，發育良好，必須攝取充分的蛋白質。

3.供應葡萄糖與能量：當身體無法獲得充足的熱量營養素時，組織蛋白質會分解生成胺基酸，氧化以供應細胞所需的能量，每公克蛋白質可以產生四大卡熱量。

■蛋白質的來源

要幼兒攝取足夠的蛋白質，可從奶類、肉類、魚類、蛋類、豆類及穀類獲得，其中動物性蛋白質比植物性蛋白質好，除了營養成分高外，幼兒對動物性蛋白質的吸收率也較高。

■蛋白質每日建議量

一歲以內嬰兒的蛋白質每日建議量以每公斤體重為單位估計，不分性別，因為嬰兒成長速率有很大的個別差異。一至十二歲兒童的建議量為每天二十至五十公克。

(二)醣類

■醣類的營養功能

1.供給熱能，維持體力：每一公克的醣可產生四千卡的熱量。攝取過多，會造成脂肪囤積，形成肥胖的問題；若攝取不足，血糖下降，人體蛋白質會燃燒提供熱量，造成肝、腎功能負擔。

2.促進人體的發育：葡萄糖、果糖等單醣類，均為發育所必需。

3.幫助脂肪酸在體內的氧化利用。

4.刺激腸部蠕動：纖維素對人體雖無直接的營養價值，但人體卻須攝取適當的纖維素，來促進胃、腸的蠕動，增加大便的量，以利排便，維護消化道功能的正常。

■醣類的來源

醣類又稱碳水化合物，主要是來自植物性食物，依化學結構式可分為三類：

1.單醣：如葡萄糖、果糖等，它不須消化作用即可直接被身體所吸

收。

2.雙醣：如蔗糖、麥芽糖、人工製造的糖類如砂糖、白糖等，主要來源如甘蔗、水果、甜菜等。

3.多醣：如澱粉、纖維素、果膠等，醣類若依體內吸收能力，則可分為可在體內消化的醣類，如澱粉、蔗糖、果糖、葡萄糖、麥芽糖、乳糖等，與無法在體內消化的醣類如纖維素、果膠等。

(三)脂肪

■脂肪的營養功能

1.供給熱能，調節體溫：脂肪氧化每公克可產生九大卡的熱量。

2.儲存熱量：人體以油脂的形式儲存能量，以備不時之需，女性胸部與臀部脂肪較多，可以供懷孕和哺乳期的利用。

3.幫助人體脂溶性維生素A、D、E、K的吸收作用。

4.保護體內各器官，及潤澤皮膚：脂肪組織的重量大約占體重的15至30％。皮下脂肪組織存在我們的皮膚底下，可以隔絕和保護器官免於受傷。

5.提供人體無法自行合成的必需不飽和脂肪酸，例如：亞麻油酸。

6.提供飽足感：油脂使食物在胃停留的時間比較久，提供飽足感。

7.提供食物風味和質感。

■脂肪的來源

1.動物性脂肪：豬油、雞油、奶油等。

2.植物性脂肪：花生油、黃豆油、葵花油、橄欖油、麻油等，植物油比動物油更富營養價值。

(四)礦物質

　　礦物質又稱無機鹽類，人體中有七種主要的礦物質：鈣、磷、鈉、鉀、氯、硫和鎂，身體中所有無機物質的60％至80％，係由這些元素所組成；另有鐵、碘、銅、錳、鈷、鋅、碘和氟等微量礦物質，亦為身體所不可缺乏的，各種礦物質間必須保持平衡，才能維持身體的正常功能。茲舉其要者分述如下：

1. 鈣：鈣是人體中礦物質最多的一種，約占體重的1.5％，而其中的95％為構成骨骼和牙齒的主要成分，幼兒若缺乏鈣質，將導致軟骨症。對幼兒而言，牛奶是最佳的鈣質來源，其他如蛋類、穀類、豆類、蘿蔔、花菜、蘆筍等均含有之，動物性鈣質易於被人體吸收、利用，故較植物性鈣質為佳。

2. 磷：磷和鈣一樣，同為構成骨骼和牙齒的主要成分，體內的磷質有80％在骨骼內，磷和鈣的比例，對骨骼的鈣化作用關係密切，兩者的比例若適當，則骨骼的發育迅速又健全。比例不調和時，象牙質、琺瑯質及顎骨的鈣化不全，會引起形成的障礙，呈現佝僂病及骨萎縮的現象。通常嬰兒時期鈣、磷的比例以2：1為宜，幼兒為2：1.6。磷在各種食物中的分布與鈣相似，鈣的攝取量足夠時，磷亦不會缺乏，例如乳類、肉類、魚類、蔬菜等均含有之。

3. 鐵：鐵質是造成血紅素的主要成分，幼兒若攝取不足，或腸胃有問題造成吸收不良，則將導致鐵質的缺乏，引起貧血症狀。鐵質主要的食物來源如動物的內臟（肝、腎、心臟等）含量最豐，其他尚有蛋黃、瘦肉、牛奶、魚、燕麥片、豌豆、菠菜均含有之。

4. 碘：碘是甲狀腺素的主要成分，嬰幼兒嚴重的缺乏碘質，會導致智力功能發展的遲滯，稱之為克汀症（Cretinism），在食物來源方面以海產食品，如海帶、紫菜、海鹽等為主。

5. 鉀、鈉、氯：鉀、鈉、氯這三種元素，共同維持體內酸鹼的平衡，與正常肌肉的活動性，及體液、細胞的滲透性等。鉀是細胞內主要的陽離子，也是血液中重要的成分，血液中鉀的不正常，會影響心臟，嚴重時將導致死亡。在酷熱的炎夏，因大量流汗，體內鹽分（氯和鈉）流失過多時，常有中暑現象的發生。氯亦是造成胃酸的主要原料，胃酸的分泌多寡關係胃部消化功能的正常與否。在食物中，肉類、香蕉、橘子、鳳梨、馬鈴薯含有鉀；食鹽是氯和鈉的主要來源。此外，穀類、麵包、牡蠣、胡蘿蔔、蛋、菠菜等亦含有鈉。

6. 氟：氟存在於身體的一些器官中，如硬骨或牙齒，在幼兒牙齒發育期間，適量的氟可以增進牙齒的發育，避免發生蛀牙。在飲水中加入百萬分之一（1ppm）的氟，或用氟來局部塗抹牙齒，都有助於防止齲齒。

(五)維生素

維生素為食物中的有機成分，不能產生熱量或建造組織，為人體必需的營養素，人體無法合成或合成不足，必須由食物供應。維生素可分為脂溶性維生素與水溶性維生素兩大類：

■脂溶性維生素

脂溶性維生素可溶於油脂中，攝取後可存於體內，也必須有油脂的參與才能有效為人體吸收利用，且較不容易受光熱、氧氣所破壞。如維生素A、D、E、K。

1. 維生素A：維生素A可維持視覺功能的正常、上皮組織的合成及黏膜健康、幫助骨骼和牙齒生長發育，具抗氧化作用，可防止老化、癌症的產生，維護組織與器官的健康。維生素A的主要來源，在動物性食物中以魚肝油、奶油、肝、腎、蛋黃等含量最多；植物性食物中以胡蘿蔔、番茄、木瓜、芒果以及各種綠葉蔬菜如芥菜、菠菜、油菜等均含有之。缺乏初期有夜盲症狀，

長期缺乏則會有乾眼症甚至失明。

2. 維生素D：維生素D可協助體內鈣和磷的代謝，加強骨骼及牙齒的正常發育，幼兒缺乏時易患軟骨症。在食物來源中，以魚肝油含量最豐富，蛋類、動物內臟、魚類、奶油、花生油等均含有之，而適度的日光浴是最經濟的維生素D來源。

3. 維生素E：維生素E的主要功能爲正常的生殖機能所必需，控制細胞的氧化，維持肌肉之正常代謝。在食物來源中，以小麥胚芽含量最豐富，其次是牛奶、蛋、肉、魚、多葉蔬菜均含有之。

4. 維生素K：維生素K在肝臟中能夠催化凝血元的合成，促進血液之凝固。它雖是一種催化劑，但缺乏時，會使傷口流血不止。主要食物來源爲綠葉蔬菜、蛋黃、肝臟，普通飲食似已可供給足量的維生素K，除非小腸吸收有障礙、腹瀉或服用過多的抗生素，使腸內細菌無法製造所需的量。

■ 水溶性維生素

水溶性維生素是可溶於水中的維生素，不易儲存於體內，又易受光、熱、氧氣破壞，應每日攝取，如維生素B_1、B_2、B_6、B_{12}、菸鹼酸、葉酸、維生素C等。

1. 維生素B_1：維生素B_1可促進胃腸蠕動及消化液之分泌，增進食慾；能預防治療多發性神經炎或腳氣病；並可促進醣類之氧化作用。主要食物來源爲米、麥的胚芽含量最豐富，肉類、內臟、蛋黃、酵母、蔬菜、乾果等亦含有之，唯含量不高。

2. 維生素B_2：維生素B_2又稱核黃素（riboflavin）蛋白，其功能在輔助細胞的氧化還原作用，對眼睛視力、皮膚、神經有保護作用，若缺乏時，易患角膜炎（眼睛微血管充血、流淚水、怕光）、舌尖炎、口角炎、消化作用失常等。食物中，以肝臟爲最佳來源，酵母次之，其次如乳類、蛋類、豆類、番茄、菠菜等，含量亦不少。

3.菸鹼酸：菸鹼酸是部分酵素的成分，可協助醣類在體內的代謝，促進幼兒正常生長。它有保健皮膚和安定神經的功能，能治療癩皮病、風濕病與消化不良，對神經患者也有很大的幫助。主要食物來源為肝、酵母、糙米、瘦肉、蛋、花生、豆類、綠葉蔬菜、奶類等。

4.維生素B_6：維生素B_6可促進胺基酸和不飽和脂肪酸的新陳代謝，維持人類皮膚健康，肌肉神經系統之正常作用。缺乏時會患皮膚發疹、皮膚炎等。在食物來源當中，它存在於酵母、麥芽、肝、腎、糙米、肉、魚、蛋、乳類、豆類等，腸內細菌亦可合成。

5.維生素B_{12}：維生素B_{12}可治惡性貧血及惡性貧血神經系統之病症，並能促進代謝作用。在食物來源方面，以動物內臟為最多，其次是牛奶、蛋、肉等亦含有之；腸內細菌亦能合成這種維生素。

6.葉酸：葉酸有助血液之形成，故可防治初期紅血球貧血及惡性貧血症。在食物來源中以動物性的肝臟及酵母、豆類、綠葉蔬菜含量較多。

7.維生素C：維生素C之功能在於構成軟骨、結締組織，可加速幼兒傷口的癒合及骨折的復元；預防感冒，防止過敏與解毒；並可預防及治療壞血病，缺乏維生素C時，皮下或牙齦易出血，嚴重時則患壞血病。主要食物來源含於新鮮之蔬菜水果中，以柑橘類含量最豐富，番石榴、鳳梨、青椒、包心菜、香瓜、柚子等含量亦多，但煮過即被破壞。

(六)水

■ 水的主要生理功能

1.調節生理機能，溶解食物，輸送養分及廢物。

2.構成體素，身體各部細胞的三分之二是水。

3.調節體溫：水之比熱大，汽化熱也大，人體藉著皮膚出汗，排泄
　　大小便，呼出水蒸氣等方法來適應氣候變化，維持正常的體溫。

■ 水的來源

　　水的主要來源是喝開水、飲料、果汁、菜湯等，其他食物中也含
有或多或少的水分，幼兒每天約需一‧五公升的水分，才夠維持一日
的消耗量。

貳、幼兒營養素攝取狀況

　　國內營養狀況調查（1997至1999）結果顯示，一至六歲幼兒所攝
取的熱量達衛生署建議之國人膳食營養素參考攝取量（Dietary
Reference Intakes，簡稱DRIs）中，幼兒熱量攝取86.4%至112.8%。一
到六歲幼兒每日蛋白質攝取量為三十二至四十八公克，約提供12.8%
至13.5%熱量；醣類攝取量為一百二十至一百四十公克，約提供56.8%
至58.9%熱量，脂肪攝取量為三十二至四十八公克，約提供28.6%至
29.9%熱量，調查結果與行政院衛生署建議每日蛋白質攝取量宜占熱
量之10%至14%，脂肪20%至30%，醣類58%至68%相較之下，大致
符合建議，唯醣類的比例稍微偏低。在維生素、礦物質方面，幼兒維
生素B_1、鈣質及鐵質有攝取不足的現象，且營養素攝取缺乏比率隨著
年齡增加而增加。而維生素A、維生素E、維生素B_2、維生素B_6、維生
素C的攝取量皆達到建議攝取量（行政院衛生署，2005a）。

參、食物供應的原則

　　為顧及幼兒的身心發展狀況，能得到充分且均衡的營養素，替幼
兒選擇食物應注意下列幾個原則：

一、顧及充足及均衡的營養

食物的種類繁多，其營養功能也互異，或供給熱能，或建造、修補體內組織，或供調節生理機能。而營養素分布於各類食物中，所以幼兒必須每天從各類食物中獲取所需的營養素，如此才能顧及足夠及均衡的營養。根據行政院衛生署（2005a）建議國人給一至三歲的幼兒，每天所需的熱量爲一千二百大卡，四歲以後的幼兒，男孩約需一千六百五十大卡，女孩約需一千四百五十大卡，其各類營養素，如脂肪、蛋白質、礦物質等，也有一定的量（見**表**6-1，一至六歲幼兒每日飲食建議攝取量及**圖**6-1，一至六歲幼兒每日飲食建議量）。

表6-1　一至六歲幼兒每日飲食建議攝取量

孩子年齡	1～3 歲		4～6 歲			分量説明
孩子性別	男女孩		女孩	女孩：適度	男孩	
活動量	稍低	適度	稍低	男孩：稍低	適度	
熱量（大卡）	1050	1200	1300	1450	1650	
五穀根莖類（碗）	2	2	2	2.5	3	1碗＝飯1碗＝麵2碗＝中型饅頭1個＝薄片土司麵包4片
奶類（杯）	1.5	1.5	1.5	1.5	1.5	1杯＝240西西
蛋豆魚肉類（份）＊	1	1	1.5	2	2	1份＝熟的肉或家禽或魚肉30公克（生重約1兩，半個手掌大）＝蛋1個＝豆腐1塊（4小格）
蔬菜類（碟）	1	1.5	2	2	2.5	1碟＝蔬菜100公克（約3兩）
水果類（個）	1	2	2	2	2	1個＝木瓜1/2＝櫻桃9個
油脂類（湯匙）	1	1	1.5	1.5~2	2	1湯匙＝15公克烹調用油

資料來源：行政院衛生署（2005a）。

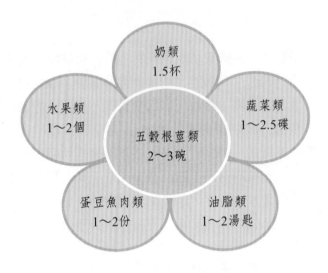

圖6-1　一至六歲幼兒每日飲食建議量

資料來源：行政院衛生署（2005a）。

　　蛋、豆、魚或肉類每日飲食攝取量低於兩份者，須選擇鐵質含量豐富的食物，否則不易達到鐵質需要量，適合幼兒且含鐵質豐富的食物有豬肝、蛋黃、莧菜等。油脂類食物一般由烹調用油即可獲得，不須另外攝取。

二、適合年齡需要

　　幼兒的消化及吸收功能，由於發育尚未達完全成熟，故其食物的選擇有別於成人。尤其是更小的幼兒如一、二歲的，應以流質或半固體食物為主，油膩的或太硬的食物都不適合他們，除了不容易消化外，也常不會慢慢細嚼就往肚子吞。太熱太冷的食物也不適合幼兒，他們可能吃得太快而燙傷嘴唇、舌頭或食道，也可能吃下過冷的食物而促使胃壁緊急收縮，一般而言，幼兒喜歡吃微溫的食物。此外，點心對幼兒也是不可缺少的，由於幼兒的消化系統尚未發育成熟，胃容

量小,三餐以外可供應一至二次點心,補充營養素和熱量。點心宜安排在飯前兩小時供給,量以不影響正常食慾為原則。點心的材料最好選擇季節性的蔬菜、水果、牛奶、蛋、豆漿、豆花、麵包、麵類、三明治、馬鈴薯、甘薯等。含有過多油脂、糖、鹽或咖啡因的食物,如:薯條、洋芋片、炸雞、奶昔、奶茶、糖果、巧克力、夾心餅乾、汽水、可樂或咖啡凍等,均不適合作為幼兒的點心。

三、合乎經濟效益

昂貴的食物並不見得就是營養價值高的,食物之所以昂貴可能由於此時此地不生產、製造過程繁複所致,前者須經長期的保存及運送,營養成分或多或少會有損失;後者加工製造,可能使營養遭到破壞,或添加化學物污染食品,對幼兒並沒有好處。因此,為幼兒選擇食物,最好就地取材,不但新鮮、應時、價格便宜且營養豐富,符合經濟效益。

四、注意食物的變化

一個人如常吃一種食物,會有吃膩的感覺,幼兒亦不例外,因此為幼兒選用食物,應該在同一類營養素的食物中加以變換,如此幼兒不但感到新奇,也能顧及各類營養素。

肆、食物烹調的原則

為了讓幼兒喜歡營養的食物,並顧及其消化系統,幼兒食物的烹調必須注意下列幾個原則:

一、清潔衛生

「病從口入,禍從口出」這句話說明了不潔的食物往往是致病的原因,尤其幼兒身體抵抗力弱,且正值積極發育的時候,更不應該讓病

菌侵害，所以菜餚、餐具都要保持清潔衛生。

二、養分的保持

因維生素和礦物質均為水溶性物質，若洗滌太久會使營養素流失；維生素C在高溫下易被破壞，維生素B則易被鹼破壞，所以為保持食物之營養成分，必須注意快洗、快煮，煮好以後趁熱吃。此外，切好的食物要趕快處理（吃或煮），否則在空氣中易與氧發生作用，營養素消失。爛燉久燜的烹調法，會損耗食物中的營養素，生炒快煮可保食物的鮮嫩，但應注意食物內部是否煮熟，以防食物中病菌的感染。

三、容易消化

給幼兒的食物，烹調必須細軟易於消化，以蒸、煮的食物較合適，炸的食物較油膩而不易消化，為顧及幼兒的胃腸，不宜多吃，以免食而不化，有礙健康。此外，為使幼兒腸部蠕動正常，達到幫助排便的功效，應攝取纖維素食物，如菜葉、嫩莖等，有助於消化。

四、美味可口

幼兒喜歡富色彩及清淡的食物，且食物的形狀經常加以變化，可以提高幼兒進食的興趣，增進食慾。

伍、幼兒的食物內容

基於上述為幼兒選擇及烹調食物的原則，吾人在為幼兒提供充分及均衡的食物時，根據行政院衛生署（2005a）建議：每日的營養素應平均分配於三餐；點心可用以補充營養素及熱量；食物的質應優於量。一天至少喝兩杯牛奶，供給蛋白質、鈣質、維生素B_2；豆漿亦可供給蛋白質。一天一個蛋，供給蛋白質、鐵質、複合維生素B。一至三歲幼兒一天需肉、魚、豆腐約一兩，四至六歲幼兒需二兩，以提供

蛋白質、複合維生素B等。深綠、黃、紅色蔬菜的維生素A、C及鐵質含量都比淺色蔬菜高，每天至少應該吃一份（一百公克）。補充動物肝臟，提供蛋白質、礦物質及維生素。

身體所需的熱量及各種營養素來自六大類食物，一到六歲幼兒需要的營養素幾乎一樣，只是需要的熱量及食物的分量不同，而男女孩在四歲前生長和活動量沒有明顯的差異，所以需要的熱量和食物的分量相同。但是四歲以後，男女孩的體型及活動量差異性增大，所以需要的熱量和食物的分量會不一。

陸、幼兒偏食與拒食的輔導

對於未接觸過、不熟悉的食物，人們會有防禦的本能而產生抗拒的心理，幼兒處於開始認識接觸各類食物的時期，自然對不熟悉的食物會有排斥或恐懼感，有些幼兒單單喜歡吃某些食物，而不喜歡吃另一些食物，這叫作偏食。偏食的結果，可能導致營養不均衡，因為幼兒所需的營養素遍布在各種食品中，如果不喜歡吃某一類食物，如肉類、蔬菜類，就會有營養不良的現象，而影響到整個身體的發育，因此吾人不能不加以探究原因並予矯治。

一、幼兒偏食的原因

1.**不當的暗示**：成人可能有意無意的批評某些食物，致使幼兒加以模仿而對此食物排斥，造成偏食。

2.**失敗的學習經驗**：幼兒在學吃某一種食物時，由於食物做法不適，或無食慾，成人強迫進食，造成不愉快的學習經驗，而導致以後不喜歡吃某類食物。

3.**父母的偏食**：由於父母對某類食品的偏食，不喜歡買或做此類食物，致使幼兒亦仿效之。

4.**幼兒可能對某種食品的偏好**：吃得太多而生膩。

5.幼兒不正確觀念的聯想：自以為某種食物有問題而不肯進食。

二、幼兒拒食的原因

1.烹調方法不當：食品烹調方式應常變化，如果常吃同一種食物或同一種烹調方式，會使幼兒因吃膩而拒食。

2.身體欠適：幼兒發育不良或身體不舒服、食慾不振等原因，會對正餐飲食缺乏興趣。

3.吃過多零食：在正餐與正餐中間，若吃過多的零食，會缺乏食慾，如成人勉強他吃，更會引起拒食的現象。

4.精神興奮過度而不想吃：例如家裡有訪客，玩玩具玩得太高興，和同伴玩得很開心，都會不想吃飯。

5.心理上的障礙：幼兒心理上受到刺激，而引起緊張、恐懼、不安全感、焦慮等，會缺乏食慾。

6.引人注意：幼兒為了引起大人之關懷，會以拒食來當作手段，讓大人哄他吃飯。

三、幼兒偏食、拒食的輔導

任何一種偏差行為均有其原因，吾人輔導幼兒偏食、拒食的習慣時，當然亦要先探究原因，可循觀察、詢問、比較等方法，瞭解真正原因後，才能對症下藥，就上述所提之原因，輔導方法說明如下：

1.父母對幼兒的教養態度要正確合理，多吃各種食物，給幼兒良好的示範，以為幼兒模仿的好對象。

2.幼兒偶爾有拒食表現時，父母要處之泰然，勿強迫進食，以免導致反效果。

3.對幼兒的不良飲食習慣，宜適時予以糾正，但態度要溫和而有耐心。

4.食物要多變化，對於第一次吃的食物宜少量，以後再酌量加

多。

5.食物的烹調要有變化，以引發幼兒的食慾。可偶爾更換餐具，藉以誘發進食的興趣。

6.隨時注意幼兒牙齒的生長情形，若有齲齒應請牙醫師診治，以免影響食慾。

7.依據社會學習論的觀點，讓有偏食的幼兒和無偏食習慣的幼兒共同進餐，以模仿其他幼兒吃各種食物。

8.利用制約反應原理，把幼兒喜歡吃的食物和不喜歡吃的食物混合出現，唯後者在烹調的色澤和香味方面盡可能迎合幼兒的嗜好，且量要少，以後再酌予增多，在幼兒進食時，勿強調該種食物多有營養，要吃多少等，以免引起反效果。

9.不可答應幼兒無理由的要求，若以拒食為要挾父母的手段時，最好置之不理，且不給他零食點心，若不細心處理，引起惡性循環，則後果將使問題更趨複雜，更難處理。

10.注意幼兒情緒，情緒的好壞可以左右幼兒的食慾，飢餓促使幼兒情緒暴躁，激動引起胃部停止活動，應培養幼兒在安靜、愉快的氣氛進食。

柒、幼兒良好飲食習慣的輔導

每個人一生的飲食習慣奠基於幼兒期，良好的飲食習慣不但可以增進營養、衛生，且為一個人基本上必須具備的禮儀，在可塑性很大的幼兒期，就應好好輔導，方法如下：

1.**定時定量**：幼兒期的吃飯要定時，如此可以讓胃腸有固定的「工作」和「休息」時間，促進消化機能健全。在用餐時間外避免給予零食，一方面可防止正餐吃不下而拖延用餐時間，同時要避免暴飲暴食，以防腸胃收縮失調。

2. **喜歡各式食物**：自幼兒期就要培養幼兒喜歡吃各種食物，並防偏食，如此較能攝取到各類營養素，因此只要父母或機構為幼兒準備的食物，幼兒應該全部吃下，養成愛惜食物的習慣。

3. **飲食環境**：保持輕鬆愉快之用餐氣氛，可促進消化，不談論嚴肅的話題。成人要以身作則，不高聲暢談、批評食物。

4. **清潔衛生**：養成飯前飯後洗手的習慣，飯後要刷牙，在家中的飲食，應採用「公筷母匙」避免疾病的傳染，同時進食前、進食中要保持愉快的情緒。不隨便將任何物品放入口內；掉在地上的食物不可吃。

5. **糾正壞習慣**：幼兒進食時，如故意吐出、鬧脾氣、挑食，應設法糾正，但應避免在進食時責罰幼兒，使其啼哭下嚥，因責罰使其不安，將影響消化，如幼兒在進食時哭鬧，則待其安靜後再要求進食。

6. **飲食禮儀**：進食時要先坐端正，餐具自己取用放好或輪流分發擺放，不可爭先恐後。慣用禮貌話語，如大家請用、謝謝，吃飯時不可發出聲音來，養成細嚼慢嚥的習慣，口中有食物時不說話，避免食物掉落桌面。吃完後，掉在餐桌的飯粒、菜餚、魚骨要收入盤中或倒入指定地方，做好垃圾分類，再把餐具放於桌上或指定地方，離開餐桌要把椅子靠攏。

7. **飲食態度**：細嚼緩嚥，自己進食，自己的份自己吃，吃餐點要專心，才能品嘗出食物的美味，不可邊吃邊看電視，且不亂吃零食，以免影響正餐之食慾。

8. **培養嗜吃健康食物的習慣**：工業化的結果，造成許多食物從生產到製備成美食的過程中，經過許多污染以及在製造過程中養分被破壞，因此，從幼兒期應培養其嗜吃健康食物，亦即較少受污染的天然食物，如有機米、有機蔬菜，較不會對人體造成傷害。

第二節　幼兒的牙齒保健

　　前已述及，幼兒大約在二歲半以前可以長完二十顆乳齒，因為個別差異，乳齒萌發時間快慢相差最多可達半年。一般來說，幼兒的乳齒兼具咀嚼、發音、美觀，以及維持恆齒萌出空間的功能，為了幼兒的健康，在乳齒長出的過程就要注意保健，有了健康漂亮的牙齒，幼兒在咀嚼食物時，才能發揮牙齒的功能，而且從外觀看來，整齊潔白，將給幼兒帶來莫大的自信，若滿嘴黃牙齲齒，不但有礙觀瞻且影響健康，甚且給幼兒帶來莫大的自卑感或挫折感。

　　依據行政院衛生署（2005b）的統計資料，歷年來全臺十二歲兒童恆齒齲蝕缺牙充填調查結果發現，1970年一‧二顆，1981年三‧七六顆，1990年四‧九五顆，至1996年為四‧二二顆。至2000年時，全國性學童調查資料顯示，十二歲兒童恆齒齲蝕缺牙充填指數（簡稱DMFT指數）為三‧三一顆，盛行率為66.5％，治療率為54.3％，但相較世界各國，如美國一‧四顆，日本二‧九顆，及世界衛生組織所公布2000年十二歲兒童之DMFT指數三顆以下之目標，尚有一段距離，可見幼兒的牙齒保健有待加強，而罹病後應早期治療，不要認為乳齒遲早要脫落就不治療了。

壹、齲齒

一、何謂齲齒

　　齲齒俗稱蛀牙，牙菌斑內的細菌利用食物中的醣類為養分，產生酸而使牙齒脫鈣，一旦時間夠久，便會在牙齒上形成蛀洞導致感覺痠

痛。嚴重的齲齒會一直侵犯到牙髓內而變得很痛，牙齦上會出現小膿包，甚至造成更深層的細菌感染。

二、發生齲齒的原因

臺灣學齡兒童的齲齒率相較於其他國家有偏高的現象，學齡前兒童最普遍的齲齒是奶瓶性齲齒。何謂奶瓶性齲齒？嬰幼兒在三歲之前幾乎每天脫離不了奶瓶，若父母讓他們邊吸奶邊睡覺，由於睡覺時唾液的分泌減少，口腔自我清潔能力較差，造成高濃度的奶水附著在牙齒表面上，成為細菌的溫床，細菌產生酸的分泌物後，久而久之造成牙齒脫鈣形成齲齒。另外，幼兒的飲食習慣，包括吃飯時間長短、飲食頻率及吃何類食物，也會影響齲齒的發生。

貳、幼兒的牙齒保健

1. **口腔及牙齒的清潔**：父母及保育員應隨時注意督促幼兒口腔及牙齒衛生，養成起床後、餐後、睡前刷牙的習慣。
2. **牙齒保健教育**：父母及保育員應隨時給予幼兒牙齒保健教育，並以身作則，給幼兒一個好榜樣。
3. **少吃零食**：乳牙的結構成分由於鈣化較低，較容易受到侵蝕，且速度快，加上幼兒喜吃零食、甜食，又不懂得清潔保養，所以蛀牙的機率較高。因此，應避免幼兒吃零食的習慣。
4. **飲食與營養**：注意均衡的飲食，尤其鈣質、磷質、維生素A、維生素D的攝取。多吃粗糧、蔬菜梗莖纖維，使牙齒有適當咀嚼運動機會，刺激牙齦，助長生牙。勿吃太堅硬的食物，避免傷害牙齒。
5. **氟化物**：氟化物是目前預防齲齒相當有效的藥物，在飲水中加氟或在牙齒表面塗氟，的確可明顯降低蛀牙率。氟化物可以強化牙齒結晶構造，並有抗菌作用，定期塗氟可減少齲齒發生率

30％至40％，減緩齲齒惡化的速度。各地自來水中氟素不一，所以在水中含氟量較少的地方應設法加入適當的氟素，或定期帶幼兒到牙科醫生那兒去將氟素溶液（氟化氫）塗在牙齒上，便可防止蛀牙。若水中之氟素含量過多，雖對健康無礙，但會使牙齒之釉質呈石灰現象，所以要設法調節其含量。但使用氟溶液緩慢、麻煩，且效果不佳，可以含氟牙膏代替。

6.潔牙：是預防齲齒最重要的方法，幼兒的潔牙要靠父母照顧。潔牙包括刷牙和用牙線清潔牙齒。牙刷的選擇以刷頭小的軟毛直柄牙刷較好。刷牙的最好時機爲餐後及睡前。牙線的使用與刷牙一樣重要，正確的牙線操作須用雙手，重點是將牙線緊貼牙面，將牙齒鄰界面的牙菌斑刮除乾淨，並不只是清除塞住牙縫的食物而已。

7.定期檢查：不管有無牙病，自二歲以後，至少每半年要給牙醫檢查一次，一方面觀察牙齒生長發育情形，二方面及早檢查是否有蛀牙，當發現有琺瑯質脫落而有小洞時，便應立即修補。

在幼兒期的末期，乳齒將脫落，代之以恆齒，一般而言，女童的乳齒比男童的乳齒脫落得早，智商高的幼兒其乳齒也會脫落得較早，身體健康及營養好的幼兒不但較少牙病，而且恆齒也發育得早（黃志成，2004），面對這一個牙齒的新陳代謝，更要隨時注意牙齒的保健，尤其乳齒尚未脫落而恆齒已長出時，爲了將來恆齒齒列的整齊，應趕快把乳齒拔去。此外，恆齒的長出，對幼兒的心理意義很大，這意味著他們即將告別幼兒期進入學齡期——他們自覺又長大了，此時的心理與教育輔導，又進入另一個階段了。

第三節　幼兒的排泄習慣

　　排泄習慣教育在幼兒期是個相當具有挑戰性的工作，運用得法，父母與子女雙方都覺愉快；運用不得法，對雙方而言，都是一個頭痛的事，尤其對幼兒而言，更可影響到未來的人格發展。大小便訓練的目的是要幫助幼兒去控制身體的某些功能，使其在學好能夠處理自己的大小便後，生活得更舒適，不會因為尿濕了或把大便排在褲子裡，而感到不舒服，同時更重要的是讓他向「獨立」邁向一大步。由於個別差異的關係，沒有人能明確的說出哪一個幼兒何時應該接受大小便訓練，而必須具備某些條件才可實施。通常在幼兒一歲半左右可以開始進行大小便的訓練，對幼兒與父母來說，都是一項高度挑戰，訓練期間的長短，與幼兒的身心發展速度、學習能力有關，父母應抱持耐心與愛心，陪幼兒度過這段期間。

壹、排泄習慣之訓練條件

一、訓練嬰幼兒排泄習慣之條件

　　根據Granger（1980）提出訓練嬰幼兒排泄習慣有下列三個先決條件：

1. 肌肉控制（muscle control）：幼兒要能夠控制腸道及膀胱的括約肌，而且能同時擠壓（squeeze）腹部的大肌肉。
2. 溝通（communication）：嬰幼兒無法自己脫褲子或直接從床上到廁所，因此，嬰幼兒要能與父母或保育員溝通，說出他們的

需要，至少也能以手勢或動作告知成人要去廁所。

3.意欲（desire）：一個幼兒要能夠接受大小便訓練，必須要他有此需求，訓練時，可借助大人的指導，亦可模仿比他大一點且已會自己大小便的幼兒。

　　根據以上三個條件，通常幼兒要到一歲半以後才逐漸完全適合做大小便訓練，太早訓練會徒勞無功，然在此之前，一些準備動作也需要教他們，大小便訓練本來就是一種學習過程，而不是三兩個月的短期訓練可做好的。

二、嬰幼兒本身的準備條件

(一)生理方面的成熟

1. 直腸括約肌：在直腸括約肌發育得比較完全，能讓大便在直腸中停留較長的時間以後。
2. 膀胱控制力：膀胱發育較成熟後，以膀胱括約肌的力量來控制尿液。
3. 腹部肌肉：懂得擠壓腹部大肌肉，幫助大便排出。
4. 能夠坐立與站立：在幼兒能夠自己坐立時，可以先試著讓他習慣坐在小兒專用便椅上；當幼兒可以站立或是靈活的走路、蹲下、起立後，表示肌肉神經已發展到一定的程度了，是訓練大小便的最佳時機。

(二)心理方面的成熟

1. 聽得懂父母的指示：當幼兒認知能力逐漸進步，瞭解某些單字或語彙之後，才能聽得懂父母或照顧者對他所提出的口語指令，如「便便」、「噓噓」等日常生活中所必需的行為，並且願意配合。

2. **能夠自己表達想上廁所**：當幼兒聽得懂大人在說什麼，也瞭解語彙與實際行為間的連結之後，當他感受到膀胱盈滿或下腹脹脹想上廁所時，能立即向大人表達。

3. **情緒穩定**：良好的親子互動關係，可讓幼兒在溫暖的環境中培養自信心與穩定情緒，對於新事物或新的生活技能學習，抱持高度興趣，更有助於大小便的訓練。

貳、排泄習慣之訓練方法

一、大便的訓練

大腸的控制，平均在嬰兒六個月以後（Hurlock, 1978），故嬰兒在八、九個月學會坐時，就可以讓他坐在便椅上解便，由於嬰兒解便是不自主的行為，所以剛開始時，並不需要要求他解便，只要他願意坐就可以了；其次父母親或保育員可觀察嬰兒通常在何時排便，隨時記錄，一般而言，部分嬰兒每天第一次大便都在早餐後的五到十分鐘內，這是因為囤積一夜的糞便，經吃東西後的刺激，增加了腸的蠕動而有便意，這是訓練的最好時機。在便椅上，固定排便時間，幾星期後，嬰兒神經系統逐漸習慣，再加上制約學習，只要坐上便椅，就會自動解便。當嬰兒週歲後，就可進一步有意的訓練，訓練之初幼兒若發生困擾，宜暫停，過一段時間再開始。若在訓練時，幼兒能合作，應給予鼓勵，使他有愉快的經驗，而增強其行為，約經半年，當他一歲半左右，便能表示便意，良好的排便習慣於焉養成。四歲左右能自行如廁，約四歲半大便完全自立（便後會用衛生紙擦乾淨），便後會沖水、洗手。

二、小便的訓練

嬰幼兒因控制膀胱的大腦皮質未發育成熟，及膀胱的括約肌未能

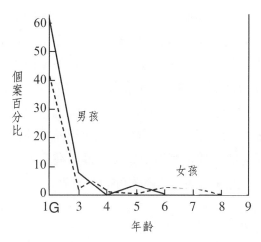

圖6-2　幼兒夜尿年齡與百分比之關係
資料來源：Macfarlane, Allen & Honzik (1954).

自由控制，所以每日小便次數多，一般而言，幼兒的小便訓練要比大便訓練更難，要花更多的時間及心力。小便的訓練必須配合有關器官的成熟，一般幼兒膀胱要到十五或十六個月才漸能控制，再加以學習，才能達到事半功倍的效果。在未正式訓練之初，即先要在固定的時間（如四十分鐘），提醒幼兒小便一次，但不可勉強。當幼兒會走路時（約一歲半），才開始有意的訓練，態度要溫和，不可操之過急，萬一尿濕了褲子，才通知爸媽，不可苛責，以免製造幼兒緊張焦慮的情緒。只要耐心的指導，約在三、四歲左右，良好的小便習慣自然就可以養成，而且在這個時候，夜間膀胱的控制更能奏效（Hurlock, 1978）。由**圖6-2**可知幼兒夜間不尿床的發展情形（Macfarlane, Allen & Honzik, 1954）。

參、幼兒的尿床

　　嬰兒的排尿是屬於膀胱對尿液的反射動作形成排尿，即當膀胱滿

了自然就排出,不受大腦神經的控制。幼兒的膀胱控制要到一歲多以後才漸可發揮,而後再加以適當的訓練,至於完全學會小便的幼兒,也偶有夜間尿床(甚至白天亦尿濕褲子)的現象,根據臺北市衛生局(1984)對一至五歲的幼兒調查結果發現,二歲的幼兒,每夜尿床的有17.9%,三歲的幼兒有8.5%,四歲的幼兒有4.8%,五歲的幼兒則仍有2.4%。遇到這種情形,父母或保育員千萬不可苛責他們,甚至於在幼兒睡前百般給予恐嚇,讓他覺得更緊張恐懼。在此種情形下,應探求可能的原因,予以對症下藥,問題才可迎刃而解。

一、尿床的原因

1. **生理因素**:可能是太疲倦、生病、膀胱有毛病或大腦皮質發育未全,例如智能不足兒童。
2. **遺傳因素**:尿床的幼兒,其雙親在兒童時期也常會有尿床的症狀出現,但真正的遺傳模式並不清楚。
3. **心理因素**:可能是白天玩得太興奮;情緒緊張;有潔癖的母親對幼兒要求太苛,訓練太嚴格,反而造成幼兒內心的緊張,愈難控制小便;有時係導因於手足爭寵,怕失去父母的愛,嫉妒新生的小弟妹獲得太多父母的關愛,自以為被冷落,而以尿床做無言的反抗或引起父母及保育員的注意。如係白天尿濕褲子,則可能因玩得太專注了,以至於尿濕了才知道。

二、尿床的輔導

1. 先至小兒科醫生處診斷,是否有生理上的原因,予以治療。
2. 白天勿讓幼兒玩得太興奮或太疲倦。
3. 隨時注意幼兒的情形,讓其保持愉快的心情;若見幼兒情緒緊張,應及時予以紓解,若仍未見效果,可請教心理醫生。
4. 父母及保育員不要給予太多壓力,要他們學琴、學繪畫、學些幼兒不喜歡的「才藝」。

5.晚餐後盡可能少讓幼兒喝水或果汁，晚餐的湯汁也盡可能減少。

6.養成睡前小便的習慣，必要時在午夜後再協助幼兒起來小便一次。

7.若幼兒有一天未尿床，則給予鼓勵，建立自信心。

　　尿床是沒有併發症和後遺症的。雖然不是一種疾病，若父母不用正確的態度處理，會造成幼兒心理的障礙及自尊心受損，產生自卑感與挫折感，進而影響人格的發展，因此父母應陪伴幼兒共同面對尿床的問題。

 ## 第四節　幼兒的衣著

　　隨著人類文明的進步，服飾有愈來愈考究的趨勢，對幼兒的衣著而言，是有別於成人的，要以幼兒本位的原則來為其設計服飾，才能滿足他們的需要，如果一位幼兒穿著上等質料、潔白漂亮的服裝上托兒所，他可能怕弄髒、弄破而不敢與其他幼兒打成一片，如此就失去了穿衣的目的。大致而言，幼兒的衣著有調節體溫、防禦外傷、保持身體清潔及裝飾美觀之效，亦即為幼兒衣裝，必須考慮這些功能。幼兒的衣著包括帽子、衣褲和鞋襪等，以下就分別描述：

壹、帽子

　　帽子在夏天有遮蔽烈日的功能，特別是做日光浴、出外郊遊，或在海灘上嬉戲，宜讓幼兒戴上透風的草帽，以免讓其頭部直接暴露在太陽光下，尤其夏天的紫外線特別強。至於冬天戴帽則有禦寒之效，

臺灣屬海島型氣候，冬天風大，讓幼兒戴上棉帽可以保暖。至於春秋兩季，戴帽的機會就少了，如須戴帽，亦是裝飾、美觀之用。

貳、衣褲

設計幼兒的衣褲，應注意到重量、式樣、質料及色澤。

一、重量

衣褲的重量會影響幼兒的發育及活動量，尤其在冬天，若重重的衣褲把幼兒裹得緊緊的，使幼兒身荷重擔，會直接影響整個身體發育及動作發展。王靜珠（1992）認為衣重不超過幼兒體重之6％或7％為標準。亦即體重十五公斤的幼兒，衣褲重量以不超過一公斤為原則。

二、式樣

幼兒衣褲的式樣要簡單、輕巧、大方、寬鬆適體、合乎衛生，使四肢可以自由活動，胸腰不受束縛，呼吸運動能暢行無阻，式樣可愛新穎，便於穿脫，否則常使幼兒感到麻煩而起反感與激怒。縫製或購買時，可稍寬大，以適應幼兒體格之迅速發育，衣服過小時，不宜勉強穿著，以免妨礙身體發育。

三、質料

幼兒衣褲的質料以輕柔、經濟、耐穿為原則，內衣以棉織品較宜，因棉織品通氣柔軟、保溫吸汗、易洗耐穿。天氣寒冷時可改為棉毛混織品，增加保溫，如棉毛衫褲等。夏天衣服可用麻織品，通風涼爽，但要選品質細軟的。冬季衣服須輕軟溫暖而行動方便，毛線編織的衣服輕軟溫暖，因有伸縮性可以合身。

四、色澤

幼兒的衣褲顏色不要太鮮艷華麗，以淺色柔美漂亮者為宜。運用色彩的互補、對比等技巧，可以搭配出色調明朗美麗的衣裳，穿在幼兒身上，益增天真可愛，活潑動人。或運用形狀與背景的視覺效果，在淺色的衣裳上點綴幾朵鮮艷的小花、動物等圖案，都是可愛無比的美麗童裝。

參、鞋襪

穿鞋襪的目的是為保暖及保護腳部，免於受傷。秋天涼爽可穿棉紗襪，嚴冬可穿毛綿襪。嬰兒開始學爬行，走路時，穿長襪子可以保護腳和膝部免於受傷，但氣溫暖和時，則無須穿長襪，以免襪圈太緊，妨礙腿部血液循環。

幼兒開始學走路後，鞋子對他而言更形重要，為幼兒選擇鞋子應注意下列幾點：

1.鞋子應比幼兒的腳稍長半公分左右，以適應幼兒快速成長的腳掌。最好以布鞋或軟底鞋為主，且鞋子前部應較幼兒足趾略寬，使幼兒的腳有充分活動的機會。
2.鞋底不滑而略帶彈性為佳。
3.鞋底後跟應略厚，使足跟處與鞋子配合，以防因摩擦而傷及皮膚。

由於幼兒腳長得快，父母及保育員應隨時注意幼兒鞋子是否合適，過大與過小均會影響幼兒腳部的正常發育。膠底鞋及尼龍底鞋不透氣，腳汗不易發散，不適宜幼兒；高鞋跟及堅硬的皮鞋，幼兒容易摔倒，也不適合幼兒穿著。

肆、幼兒衣著習慣的培養

幼兒衣著的功能已如前述，可見衣著不但不可缺少，而且在幼兒期正值各種習慣之養成期，在從事保育工作時就必須注意幼兒的衣著教育，幼兒良好的衣著習慣分別敘述如下：

一、訓練自己穿脫衣服的習慣

幼兒自三歲開始，可著手訓練其自己穿脫衣服，在此時就要選擇容易穿脫的服裝，例如，衣服要稍寬、釦子宜大宜少、套頭衣服不適合等，若幼兒有某步驟不會時，宜耐心加以示範。分辨鞋子的左右腳以及繫鞋帶是比較困難的，可以等到四歲再訓練，然而個別差異很大，最主要的是要訓練得法，讓幼兒沒有挫折感，願意去學，如此可以養成幼兒的責任感及自理生活的能力。

二、訓練自己整理衣服的習慣

要穿衣服、鞋襪應在何處拿取，脫下之衣服鞋襪應放置何處，都要訓練幼兒自行處理。此外，自己脫下之衣服亦應自己摺疊好，該洗的衣服亦應放於指定位置。其他如圍兜、帽子、手帕等，都宜讓幼兒養成自己處理之習慣，如此可以培養幼兒的秩序感，以奠定規律生活的基礎。

三、愛惜衣物，保持清潔

自小宜讓幼兒養成愛惜衣物的習慣，如此不但可以使衣物用得久，而且也養成節儉的美德。至於衣服之清潔維護，亦宜培養，雖不至於要幼兒處處提防弄髒衣服，但至少應讓幼兒養成穿著乾淨衣服的習慣。

四、讓幼兒自己選擇衣服

愛美是人的天性，幼兒隨著年齡的成長，也漸漸養成，此時幼兒亦會挑自己喜歡穿的衣服或鞋子。因此，在購買衣服時，應試著讓幼兒自己挑，可以培養他的鑑賞能力，而且自己挑的衣服，也較會愛惜和注意保持清潔。

五、訓練少穿衣服

大多數的父母親都因怕幼兒著涼而給予過多衣服，卻不知道幼兒亦會怕熱。幼兒衣服穿太多，不但動作不靈活，且遊戲跑跳後，容易流汗，反易感冒；而且衣服穿多了，皮膚抵抗力漸減，調節體溫的功能漸差，因此，最好訓練幼兒少穿衣服，但注意是否會著涼，如此可以增加其抵抗力。

 # 第五節　幼兒的住室

幼兒在成長的過程中，家庭是最重要的第一站，舉凡身心健康的保育，均以家為出發點，因此，若能在家中為幼兒設計一個「安樂窩」，相信對其身心發展會有莫大的幫助，儘管目前臺灣人稠地窄，但仍不能忘了給幼兒提供一個屬於自己的地方。根據郭實渝（1984）研究臺灣北部幼稚園的幼兒，在家中自己有個別睡眠空間的比例甚低，分別是14.00％（三歲）、13.95％（四歲）、18.52％（五歲）、17.41％（六歲），這種睡眠方式將影響幼兒的獨立訓練。如果家中空間實在有限，不能為幼兒專設一個房間，至少也應該做到同性別的幼兒同室且分床而眠，如此才符合幼兒的需要。

壹、幼兒住室的設計原則

為幼兒設計住室，應以其身心特質為考慮要件，茲分別說明如下：

一、住室空間富變化

幼兒住室最好每隔一段時間（如一個月）稍做調整，讓其有新鮮感，且讓其參與設計，培養創造力與歸屬感。

二、把大自然搬進室內

讓幼兒在室內擁有種花、養魚，或養鳥的樂趣，這些活動除了可以增進幼兒對動植物的認識及興趣外，同時培養幼兒愛護大自然的精神，進而孕育優美的情操。

三、家具多元化的功能

對於空間不夠大、無足夠活動空間的住室，愈須注意家具的機動性與彈性。例如：可摺疊的桌椅，同一桌子可以供遊戲及工作之用，或床下可設計櫃子等。

四、適合幼兒的個性

先考慮幼兒生活背景，因生活環境可以影響其樂趣的發展，例如一個愛繪畫的幼兒，設計其住室時，最好為他留下一部分可以自由塗畫的牆，只要貼上一張大海報紙，他隨時可以畫畫，不要因為室內的漂亮布置，而抹殺其創作的興趣與機會。又如一個喜歡音樂的幼兒，室內設計亦應以音樂為主題，音樂家的照片、有關樂器介紹的讀物、簡單的樂器等，讓其在音樂室中成長。

五、表演空間

　　成人往往忽略給幼兒表演的機會，例如：給他一個小小空間，掛上他的作品或他喜愛的東西，給他一個演奏樂器的地方，這對幼兒是一項極大的鼓勵，促使他們更努力學習。

六、符合人體工學

　　幼兒的家具、用具（如桌椅高度）應符合人體工學，一方面不會妨礙生理發育，二方面適合幼兒需要。

貳、幼兒的家具

一、床鋪

　　採用移動方便的木板床，夏天鋪上軟而薄的墊被即可；冬天為保暖可改厚墊被，若年紀小，應採用柵欄床，以策安全。

二、桌椅

　　摺疊式的桌子適合於空間不大的房間，椅子宜小，適合幼兒坐及搬動。為避免幼兒碰傷，桌角及櫥角等尖銳的地方應採用圓角的設計。除此之外，最好所有的家具稜邊都貼上安全護套或海綿，以保障幼兒的安全。

三、貯藏櫃

　　可設於床底，以節省空間，而有蓋的箱匣還可做遊戲板，大的櫃子可做隔間板，尤其年齡愈大的幼兒，愈迫切需要一個自己的小天地，若將貯藏櫃擺在兩張床之間，頗為理想。貯藏櫃可放衣服、玩具等，足夠的貯藏空間可以養成幼兒物歸原處的習慣。

四、被褥

幼兒的被褥要注意衛生，勤洗換或曬曬太陽。棉被以輕、軟、暖為原則，夏天可用毛巾被，冬天則用羊毛毯或棉被。

五、衣架

為便於幼兒掛自己的衣服，養成愛好整潔的習慣，可在寢室置一衣架，但高度以幼兒的身高為準。

六、地板

可用石棉毯，因石棉毯不怕火，可清洗，質軟，跌倒亦不受傷，東西也不易摔破，同時價廉物美，鋪換容易。現在也有許多父母採用木質地板，或在磨石地板上加鋪塑膠併墊等軟性地板，由於這種地皮材質具有相當多的色彩及形狀，可提供多樣、活潑的搭配與更換，但須注意勤加清洗，以免內藏污垢。

七、插座

為防止幼兒發生觸電的意外，所有的電插座最好採用安全插座的設計來隔絕電源，避免幼兒將金屬物品插入插座導致觸電的危險。

八、其他

可視幼兒的需要，增加他喜歡的東西，例如沙箱、日曆、溫度計等。

參、幼兒住室的布置

一、住室宜寬敞

幼兒房間應盡可能有足夠的空間讓其活動和遊戲，如空間不足時，亦可將客廳挪給幼兒使用，以利其成長。

二、布置宜柔和

住室的的顏色、隔間對幼兒身心都有影響，下述各點可資參考：

1. 牆壁以刷淺綠、淡黃色為宜，柔和的色調可增加室內溫暖的氣氛。不健康的顏色會給幼兒帶來不健全的心理。
2. 窗簾以墨綠或咖啡色較佳。
3. 牆壁懸掛美麗色彩的圖畫，每個月更換一次，可增進幼兒安定的情緒，促進愉快的生活。

以上只供參考，事實上室內布置是有彈性的，以顏色為例，牆壁、窗簾、家具、地板、被褥等等，都要取得協調，以及是幼兒喜歡的顏色，因此，幼兒住室的布置，除成人應有的設計概念外，亦應參酌幼兒的想法，如此不但可滿足其需要，亦可培養其創造力。

肆、幼兒住室的自然環境

幼兒住室的自然環境，吾人要考慮的至少有下列幾項要素：

一、溫度

幼兒住室溫度以攝氏二十至二十五度為最適宜，住室宜常開窗戶，以疏通空氣，調節溫度，唯窗戶的風不應直吹至幼兒的床。多季

天寒，可置暖氣或電暖器，使室溫不至於太冷，但應注意安全。

二、空氣

空氣是人類生活上的必需品，幼兒自不例外，清潔新鮮的空氣有利於呼吸系統，進而增進健康。污染過的空氣（汽車、工廠排放的廢氣含一氧化碳、碳氫化合物、鉛等，成人室內抽煙，廚房瓦斯外溢，夏天使用蚊香、殺蟲劑……）對幼兒有不良的影響，往往造成許多慢性病，如：呼吸障礙、咳嗽、氣喘、肺癌等，因此必須注意幼兒居住環境的空氣。

三、噪音

幼兒若長期暴露在高頻率和強烈的聲音下會引起聽覺障礙，即使街上、汽車上、天空飛機聲（住機場附近者）、工廠噪音、家中器具相撞或摩擦而生的重聲怪音，都足以影響幼兒的聽覺神經（黃志成、王麗美、高嘉慧，2005），因此，為幼兒選擇安寧的居住環境是有必要的，如因其他原因而未能改善，可在住室內安置隔音設備，所謂「寧靜致遠」，才能培養幼兒良好的人格。

第六節　幼兒的睡眠

睡眠對幼兒而言，是很重要且又很少被注意的事，從出生到幼兒期，每天仍有一半以上的時間在睡眠中度過，睡眠時間隨著嬰幼兒的成長而逐漸減少，而且所需時間的長短也因人而異。剛出生時，每天約睡二十二小時，滿兩個月後約為十八小時，滿週歲時約為十四小時，即除了夜間睡眠外，上、下午各睡一次。以後慢慢減少其白天之睡眠時間，滿六歲時約為十二小時。在嬰幼兒期，這種睡眠時數隨年

齡遞減的情形，Despert（1949）認為，每增加一歲，每天總睡眠時數大約遞減一個半小時左右。在夜間的睡眠時間方面，根據臺北市衛生局（1984）的調查報告顯示：臺北市一至五歲幼兒夜間睡眠（白天不計入）時間以十小時最多，占40.7％；其次是九小時，占28.3％；所有被調查之幼兒，平均每晚睡眠時間不超過十小時；該調查報告同時指出：和美國以及日本的研究資料比較，顯示臺北市幼兒睡眠時間較少。睡眠時間多少是否與文化、習慣有關？是否影響健康？實有待更進一步之研究。

壹、幼兒睡眠的益處

一、消除疲勞，恢復體力

任何人只要經過活動後，總會覺得疲倦，幼兒在疲倦時，可借助晚間睡眠、午睡，或小憩片刻恢復體力，開始從事另一活動。

二、幫助發育，促進生長

幼兒由於身體發育尚未完全成熟，如果活動過度而未得到充分休息，對身體發育會有不良影響；相反的，如果活動後，能讓身體有休息的機會，待恢復體力後，再有活動的潛能，如此周而復始，將有助於神經系統和腦部的發育，並促進全身的生長發育。

三、紓解情緒，陶冶性情

健康的幼兒都能睡，且睡得安詳、甜甜，睡的時間很長，一覺醒來，精神奕奕，笑容可掬，把緊張的情緒完全紓解，對性格的陶冶有莫大的幫助。相反的，睡不好的幼兒，脾氣暴躁、愛哭愛鬧，不具討人喜歡的人格特質。

貳、照顧幼兒睡眠所應注意的事項

1. 依照幼兒個人需要，為幼兒安排一個生活起居表，每天按時就寢，按時起床，早睡早起，養成規律的生活習慣。
2. 每天養成午睡的習慣，以補充晚上睡眠不足的情況，獲得充分休息的機會。但須注意不可睡太久，以免影響晚上不易入睡。對較大的幼兒，如不願午睡，無須勉強，只要午間靜息片刻即可，但如在托兒所或幼稚園，以不吵到他人為原則。
3. 除晚上的睡眠及午睡外，如白天活動過於激烈，應在活動完後，有十至十五分鐘的休息。
4. 寢具要舒適、衛生，床墊要平，不要太軟（如彈簧床），以免影響幼兒的骨骼發展。
5. 室溫要適宜，空氣須流通。
6. 睡前宜有段鬆弛情緒的時間，使幼兒心緒平衡，愉快而安詳的進入夢鄉。睡前勿使幼兒太興奮，不可苛責或恫嚇幼兒，以免做噩夢。
7. 養成穿睡衣睡眠的習慣，睡衣要寬鬆質軟，以免影響幼兒睡眠。日常起居衣服要脫好、掛好，讓幼兒自己處理，養成獨立的習慣。
8. 幼兒睡眠後，切勿擾亂，影響其睡眠。但無須特別禁聲絕響，應使幼兒能在正常的聲響下安眠。
9. 養成自動上床獨睡的習慣，不與父母同床，不必成人伴睡，藉以培養獨立的性格。
10. 養成睡前能自動刷牙、小便、洗手再上床的良好習慣。
11. 養成起床後自動整理床鋪，換好家居衣服的習慣。
12. 不要讓幼兒在晚上看電視或有其他遊戲，而影響睡眠時間。
13. 不要用搖床或抱著搖撫讓嬰幼兒睡覺，這是不好的習慣。

14.學者認為幼兒晚上睡覺，並不需要燈光，許多幼兒在完全黑暗的寢室睡覺會比在微光照射下更舒服，因為有微光的寢室常因黑影而嚇著了幼兒。但幼兒要求有燈光時，最好是為他開著燈（Granger, 1980）。

參、幼兒睡眠問題的探討及輔導

健康的幼兒在睡眠上較少問題，但有些幼兒卻難以成眠，在睡眠中易被打擾吵醒，吵著成人伴他入睡，不敢單獨入睡，偶會半夜噩夢連連或驚醒哭泣，更有許多幼兒一覺醒來哭鬧不休，這些都是常見的幼兒睡眠問題，欲解決這些問題，必須事先瞭解其可能產生的原因。例如：

1.**生病**：幼兒由於生病，身體不舒服，或寄生蟲使肛門搔癢而無法入睡。這需要就醫，病好了自然能恢復正常的睡眠。

2.**心理因素**：由於玩得太興奮，有些事情太高興了，過度疲勞、緊張、焦慮不安或缺乏愛及安全感等，都可能使幼兒難以成眠，父母須瞭解幼兒的個別問題，對症下藥，把心理因素排除後，便可望能安眠。

3.**午睡睡得太久**：以致晚上缺乏睡意，故對晚上不能好好入睡的幼兒，宜限制其午睡時間。

4.**睡眠環境不佳**：如光線不適、太吵、氣溫過高或過低都會影響幼兒的睡眠，父母應做改善後，幫助幼兒容易入睡，必要時，可在睡前及起床時間前播放柔美音樂，讓其在音樂聲中入睡及當起床號。

5.**有些幼兒睡前總先有一些強迫性的動作**：如吸吮手指、奶嘴，或抱著洋娃娃才能入眠，這已表露了幼兒心理的問題，父母應探究原因或請教心理醫師，瞭解幼兒問題的癥結，適時給予輔

導。

6.有些幼兒在睡前總是糾纏不清，做種種要求：例如要講故事、要吃東西、要玩具、要大人陪等等，這無非是作爲感情索價的手段，要求父母給予某種好處，父母宜滿足幼兒合理的要求，然後溫和而堅定地跟幼兒說聲「晚安」就離去，不能答應孩子的無理要求。

第七節　幼兒的安全

　　幼兒自能跨出他的第一步以後，爲了滿足他的好奇心和探索性，安全問題似乎就愈來愈重要了，由於他懵懂無知，不懂危險，缺乏警覺性，所謂「初生之犢不畏虎」，許多意外事件就因此而產生，輕則跌疼摔傷，重則可能變成殘廢，甚至死亡。雖然醫學的發達，大大地減低了幼兒期的死亡率，但基於幼兒保育的立場，吾人應盡量避免這種不幸事件的產生。

壹、意外事件發生的狀況

　　根據衛生署（2005b）統計，事故傷害是國人十大死因之一，尤其是幼兒死因的第一位，臺灣地區一至四歲幼兒死亡率爲每十萬人口三十九‧七九人，其死因中以事故傷害十四‧八六人爲最高；五至九歲兒童死亡率爲每十萬人口十九‧七三人，亦以事故傷害七‧二三人爲最高。幼兒因其身體發育及心智發展都尚在起始階段，對環境中危險的認知與反應皆很有限，加上好奇、好動的天性，很容易發生事故傷害。Hurlock（1978）則認爲二、三歲的幼兒最易產生意外傷害，其次是五、六歲；在性別方面男孩比女孩容易產生意外傷害；在性格方

面，活潑的、敏捷的及冒險的幼兒較易產生意外傷害；在出生順序方面，第一胎生的幼兒比他的弟妹較不易有意外傷害，這可能與其受較多的保護、缺乏自信、膽小有關；在一天中發生意外傷害的時間，下午和晚上比早上為多，這可能與母親此時較忙碌，無暇細心照顧以及此時幼兒較疲倦、煩躁、易衝動有關，在一星期中，以星期四至星期六幼兒意外傷害最多，而以星期日最安全，這可能與週日成人較有時間照顧幼兒有關；就天氣而言，以暴風雨天幼兒最容易發生意外，這可能因為幼兒無法外出嬉戲，在家煩悶而難以控制情緒有關；就場所而言，較大的幼兒常在戶外發生意外事件，而較小的幼兒以在家裡為多。Green（1977）也曾對幼兒在家中最易產生意外事故的狀況提出幾點原因：

1. 幼兒的肚子飢餓或口渴時，想吃或喝點什麼，在吃飯前最易發生中毒。
2. 在午睡前、傍晚、就寢前、幼兒及母親都疲倦時。
3. 當幼兒過分活動，或被催促而沒有寬裕的時間小心行事時。
4. 當母親懷孕或生病，而無法如常耐心的照顧幼兒時。
5. 當父母不和，情緒不安，對幼兒不能適度照顧時，幼兒常會有反抗性或做出危險的反應。
6. 因搬家、長途旅行或休假而擾亂一般的日常生活時。
7. 保母或經驗少的人看顧幼兒時。

此外，另有學者研究幼兒在非致命（nonfatal）的意外事件中，身體受傷的部位，以頭部為最多，其他依次為左手、右手、軀幹、左腿、右腿，如圖6-3所示（Jacobziner, 1955）。由以上的研究結果，我們不難瞭解幼兒發生意外事件的一般狀況，無論是事件、種類、性別、年齡、受傷部位、時間等，都有一概括性的分析，可以提供給父母及保育人員參考。

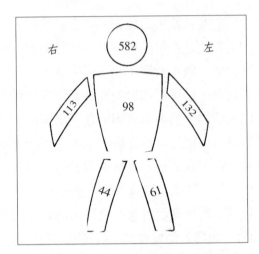

圖6-3　每千位幼兒在非致命的意外事件中身體受傷部分

資料來源：Jacobziner (1955).

貳、常見的意外事件及其處理

　　幼兒常見的意外事件很多，有時真令成人難以想像事件會如此這般的發生，但事實就擺在眼前，因此成人不可不加以注意，事件發生以後，除了盡可能的送醫外，父母及保育員在醫護人員未來前，似可先做些急救措施，以下就分別介紹之（參考黃志成，2004）：

一、窒息及梗塞

　　幼兒因好奇，沒有經驗，喜歡嘗試而體力不夠，所以窒息事件常發生。

(一)窒息的預防

　　1.塑膠袋不要給幼兒當玩具的代用品，要放在幼兒拿不到的地方。

2.不可用會蓋住臉部而妨礙呼吸的柔軟枕頭，蓋被不可過大、過重。

3.餵食牛奶或母奶時，要注意是否會影響嬰兒的呼吸或嗆到。

4.繩子、電線、塑膠帶或長圍巾要收拾在幼兒拿不到的地方，更不可讓幼兒用來當玩具，窗戶旁拉窗簾的繩子亦須綁高，不可讓幼兒伸手可及。

5.食物中的湯圓、核果、整粒葡萄⋯⋯等，小玩具或具有小零件的玩具，家用品上的小零件、鈕釦、錢幣以及其他小而圓的物品⋯⋯等，都有可能造成幼兒的梗塞、窒息，應避免讓兒童有接觸此類物品的機會。

6.室內要保持空氣流通，氣窗打開，尤其注意瓦斯中毒事件。

7.易倒塌的物品勿堆積過高，最好放入貯藏室內，以防倒下壓到幼兒。

8.不可讓幼兒含著尖銳的東西及放玩具在口中。

9.有密閉空間的家用品，如冰箱、烘衣機、衣櫃⋯⋯等，對幼兒都是十分危險的，因為他們一旦進入這些空間就無法自內開啟，常有造成窒息的可能。

10.相對於嬰兒的身體，嬰兒的頭較大，容易被設計不良的家具卡住而引起窒息。所以在選購嬰兒家具（如嬰兒床）時，必須注意間隔的縫隙不可太大。

(二)窒息的處理

1.迅速除掉障礙物，如塑膠袋、繩子等，寬鬆衣物。

2.將幼兒仰躺，若頸或背部無受傷，頭輕輕向後彎，使空氣容易流通，必要時，用手指或手帕清理口中異物，再檢查脈搏。

3.如果沒有呼吸時，將自己的口緊緊地蓋上幼兒的口鼻上，吹入空氣。

4.繼續以每分鐘二十次的速度（每次約三秒鐘），從自己口中向幼

兒口中吹入空氣，做人工呼吸。

5. 每次吹入空氣後即抬頭、開口，注意看幼兒的肺部有無空氣出來，人工呼吸要做到幼兒能自己呼吸為止。

二、跌倒

幼兒由於身體平衡機能尚未發展完全，故跌倒是家常便飯的事，根據魏榮珠的調查研究發現：母親認為意外傷害以跌傷為最多，占68.5%；其次是吞入異物（13.0%）、撞傷（11.50%）（引自黃志成，2004）。輕微的跌傷破皮、淤血，重的話頭破血流，骨折腦震盪時有所聞，所以不可不注意。

(一)跌倒的預防

1. 走道、樓梯是否太滑？尤其廚房、浴室、洗手間有瓷磚且潮濕的部分更應注意，潮濕的地面極易引起滑倒，所以應隨時保持浴室、廚房地面的乾燥，或加鋪防滑墊。

2. 樓梯不可堆積物品或放置鞋子，最好梯口設有門，扶手是否堅固？踏板是否固定？

3. 將可以攀爬的設備（如梯子等）置於幼兒無法觸及的地方。

4. 地毯若捲起應立即釘好，地板有破洞應盡快修補，有食物或液體灑於地板上，要立即擦乾。

5. 浴盆周圍應設有扶手，並放置墊子防滑，香皂掉下宜隨手拾起。

6. 應使用軟性材質做地板，或將地面鋪上軟墊（如地毯、海綿地磚），即使幼兒跌倒也不致有很嚴重的傷害。

7. 地板上不要有亂置的玩具或雜物。

8. 選購適當的家具給幼兒使用，如：幼兒的床鋪必須加裝圍欄，幼兒椅必須有穩固的基礎，以防止幼兒翻落。

9. 幼兒的褲子、衣服是否太長？鞋子是否太大？鞋帶有否繫好？

10.禁止幼兒在室內爬桌椅、床鋪。

11.勿在室內玩追逐遊戲。

12.雨天外面太滑，少讓幼兒出門，如必要出門時，應注意鞋底是否太滑？

13.晚上天黑，少讓幼兒出門，如必要出門時，成人應拉其手並注意路上坑洞。

(二)跌倒受傷的處理

1.如無受傷，只要輕撫其跌疼部位，並安慰幼兒即可，可能的話稱讚其勇敢不哭。

2.頭部受傷流血時，先讓幼兒站或坐著，使頭部及肩部比心臟高，在傷口處用紗布或乾淨的布輕輕按住止血，止血後用藥消毒，敷藥後包紮。

3.鼻子出血時，鼻孔塞入藥棉或紗布，再捏住鼻尖頭數分鐘，並加以冷濕布覆蓋額頭上，待血止，休息一下即可。

4.若其他部位受傷（手、腳及軀幹）時，先行直接壓迫止血，必要時可用止血帶，止血後再消毒、敷藥、包紮。

三、中毒

幼兒中毒時除了吃到腐敗的食物外，最常見的是誤吃藥物或其他化學藥劑，中毒可能導致上吐下瀉，嚴重時會導致身心障礙或死亡，成人應格外小心。

(一)中毒的預防

1.家中一切藥物或化學物品，應放在幼兒拿不到的地方，可能的話上鎖，不可放在沒有門、幼兒伸手可及的架子上。

2.各種藥物應貼標籤，以資識別；用完的空罐、空瓶也要妥善處理，以免讓幼兒當玩具。

3.幼兒缺乏分辨危險的能力，所以絕不能用食品容器（如碗、汽水瓶等）來裝清潔劑或殺蟲劑等毒性物質，否則幼兒極易將其誤認為可食的東西，造成中毒。

4.在家中裝設一些對成人易鎖易開，但對幼兒不易開啓的櫥櫃，放置所有的清潔劑及殺蟲劑，讓幼兒無法接觸此類有毒物質。

5.購買藥品、清潔劑、殺蟲劑時，應選擇其包裝較不會吸引兒童注意的，尤其避免選購看起來、聞起來或吃起來像糖果或水果的藥品、清潔劑及殺蟲劑，以免幼兒大量食用，引起中毒。

6.父母及保育員應具備一般飲食常識，不可給予幼兒不適合的食物，同時亦要注意食物的新鮮度，以免發生食物中毒。

(二)中毒的處理

1.若幼兒清醒，給他喝一至二杯牛奶（沒有牛奶，用水亦可），沖淡毒物。

2.用手或湯匙壓迫舌根，刺激咽喉，盡可能讓幼兒把毒物吐出。

3.吐完後，若有活性碳（activated charcoal）或萬能解毒劑，即予服用。

4.將幼兒誤食之食物或藥物保存於容器內，並蒐集一點吐出物，連幼兒一併送往醫院。

四、灼傷、燙傷、觸電

幼兒由於好奇心或偶有不小心的情況，常會引起燙傷及觸電，根據王秀紅（1983）的調查顯示：幼兒燒傷的類型以燙傷最多，占83.71％；其次是火傷，占13.48％；其他如電燒傷（觸電）及化學燒傷（灼傷）的比例則很小。此外，燙傷又以被熱水燙到為最多。其後果視受傷的輕重而有不同，輕則敷藥即癒，重則可能在皮膚上留下永久的疤痕，甚至有觸電死亡的情況。

(一)灼傷、燙傷、觸電的預防

1.製備食物或清理善後時，勿讓幼兒跟在身旁或進入廚房。

2.勿讓兒童接近爐具、火鍋、熱水壺、湯鍋器皿，並置於兒童無法取用處。

3.熱湯不要放在桌邊，有幼兒的家庭最好避免使用桌巾，以免因拉扯打翻食物而燙傷。

4.洗澡時先放冷水，再放熱水，避免將大鍋的熱水、熱湯放於地板上。

5.食物或開水給幼兒食用時，不宜太燙。

6.避免讓幼兒單獨進入廚房，玩爐火，廚房的各種用具用畢後，應妥善處理及陳放。

7.火柴、打火機或點火槍要放在幼兒拿不到的地方。

8.禁止幼兒玩鞭炮、煙火。

9.勿讓幼兒端太燙的東西，如熱開水、熱湯。

10.家中的插座應注意，勿讓幼兒拿插座或其他導電體插入。電器用畢，避免讓幼兒使用。

11.家中電器用品避免用延長線，如必要時應將電線妥善處理。

12.損壞的電線、插座應盡快修理、換新，不用的應收存或丟棄，不能讓幼兒當玩具。

13.易燃的物品勿亂堆積，煙蒂不可亂丟，以免發生意外。

14.家中應有防火設備，如滅火器等。

15.教導幼兒安全的知識，讓他認識物品的使用原則。

(二)灼傷、燙傷和觸電的處理

1.如有化學藥品弄髒的衣服應完全除去，並用水清洗灼傷的皮膚。

2.如係燙傷，應採取：沖（以流動的冷水，沖洗患部十五至三十

分鐘）、脫（在水中以剪刀，小心剪開衣物）、泡（在冷水中持
續泡十五至三十分鐘）、蓋（以乾淨的布蓋患部）、送（醫院）
五步驟。

3. 觸電時首應關掉電源或把插頭拿掉，如無法切掉電源時，可用
乾燥的繩子做成圓圈，勾住幼兒的手或腳，拉離電線。必要時
做人工呼吸，如有灼傷，做上述沖、脫、泡、蓋、送的處理。

五、刀傷、刺傷

幼兒可能玩弄刀子、剪刀等銳利的東西而不小心被割傷；亦可能
被大頭針、釘子、玻璃刺傷，通常刀傷或刺傷都會流血。

(一)刀傷、刺傷的預防

1. 選擇兒童的玩具時，應避免選購有尖銳的角或邊緣的玩具，以
免造成割、刺傷。家中之菜刀、剪刀、水果刀等刀子應收拾在
幼兒拿不到的地方。

2. 不要讓幼兒玩玻璃瓶、瓷碗及其他易碎物品，出門時一定要穿
鞋子，以免腳部被割傷或刺傷。

3. 幼教機構在實施剪貼、勞作而需要用到剪刀、刀子時，應注意
防範措施，例如小剪刀的尖端部分可以磨鈍。

(二)刀傷、刺傷的處理

1. 見到幼兒流血時，父母或保育員不要驚叫，應沉著應變，以免
讓幼兒受到更大的驚嚇或懼怕。

2. 流血的部位盡量抬高。

3. 用清潔的紗布或手帕按住傷口，輕輕壓後，設法止血，但不可
強壓。

4. 止血後，檢查傷口有無異物，如玻璃碎片，再用酒精消毒，而
後包紮。

六、車禍

　　隨著交通工具的增多，幼兒受到車禍的意外事件有愈來愈多的趨
勢，幼兒所遇到的車禍包括在行走被撞、坐機車或汽車所發生的意外
事件。

(一)車禍的預防

1.幼兒出門到馬路一定要有成人帶，且嚴禁幼兒在馬路上或街邊
　玩耍嬉戲。
2.嚴禁幼兒乘坐機車。
3.嬰幼兒坐小汽車時，應坐在後座，並使用兒童安全座椅，並有
　安全的防護措施，如圖6-4所示。千萬不可讓大人抱在前座，車
　禍一發生，嬰幼兒往往首當其衝最先受害。
4.幼兒上托兒所或幼稚園時，除了短程者由家人親自接送外，大
　都坐娃娃車，教師或保育員應令幼兒坐好，手握車內鐵桿，對

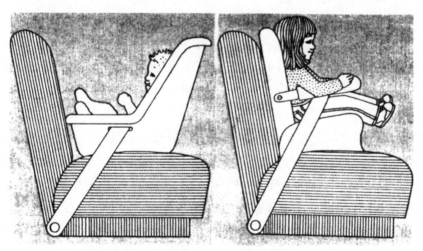

圖6-4　幼兒在小汽車上的坐法

資料來源：Green (1977).

司機宜選合格者，且個性穩重、生活正常者，行車宜慢，並不宜緊急煞車，同時使用車子亦應定期檢查及保養。

5.父母帶幼兒坐公車時，要注意車停穩後才上車及下車，在車內要做適當之保護，以防司機緊急煞車。

(二)車禍的處理

1.輕傷之處理方式同「刀傷」部分。
2.傷勢較重時，趕快送醫。

第八節　幼兒的疾病預防及護理

壹、定期健康檢查

　　嬰幼兒由於抵抗力弱，且自身無法妥善照顧自己，免於受風寒或各種細菌之侵襲，故疾病之發生是司空見慣的事，而疾病對嬰幼兒之戕害甚大，輕則造成渾身的不適，重則導致身體機能之削弱、喪失，甚至於畸形或死亡，是故在談幼兒保育時，疾病之預防成為最重要之課題之一。疾病之預防，首重定期健康檢查，家長可利用兒童健康手冊內容，有效掌握健康檢查的時程，以瞭解嬰幼兒的健康狀況，我國行政院衛生署（2005b）備有「兒童預防保健服務提供之健康檢查項目」如**表6-2**，可供醫護人員及家長參考。

　　在醫學相當進步的今天，吾人對嬰幼兒疾病之預防，除前面所談應注意營養、衛生、保健、運動和健康檢查外，更積極的要重視預防注射，預防接種時間及接種前後注意事項，除了提供給幼童完善的健

表6-2　兒童預防保健服務提供之健康檢查項目

時　程		建議時間	服　務　項　目
一歲以下	第一次	一個月	・身體檢查：身長、體重、頭圍、營養狀態、一般檢查、瞳孔、對聲音之反應、唇顎裂、心雜音、疝氣、隱睪、外生殖器、髖關節運動 ・問診項目：餵食方法 ・發展診察：驚嚇反應、注視物體
	第二次	二至三個月	・身體檢查：身長、體重、頭圍、營養狀態、一般檢查、瞳孔及固視能力、心雜音、肝脾腫大、髖關節運動 ・問診項目：餵食方法 ・發展診察：抬頭、手掌張開、對人微笑
	第三次	六至七個月	・身體檢查：身長、體重、頭圍、營養狀態、一般檢查、眼位瞳孔及固視能力、對聲音之反應、心雜音、口腔檢查 ・問診項目：餵食方法、副食品添加 ・發展診察：翻身、伸手拿東西、對聲音敏銳、蓋臉試驗
	第四次	九至十個月	・身體檢查：身長、體重、頭圍、營養狀態、一般檢查、眼位、瞳孔、疝氣、隱睪、外生殖器、口腔檢查 ・問診項目：餵食方法、副食品添加。 ・發展診察：會爬、扶站、表達「再見」、發ㄅㄚ、ㄇㄚ音
一至二歲	第五次	一至二歲	・身體檢查：身長、體重、頭圍、營養狀態、一般檢查、眼位、瞳孔、對聲音反應、心雜音、口腔檢查 ・問診項目：固體食物 ・發展診察：站穩、扶走、手指拿物、聽懂句子
	第六次	一至二歲	・身體檢查：身長、體重、頭圍、營養狀態、一般檢查、眼位、角膜、瞳孔、對聲音反應、口腔檢查 ・問診項目：固體食物 ・發展診察：會走、手拿杯、模仿動作、說單字

（續）表6-2　兒童預防保健服務提供之健康檢查項目

時　程	建議時間	服　務　項　目
第七次	二至三歲	・身體檢查：身長、體重、營養狀態、一般檢查、眼睛檢查、心雜音 ・發展診察：會跑、脫鞋、拿筆亂畫、說出身體部位名稱
第八次	三至四歲	・身體檢查：身長、體重、營養狀態、一般檢查、眼睛檢查（得做亂點立體圖）、心雜音、外生殖器、口腔檢查 ・發展診察：跳蹲、畫圓圈、翻書、說自己名字
第九次	未滿七歲	・身體檢查：身長、體重、營養狀態、一般檢查、視力暨眼睛檢查、心雜音 ・發展診察：單腳跳、走直線、畫出人體三部分、辨認顏色、空間概念、清楚說話 ・預防接種是否完整 ・日常活動是否需要限制，有心臟病、氣喘病患者，體育課須限制劇烈運動，此可供入學後之參考

資料來源：行政院衛生署（2005b）。

康照護之外，更可以協助傳染病的防治，如此對疾病之產生，可起相當之遏止作用。此外，一旦疾病發生，如能以妥善的護理方式及藥物治療，不但可以早日痊癒，且可使嬰幼兒所受到的傷害減低到最小。因此，保育人員對於嬰幼兒的疾病預防及護理常識，均須有所涉獵，以備不時之需。

貳、預防注射

嬰兒自離母體後，已從母體獲得先天的免疫抗體（antibody），倘若母體曾罹患過某些傳染病，如天花、流行性腮腺炎、白喉、麻疹等，母體血液已有了此等傳染病抗體，可經由胎盤送入胎兒體中，然此種免疫僅可維持數週或數月，以後逐漸消失，亦即抵抗力愈弱，醫學上為加強嬰幼兒之免疫力，遂以預防接種（vaccination）的方式使人類產生免疫作用，以便對各種疾病產生抵抗能力，接受預防注射後個體內產生抗體，抗體能殺滅各該病原體或能中和其毒素減輕其毒力，以達到預防疾病的目的，由於免疫體來源之不同，可分下列兩種免疫方式。

一、自動免疫

自動免疫（active immunizations）乃以毒力減弱或較致死量為少之病原體或其產物注射於人體，使體內組織產生對抗此種病原體之特殊反應，叫作自動免疫法。較常見的自動免疫注射有：

(一) 結核病免疫（tuberculosis immunization）

即卡介苗（Bacillus Calmette-Guerin vaccine，簡稱BCG）接種。結核病是感染結核桿菌所引起的疾病，結核菌侵入人體後，可在任何器官引起病變，如肺、腦膜、淋巴腺、骨骼、腸、泌尿及生殖器官等，其中以侵害肺部最多。早期的肺結核病人沒有什麼症狀，容易被忽略而延誤治療的時間，如出現咳嗽、咳痰、食慾不振、體重減輕、長期發燒、夜間盜汗、咳血等症狀，可能是中度或重度肺結核了。

卡介苗是一種牛的分枝桿菌所製成的活性疫苗，經減毒後注入人體，可產生對結核病的抵抗力，一般對初期症候的預防效果約85%，主要可避免造成結核性腦膜炎等嚴重併發症。卡介苗毒性很低，通常

嬰兒在出生一週內就接種,滿三個月後,做一次結核菌試驗(tuber-culin test),如呈陰性反應,則再接種一次。接種卡介苗後,局部應有小疤形成,否則表示接種無效,宜再次注射直到陽性反應為止。

(二)混合抗原免疫法(combined preparations)

常用之疫苗為白喉(diphtheria)、破傷風(tetanus)及百日咳(pertussis)三種疫苗(簡稱DPT)加以混合。白喉通常發生在十五歲以下沒有接種白喉疫苗的小孩,主要侵犯咽喉部,病童因白喉桿菌在鼻、扁桃腺、咽或喉部產生偽膜而引起呼吸道阻塞,白喉桿菌分泌的毒素可以引起心肌炎或神經炎等嚴重的合併症,死亡率約為10%。破傷風係因破傷風桿菌進入深部的傷口,在無氧的情況下大量繁殖後放出毒素而引起嚴重的神經、肌肉症狀,如牙關緊閉、肌肉收縮、四肢痙攣等。一般破傷風桿菌廣泛地存在土壤、骯髒的地方,如因意外導致較深的傷口感染破傷風,死亡率高達50%以上,尤其是新生兒及五十歲以上的老年人死亡率最高。百日咳是一種急性呼吸道細菌傳染,易侵犯五歲以下的兒童,會引起嚴重的陣發性咳嗽而影響病人的呼吸及進食。罹患百日咳的兒童易併發肺炎、痙攣或較嚴重的腦部問題,75%的死亡病例是一歲以下的小孩,尤其是六個月以下的嬰兒。DPT是利用破傷風和白喉桿菌所分泌出來的外毒素,經減毒製成類毒素,與被殺死的百日咳桿菌混合製成,可預防白喉、百日咳及破傷風。在嬰兒滿二個月、四個月、六個月時各接種一次。接種三次之後,免疫力極高,但幾個月後,免疫力會降低下來,因此通常在十八個月時,給予加強疫苗,而四至六歲時再注射一次。接種此混合疫苗會有發燒、虛弱、食慾不好或注射部位痠痛的情形。

(三)麻疹疫苗(measles vaccine)

麻疹是一種急性、高傳染性的病毒性疾病,通常經由飛沫傳染,感染後約十天會發高燒、咳嗽、結膜炎、鼻炎,且口腔的頰側黏膜會發現柯氏斑點,疹子最先出現在面頰及耳後,隨即散布到四肢及全

身，較嚴重者會併發中耳炎、肺炎或腦炎，而導致耳聾或智力遲鈍，甚至死亡。麻疹在嬰兒期致病率很高，目前在國內所使用的麻疹疫苗為活性減毒疫苗，預防效果可達95％以上，但因第一劑麻疹疫苗在一歲以下接種，免疫效果可能受到母親傳給小孩的抗體干擾而失效，故應於十五個月及國小一年級再接種麻疹、腮腺炎、德國麻疹混合疫苗（MMR），提高預防接種效果。接種後，有少部分的嬰兒會發燒，甚至皮膚發疹，但會自動消失。

(四)小兒麻痺疫苗（poliomyelitis vaccine）

小兒麻痺症在醫學上稱為「脊髓灰白質炎」，是感染小兒麻痺病毒所引起，而人類是唯一的宿主，其感染來源是患者之糞便或口咽分泌物，感染後潛伏期約七至十天，病情輕的有發燒、頭痛、腸胃障礙、甚至頸背僵硬等症狀，重則造成肢體麻痺、終身殘障、甚至造成吞嚥或呼吸肌肉的麻痺而死亡，雖然臺灣已是小兒麻痺根除地區，但如果幼兒未完成接種，由境外移入的小兒麻痺病毒，仍有可能再度引發流行，故國內仍維持口服小兒麻痺疫苗的現行政策，以保護幼兒，預防感染。

小兒麻痺疫苗分為口服用沙賓（Sabine）疫苗及注射用沙克（Salk）疫苗兩種。沙克疫苗是採注射方式的非活性疫苗，優點是注射後不會引起麻痺症狀，缺點為須採注射式，嬰幼兒較無法接受，且無群體免疫效果。

沙賓疫苗是採口服式的活性減毒疫苗，沙賓疫苗只要口服，使用方便，容易推行，預防效果也很好且持久，最大的優點在於可以經由糞便排出，使得接觸者也可以間接得到免疫的效果，同時可造成黏膜免疫力，預防野生株病毒的繁殖及排泄，這種效果是沙克疫苗無法達到的。目前我國大都採用口服藥免疫，服用時間通常在嬰兒出生後二個月、四個月及六個月時連續服用三次，一歲半及國小一年級各再給予一次，如此可使嬰幼兒身體營生大量之抗體。

表6-3　各項預防接種時程、接種疫苗後可能發生的反應與處理方法及禁忌一覽表

接種疫苗種類	現行接種時程	反應及處理方法	禁忌
卡介苗（BCG）活性疫苗	・出生二十四小時以後 ・國小一年級普查及對測驗陰性者追加	1.注射後接種部位大都有紅色小結節，不須特別處理。若變成輕微的膿疱或潰瘍，不需要擠壓或包紮，只要保持局部清潔，用無菌紗布或棉球擦拭即可，約經二至三月潰瘍就會自然癒合。 2.如果接種部位出現多量的膿液或發生同側腋窩淋巴腺腫大情形，可請醫師診治。	1.發高燒。 2.患有嚴重急性症狀及免疫不全者。 3.出生時伴有其他嚴重之先天性疾病。 4.新生兒體重低於二千五百公克時。 5.可疑之結核病患，勿直接接種卡介苗，應先做結核菌素測驗。
B型肝炎疫苗（HBV）不活性疫苗	・出生滿三至五天 ・出生滿一個月 ・出生滿六個月	1.注射部位有痠痛感覺，出現紅腫硬塊，出疹子或發癢。 2.偶爾會有疲倦、短期發燒、頭痛、噁心或嘔吐。	1.出生後觀察四十八小時後，認為嬰兒外表、內臟機能及活動力欠佳者。 2.出生體重未達二千公克（出生一個月後或體重超過二千公克，即可注射）。 3.有窒息、呼吸困難、心臟機能不全、嚴重黃疸（血清總膽色素大於15毫克/公撮），昏迷或抽搐等嚴重病情者。 4.有先天性畸形及嚴重的內臟機能障礙者。

（續）表6-3　各項預防接種時程、接種疫苗後可能發生的反應與處理方法
及禁忌一覽表

接種疫苗種類	現行接種時程	反應及處理方法	禁忌
白喉、百日咳、破傷風混合疫苗（DPT）三合一疫苗	・出生滿二個月 ・出生滿四個月 ・出生滿六個月 ・出生滿十八個月	1.局部紅腫、疼痛、硬塊的現象，兩天內可能會有輕度至中度之發燒、全身不適、哭鬧不安等反應，通常二至三天會恢復。 2.如接種部位紅腫、硬塊不退、發生膿瘍或接種後持續高燒，則必須請醫師處理。	1.發高燒。 2.患有嚴重疾病者，但一般的感冒不在此限。 3.患有嚴重的腎臟、肝臟疾病及心臟血管疾病者。 4.患有進行性痙攣症或神經系統疾病者，但已不再進行的神經系統疾病，如腦性麻痺等，則不在此限。 5.對DTP、DT或Td疫苗的接種有嚴重反應，如痙攣等。 6.正使用免疫抑制劑或高劑量腎上腺皮質素者。 7.六歲以上。
小兒麻痺疫苗（OPV）活性疫苗	・出生滿二個月 ・出生滿四個月 ・出生滿六個月 ・出生滿十八個月 ・國小一年級	1.一般少有特別反應。 2.口服疫苗前後半小時不要飲水或進食，以免疫苗稀釋而影響疫苗效力。	1.發高燒。 2.免疫缺失者。 3.正使用免疫抑制劑或高劑量腎上腺皮質素者。 4.孕婦。
麻疹疫苗Measles活性疫苗	・出生滿九個月	1.接種部位可能有局部反應，如紅、熱或腫脹。 2.約有5％至10％於接種後五至十二天，會有輕微發燒，偶爾會出現紅疹、鼻炎、輕微的咳嗽或柯氏斑點，可能持續二至五天。	1.嚴重急性呼吸道感染或其他感染而導致發高燒者。 2.免疫功能不全者。 3.正使用免疫抑制劑或高劑量腎上腺皮質素者。有先天性畸形及嚴重的內臟機能障礙者。 4.孕婦。

（續）表6-3　各項預防接種時程、接種疫苗後可能發生的反應與處理方法及禁忌一覽表

接種疫苗種類	現行接種時程	反應及處理方法	禁忌
水痘疫苗（Varicella）活性疫苗	・出生滿十二個月	1.接種部位可能有發紅、疼痛或腫脹等局部反應，接種後一個月內可能產生輕微的水痘症狀，但是發生率很低。與自然感染水痘病毒一樣，疫苗的病毒可能潛伏在體內，在免疫功能低下時，病毒再活化而表現成帶狀疱疹，但其發生率與症狀都低於自然感染。 2.可能有輕微的發燒，偶有發生高燒、抽搐之現象。	1.已知對gelatin、neomycin或本疫苗之其他成分過敏者。 2.患有嚴重疾病或其他急性病症者。 3.罹患白血病等惡性疾病或免疫不全者。 4.正使用免疫抑制劑或高劑量腎上腺皮質素者。 5.未經治療之活動性肺結核患者。 6.懷孕者。 7.其他經醫師評估不適宜接種者。
麻疹、腮腺炎、德國麻疹混合疫苗（MMR）活性疫苗	・出生滿十五個月	1.局部反應很少。 2.與麻疹疫苗一樣在接種後五至十二天，偶有疹子、咳嗽、鼻炎或發燒等症狀。	1.嚴重急性呼吸道感染者或其他感染而導致發高燒者。 2.免疫不全者。 3.孕婦。
日本腦炎疫苗（Japanese Encephalitis Vaccine）不活性疫苗	・出生滿十五個月 ・隔二週第二劑 ・隔一年第三劑 ・國小一年級	1.接種部位偶有發紅、腫脹、疼痛等症狀。 2.偶有全身反應，如發燒、惡寒、頭痛及倦怠感，通常二至三天會消失。	1.發燒者。 2.患有嚴重的腎臟、肝臟疾病及心臟血管疾病者。 3.患有進行性痙攣症或神經系統疾病者，但已不再進行的神經系統疾病，如腦性麻痺等，則不在此限。

資料來源：1.行政院衛生署疾病管制局（2006）。
　　　　　2.行政院衛生署（2005b）。

表6-4　預防接種時間表

適合接種年齡	法定疫苗		選擇疫苗	
出生24小時內	B型肝炎免疫球蛋白	一劑		
出生滿24小時以後	卡介苗	一劑		
出生滿3-5天	B型肝炎疫苗1	第一劑		
出生滿1個月	B型肝炎疫苗2	第二劑		
出生滿2個月	白喉百日咳破傷風1	第一劑	新型三合一	第一劑
	小兒麻痺疫苗1	第一劑	B型嗜血桿菌	第一劑
出生滿4個月	白喉百日咳破傷風2	第二劑	新型三合一	第二劑
	小兒麻痺疫苗2	第二劑	B型嗜血桿菌	第二劑
出生滿6個月	白喉百日咳破傷風3	第三劑	新型三合一	第三劑
	小兒麻痺疫苗3	第三劑		
	B型肝炎疫苗3	第三劑		
出生滿9個月	麻疹	一劑		
出生滿1年			B型嗜血桿菌	第三劑
			水痘	一劑
出生滿1年3個月	麻疹腮腺炎德國麻疹	一劑		
	日本腦炎1 日本腦炎2	第一劑 第二劑 (隔二週)		
出生滿1年6個月	白喉百日咳破傷風3' 小兒麻痺疫苗3'	追加 追加	新型三合一	追加
出生滿2年3個月	日本腦炎3	第三劑		
國小1年級	破傷風減量白喉混合疫苗3"	追加	新型三合一	追加
	小兒麻痺疫苗3"	追加		
	日本腦炎3'	追加		

資料來源：行政院衛生署（2005b）。

(五)日本腦炎疫苗（Japanese encephalitis vaccine）

日本腦炎係日本腦炎病毒引起的急性腦膜腦炎，蚊子爲傳染媒介，潛伏期五至十五天，日本腦炎主要流行季節爲春末夏初，病毒在豬、牛身上繁殖，再經由蚊子叮咬人體而感染，感染者大部分爲無症狀感染，少數人有頭痛、發燒、嘔吐等無菌性腦膜炎表徵，有些伴隨嗜睡、抽搐、昏迷、肢體麻痺或性格異常等腦炎症狀，甚至死亡。日本腦炎至目前無特殊療法，唯一預防方法即施打日本腦炎疫苗，日本腦炎疫苗爲一種不活性病毒疫苗，宜於滿二歲（或十五至二十七個月）開始接種，一至二週後注射第二次，再隔一年後追加一次。

表6-3及表6-4列出行政院衛生署所訂的預防接種時間表供參考。除此注射時間表外，如幼兒住在某些流行病區，如傷寒、黃熱病、鼠疫、霍亂等，或將隨家人至流行病區辦事或旅行時，對該疾病之免疫注射宜加重視。

二、被動免疫

以含有某種抗體之血清，注射於人體，使體內具有抗體，在嬰兒早期，其體內常具有得自母體之抗體。此外，醫學界常用免疫血清（immune serum）預防百日咳，以恢復期血清（convalescent serum）預防天花，都是被動免疫（passive immunization）的例子。

參、疫苗種類

一、活性減毒疫苗

活性減毒疫苗接種後就像輕微的自然感染，通常不會致病，所產生的免疫力比較持久、效果佳，但是少數個案可能會引起類似自然感染的症狀，故有安全上的顧慮，同時較易受外來的抗體影響效力。目前已經有的活性減毒疫苗包括卡介苗、口服小兒麻痺疫苗、麻疹疫

表6-5 活性減毒疫苗與不活化疫苗之比較

性質	活性減毒疫苗	不活化疫苗
接種路徑	自然或注射	注射
劑量或花費	低	高
接種劑量	大部分單劑	多劑
佐劑添加	不需要	需要
免疫力持續	長期	短期
毒力恢復	極少	無
熱不安定性	較敏感	較不敏感
攝氏零度以下環境	可儲存於攝氏零度以下	會影響效價

資料來源：行政院衛生署疾病管制局（2006）。

苗、德國麻疹疫苗、麻疹腮腺炎德國麻疹混合疫苗、水痘疫苗、黃熱病疫苗等。

二、不活化疫苗

不活化疫苗不會造成感染，安全上的顧慮小，但其免疫效果一般較低，須注射多次才能維持免疫力。非活性疫苗則包括了白喉類毒素、破傷風類毒素、百日咳疫苗、白喉破傷風百日咳混合疫苗、破傷風減量白喉混合疫苗、日本腦炎疫苗、注射小兒麻痺疫苗、流感疫苗、A型肝炎疫苗、B型肝炎疫苗、b型嗜血桿菌疫苗、流行性腦脊髓膜炎疫苗、肺炎雙球菌疫苗、狂犬病疫苗、霍亂疫苗等。

肆、幼兒常規疫苗與自費疫苗

一、常規疫苗

1.卡介苗。

2.B型肝炎疫苗。

3.白喉、百日咳、破傷風混合疫苗。

4.小兒麻痺口服疫苗。

5.麻疹疫苗。

6.麻疹、腮腺炎、德國麻疹混合疫苗。

7.日本腦炎疫苗。

二、目前國內上市使用之自費疫苗

(一)白喉破傷風非細胞性百日咳混合疫苗（俗稱新型或第二代三合一疫苗）

傳統的三合一疫苗，是將百日咳桿菌去活化製成死菌疫苗，其中有一些成分特別容易引起如發燒等副作用。新型（或第二代）三合一疫苗，是將百日咳桿菌的有效免疫成分純化，除掉無效有害的物質，使得疫苗仍然能夠產生適當的免疫力，這種疫苗經研究可減少發燒等副作用的發生率，如接種傳統三合一疫苗有發高燒等反應，可改接種此疫苗。有些廠牌則發展出可將此疫苗與同廠牌的b型嗜血桿菌疫苗混合為一針接種。

(二) b 型嗜血桿菌疫苗

b型嗜血桿菌是五歲以下幼兒細菌感染的主因之一，它可以引起中耳炎、會厭炎、肺炎、腦膜炎、心包膜炎、關節炎及敗血症等嚴重合併症。此疫苗一般建議基礎劑於二、四、六個月各接種一劑（有些廠牌基礎接種兩劑），並於十二至十五個月追加一劑。其接種劑次依開始接種疫苗的年齡大小而有不同，例如未曾接種此種疫苗的十五個月至五歲的兒童，只要接種一劑即可。五歲以上很少出現此症，而且即使感染也都很輕微，一般建議不需要接種。

(三)流行性感冒疫苗及肺炎球菌疫苗

這兩項疫苗，一般醫師針對免疫缺失或心肺疾病的高危險群建議

接種。流行性感冒疫苗僅對流行性感冒病毒引起的病症有效，並非所有的感冒都能預防。六個月以下嬰兒無法產生有效免疫力，不適合接種。目前我國於每年流感疫苗接種計畫期間，免費提供六個月以上二歲以下之幼兒接種。而目前國內上市的多醣體肺炎鏈球菌疫苗，於兩歲以下幼兒因接種免疫反應差，並不建議接種。

(四)混合疫苗（或稱多合一疫苗）

目前雖有部分疫苗可同時接種但都必須接種在不同部位，由於疫苗的種類不斷增加，為了減少幼兒接種的次數，同時維持原來疫苗之有效性及安全性，現今已有將同一時間接種的不同疫苗混合成一針的疫苗核准上市。如將白喉破傷風非細胞性百日咳、不活化小兒麻痺、b型嗜血桿菌、B型肝炎疫苗混合的四合一、五合一與六合一疫苗，在各國上市或正進行臨床試驗，未來亦可能有其他混合疫苗陸續研發上市。

伍、預防接種的禁忌

在下列情況下，對於嬰幼兒的預防接種應考慮延期接種或改變預防接種方式：

1. 患急性吸呼道或他種傳染病時，應延期實施。
2. 有腦部受傷或患有驚厥的嬰幼兒，一歲以後才可做預防接種，並減少使用劑量。
3. 服用類固醇（steroid）藥品的嬰幼兒，製造抗體的能力大為減低，須待不再服用此類藥品時再行接種，必要時僅接種反應少的疫苗，方較安全。

除以上所提三點外，**表6-3**說明了各項預防接種時程、接種疫苗後可能發生的反應與處理方法及禁忌。

陸、嬰兒常見的疾病及護理

一、流行性感冒

(一)原因

直接原因為一種濾過性病毒，由於患者的唾液分泌物及沾污之用具傳染而來，是一種急性呼吸道接觸傳染病；間接原因則為嬰幼兒營養不良、疲勞過度、衣著不足受涼而致抵抗力轉弱，終讓病毒侵襲。

(二)症狀

1. 發高燒、頭痛、流鼻涕、全身倦怠、眼球後作痛、結膜發炎、全身骨骼疼痛。
2. 喉頭不舒服、呼吸氣管發炎、咳嗽、食慾不振、消化不良、便秘或下瀉。

(三)併發症

中耳炎、支氣管炎、肺炎等。

(四)預防法

1. 不接近患者，避免至公共場所，將患者嚴格隔離。
2. 供給充足營養品，增強抵抗力。

(五)護理法

1. 保持安靜，多休息。
2. 多喝開水，補充水分。
3. 請醫生對症治療。
4. 調配易於消化且營養之食物。

5.寢具、餐具要注意消毒、清潔。

6.臥室空氣宜清新流通，但不可對窗直吹，以免再受涼。

7.隔離治療，以免傳染其他幼兒。

二、麻疹

(一)原因

是嬰幼兒急性傳染病之一，為濾過性病毒所傳染。傳染之主要途徑是空氣，講話與咳嗽之細菌亦是途徑之一，在發病初期傳染性最大。嬰兒在最初六個月有從母體處得來之免疫體，所以一般不會在此期得病，二至六歲的幼兒最易患此病，患過此病後，通常終生有免疫體。

(二)症狀

1.潛伏期約七至十四天，輕度發熱、易疲勞。

2.初期以上呼吸道感染、發燒、頭痛、不活潑、食慾不振、眼睛發紅、流眼淚、眼屎特別多，口內潮紅、有白斑點、喉炎。

3.發疹期：約在發熱後三至四天高燒、疹子出現，初為淡紅，以後變成紅色。最先由耳後下方髮根處出現，迅速發展及於臉、頸、胸，二十四小時後及於背部、腹部、手腳，四十八小時後蔓延及手、腳心，面部皮疹即開始消失。

4.恢復期：十二至二十四小時內燒漸退，疹子約在七至十日退淨，皮膚有色素沉著為褐色。

(三)併發症

支氣管炎、腦炎、肺炎、中耳炎等。

(四)預防法

1.不與患者接觸。

2.血清注射，有時也許無法完全防止，但如患病會較輕微。

(五)護理法

1.保持病房安靜，光線宜暗一點。
2.保持室內溫度的新鮮溫暖，注意體溫、脈搏、呼吸之變化，勿受涼以防併發症。
3.保持身體之清潔，但衣服應穿暖和輕便的。
4.注意飲食，吃易消化的食物，供給多量的水分。
5.睡眠和休息要充足。
6.恢復期要注意營養的補充，預防併發症，勿劇烈運動。
7.將病兒隔離，可避免傳染其他病或傳染給其他人。

三、百日咳

(一)原因

是一種呼吸器官急性傳染病，大都由幼兒口中飛出唾液泡沫傳染，百日咳病菌是一種球桿菌，發病初期之唾液或痰中含有大量之細菌，愈接近末期，細菌的含量愈少，所以病發初期之傳染力大，四歲以下最容易患染，女孩較男孩易得此病，已得到此病就會終生免疫。

(二)症狀

1.潛伏期約五至十五天，病的持久期約六星期。
2.初期的症狀和感冒相似，有輕度的咳嗽，尤其在夜裡，慢慢的咳嗽變為厲害，白天亦咳嗽，並有鼻炎、打噴嚏、聲音嘶啞，有時咽喉發紅及輕度發燒。
3.痙攣性咳嗽時期：病發後約二星期，咳嗽變得很厲害，有一陣陣的爆發性咳嗽，臉部發紅，甚至發紫，出汗，呼吸困難。咳到最後突有一深吸的動作，同時並有啼聲，可能引起嘔吐，痰為黏液性，有時嚴重咳嗽後精力衰竭，或神志昏迷，或有驚厥

現象。

4.恢復期：病發後約第五週，所有症狀都漸漸減輕，但有時另一
　種傳染，如傳染到病毒性鼻炎時，會使這種咳嗽重發。

(三)併發症

1.支氣管肺炎、支氣管擴張症等。
2.舌繫帶潰爛、腹瀉等。
3.驚厥現象、腦炎等。
4.出血現象，鼻出血、咯血、結合膜下出血。

(四)預防法

1.接受預防接種。
2.不與患者接觸。

(五)護理法

1.藥物治療，依醫師的指示。
2.免血清或免疫性人血清注射，可以減輕痙攣性咳嗽。
3.除非有併發症，否則須到室外呼吸新鮮空氣和曬太陽。
4.與健康幼兒隔離，以防傳染。
5.注意病兒之舒適、空氣流通、室溫適宜，在痙咳時可採取坐臥
　式，易吐出。
6.在陣痙咳時，用腹帶紮腹部，使病兒舒服，並可預防疝氣。
7.保溫不可受涼。
8.注意口腔、鼻、耳之清潔，即個人衛生。
9.注意排泄，勿使便秘，否則會加重痙咳陣發。
10.注意營養，宜少量多餐，供給足夠養分，保持身體健康。
11.鼓勵病兒自制，勿以故意咳嗽引人注意。

四、白喉

(一)原因

白喉是一種急性傳染病，由白喉桿菌所引起，白喉桿菌呈細長形，可能稍呈彎曲形狀，很容易被熱力所消滅，抗寒力很高，可在冰內活數星期，在乳汁內及已乾燥的黏液內可活數天至數星期。傳染的方式大都由患者或帶菌者的飛沫傳染所致，幼兒期的患者很多，患病後有免疫性。

(二)症狀

1. 潛伏期約二至六天。
2. 細菌在咽頭扁桃腺繁殖後侵入組織，產生壞死和發炎，然後產生出滲透液與壞死組織形成一層假膜，膜液包在扁桃腺上，上面可到鼻子，下面可到支氣管，並可產生毒素至心臟，使心臟發炎。
3. 發熱、全身不適、喉頭咽頭痛。
4. 扁桃腺咽頭紅腫，二十四小時發炎，並有黃色滲透液，形成假膜，不易去掉。
5. 假膜直擴張到鼻子時，會有帶血的分泌物，並有臭味。
6. 若分泌物到咽頭，支氣管就會阻塞而呼吸困難，並有聲音，臉發紺，神智不清。

(三)併發症

1. 支氣管肺炎、肺膨脹不全、呼吸通路阻塞。
2. 心臟發炎，導致心臟衰竭、麻痺、神經炎、神經麻痺。
3. 血液循環衰竭、腎臟炎。

(四)預防法

1.注射白喉類毒素。

2.少與患者接觸。

(五) 護理法

1.病兒需要隔離治療。

2.注射白喉血清（即類毒素）。

3.保持安靜，多休息。

4.急救時得切開氣管手術。

五、水痘

(一)原因

　　水痘是幼兒的一種急性傳染病，病原體是濾過性病毒。傳染途徑為空氣、直接接觸或飛沫傳染，傳染力很強，患者多為二至六歲，患過一次即有終生免疫性。

(二)症狀

1.潛伏期約十三至十七天，在發疹後二十四小時至發疹後七日有傳染性。

2.輕微的發熱，全身疲乏，食慾不振。

3.出現斑疹，最初是紅色小斑點，二十四小時後就變成米粒大，再變成豌豆一樣大的水泡，二、三天內逐漸增多，而後進入結痂期，除非受續發性細菌傳染，絕不化膿。

4.發疹普通由軀幹開始，然後蔓延到頭部、肩、手足暴露部，有時在黏膜上可能找到，如發疹厲害會發高燒。

(三)併發症

　　很少有併發症者，有時會引起腦炎、脊髓炎或神經炎等症。

(四)預防法

保護體弱幼兒，六歲以下者可注射病後二至三個月恢復期血清或注射免疫球蛋白，雖不能完全免疫，可減輕症狀。

(五)護理法

1.依醫生指示治療。

2.發熱時預防受涼及上呼吸道的感染。

3.將幼兒指甲剪短，並須保持清潔，勿使抓破，以免傳染及留下疤痕。

4.皮膚應保持清潔，每天洗澡，不可用刺激性肥皂。

5.衣服之選擇須柔軟而輕便，吸汗且透風。

6.注意不正常現象，預防併發症的發生。

7.注意有足夠之睡眠，且多休息。

六、肺炎

(一)原因

1.由肺炎雙球菌引起，傳染途徑是由小滴飛沫經呼吸道傳染。

2.由感冒、支氣管炎變成，或由百日咳、麻疹等症併發。

3.營養不良、過度疲勞，以致抵抗力弱而引起。

(二)症狀

1.發高燒、鼻炎、流鼻水、喉頭腫紅、疲勞、不安、咳嗽。

2.胸部疼痛、呼吸急促、呼吸困難。

3.心臟容易衰弱、脈搏跳動快而弱。

4.舌常有舌苔，重者舌變乾。

5.便秘、腹脹、尿量少。

(三)併發症

中耳炎、肋膜炎、腦膜炎、腹膜炎等。

(四)預防法

1.注射肺炎雙球菌疫苗，可以減低感染的機率。

2.禁止與病兒接近。

3.愼防由其他病症轉化或併發。

(五)護理法

1.按醫生所囑治療，最好住院接受治療。

2.安靜休息、供給氧氣、水分及易消化營養食物。

3.避免著涼。

4.注意口腔護理。

5.呼吸困難時，可用半臥式較舒服。

6.腹脹之處理：因腹脹會增加呼吸困難，必要時可給灌腸。

7.在發紺時，可按醫囑給氧氣。

8.注意恢復期，應避免過度疲勞。

七、小兒麻痺

一般所指小兒麻痺是指脊髓性小兒麻痺（poliomyelitis），原名爲急性脊髓灰白質炎，患者手腳引起萎縮現象。

(一)原因

多半由於幼兒期，傳染性病毒侵入脊髓灰質體引起骨膜炎或骨髓炎，造成脊髓神經之損傷而引起下肢肌肉的收縮與肢骨發育障礙等狀態（郭爲藩，1993）。

(二)症狀

1.潛伏期約四至十天。

2.突然發高燒後一至二日間衰退，之後手腳發生麻痺。

3.最初症狀與感冒相似。

4.除手腳外，腹部或頸部的肌肉也可能麻痺。

5.因長期麻痺的結果，該處組織萎縮，發育不佳。

(三)預防法

1.注射沙克疫苗，沙賓口服疫苗內服。

2.夏季流行季節應避免被傳染。

(四)護理法

1.即早接受醫生診治。

2.保持安靜，約一週時間，避免受到任何刺激。

3.麻痺部分使用按摩法，防止手腳發生萎縮。

4.如已麻痺，應速做復健（rehabilitation）工作，使機能之喪失達到最小。

八、日本腦炎（腦膜炎）

(一)原因

為濾過性病毒所引起，經由蚊蟲媒介傳染，流行期以蚊蟲孳生時期5至9月為主，以一至七歲的幼兒較易罹患此病。

(二)症狀

1.初期症狀為發燒、頭痛、嘔吐、食慾不振等，體溫通常升得很高，約七至十日才能退，病兒出現不安、不適。

2.初期症狀之後就發生精神障礙，嚴重者，有意識障礙，一、二星期內就死亡。

3.有時因興奮而說囈語，手腳麻痺或亂動，做出奇怪的動作。

4.退熱後往往變成手腳不聽指揮，意識不清或癡呆。

(三) 併發症

肢體殘障、性格異常、智能障礙。

(四)預防法

1.流行季節注射日本腦炎疫苗。

2.改善環境衛生，撲滅蚊蟲，避免被蚊子叮咬，杜絕媒介感染。

3.避免在炎熱之陽光下運動或過度疲勞。

(五)護理法

1.住院隔離，並防止肺炎之發生。

2.注射大量的抗生素或輸血。

3.若無法進食可以橡皮管灌入流質食物，以防營養缺乏症發生。

九、腸病毒

(一)原因

　　腸病毒屬濾過性病毒，是一群病毒的總稱，包括23型A群克沙奇病毒、6型B群克沙奇病毒、3型小兒麻痺病毒、30型伊科病毒及最後發現的68至71型腸病毒，一共有六十六種病毒。

(二)症狀

1.潛伏期：二至十天，平均約三至五天。

2.腸病毒可以引起多種疾病，其中很多是沒有症狀的感染，有些則只有發燒或類似一般感冒的症狀，有時候則會引起一些特殊的臨床表現，包括手足口病（hand-foot-and-mouth disease）、疱疹性咽峽炎（herpangina）、無菌性腦膜炎、病毒性腦炎、肢體

麻痺症候群、急性出血性結膜炎（acute hemorrhagic conjunctivitis）、心肌炎等。

3. 手足口病患者會在手掌、腳掌、膝蓋與臀部周圍出現稍微隆起的紅疹，疹子的頂端大都有小水泡，口腔也會有潰瘍。

4. 疱疹性咽峽炎大都會發高燒，特點是在口腔後部出現水泡，然後很快地破掉變成潰瘍。

(三)併發症

1. 有嗜睡、意識不清、活力不佳、手腳無力應即早就醫，一般神經併發症是在發疹二至四天後出現。

2. 肌躍型抽搐（類似受到驚嚇的突發性全身肌肉收縮動作）。

3. 持續嘔吐。

4. 持續發燒、活動力降低、煩躁不安、意識變化、昏迷、頸部僵硬、肢體麻痺、抽搐、呼吸急促、全身無力、心跳加快或心律不整等。

(四)預防法

由於腸病毒型別很多，無法得過一次就終生免疫，而且目前並沒有疫苗（小兒麻痺疫苗除外）可以預防，又可經口、飛沫、接觸之途徑傳染，控制不易，所以勤於正確洗手，保持良好個人衛生習慣，減少被傳染的機會是預防的基本方法。

1. 時時注意個人衛生，經常正確洗手。

2. 注意環境衛生及通風。

3. 流行期間盡量避免出入過度擁擠之公共場所，不要與疑似病患（家人或同學）接觸。

4. 注意營養、均衡飲食、運動及充足睡眠，以增強個人的免疫力。

5.幼童（尤其三歲以下幼兒）有較高比率併發腦炎、類小兒麻痺症候群或肺水腫等嚴重症狀，因此幼童之照顧者或接觸者應特別注意個人衛生，避免將病毒傳染給幼童。

6.餵食母乳，以提高嬰兒抵抗力。

(五)護理法

　　家中如有幼兒感染，建議家長請假在家休息，以免傳染他人，請病童多休息，注意適當補充水分。

第九節　幼兒保護

　　生而為人，就應受到絕對的、無條件的尊重──這不但是吾人基於常識應有的理念，也是人類學的法則（馬佳斯基，1989），但事實上並不是如此，尤其身為人類的幼苗──兒童。據美國1984年的統計：有一百零二萬四千一百七十八個家庭與一百七十二萬六千六百四十九個兒童被列為遭到父母虐待（abuse）與疏忽（neglect）之案件。其中有3.3％之重大身體傷害，17.7％之中度身體傷害，3.6％之其他身體傷害，13.3％之性攻擊以及虐待，54.6％之剝奪生活必需品，11.2％之情緒虐待以及9.6％之其他虐待（Rosen, Fanshel & Luts, 1987）。由以上統計數字，吾人可知：兒童被虐待之事件，是很普遍的現象。雖然「虎毒不食子」，但我國傳統「棒下出孝子」、「不打不成器」、「天下無不是的父母」之觀念，兒童被虐待的事件，想必層出不窮，而學前兒童──幼兒，自不能幸免，從報章雜誌中，屢屢傳出幼兒被虐待致死、受傷、綁架、強暴之事件，可窺知一二，而尚無自衛能力之幼兒，其保護措施就更顯得重要了。

壹、幼兒被虐待之意義及種類

幼兒被虐待意指父母或對幼兒有照顧責任之人，因加諸不當行為或疏忽，造成幼兒身體或心理有形、無形的傷害。幼兒被虐待的種類很多，歸納如下（中華兒童福利基金會，1992；武自珍，1988；鄭瑞隆，1988；王明仁等，1989）：

一、身體虐待

所謂身體上的虐待（physical abuse）即直接或間接加諸幼兒的身體傷害行為，諸如：搖撼、毆打、燙傷、供其服用鎮定劑或安眠藥等。身體上的傷害可能導致幼兒瘀青、身體部位受傷、骨折、中毒、生病，嚴重者造成肢體殘障，甚至死亡。

二、身心上的疏忽

所謂疏忽（neglect）就是沒有適當地照顧到幼兒的健康、安全及幸福。身體上的疏忽包括未能提供適當的衣服、營養與醫療等；心理上的疏忽包括無法提供適當的教育、精神的慰藉及讓幼兒獨處自家（如鑰匙兒）等。身心上的疏忽可能導致幼兒受傷、生病、智能發展遲緩、缺乏管教、缺乏安全感、退縮、孤僻、被綁架等。

三、精神虐待

所謂精神虐待（mental abuse）係指對幼兒造成心理上的恐懼或侮辱，諸如：厲聲叫罵、輕視、嘲笑、恐嚇、不與其講話、不能給予溫暖及愛等。精神上的傷害可能導致幼兒人格發展異常、缺乏安全感、人際關係障礙等。

四、性虐待

所謂性虐待（sex abuse）係指對幼兒做出性騷擾或強姦。性虐待包括玩弄生殖器官、手淫、褻玩身體其他部位、強姦以及故意對幼兒暴露性器官等部位。性虐待會對幼兒造成生理及心理上的影響，於生理上可能造成陰部出血、陰部及大腿附近瘀傷及紅腫、處女膜破裂和性病等；於心理上可能造成恐懼、驚慌、不安全感、羞恥、噩夢、憎恨異性等。

貳、被虐待幼兒之特質

要保護幼兒，最根本的做法是先去瞭解何種特質的幼兒最容易被虐待，亦即被虐待之幼兒本身所具備的特殊情況，吾人大致可歸納爲以下幾點（王明仁等，1989）：

一、不可愛的

一般人都相信，受虐待或不夠健壯的幼兒都是不可愛的，「不可愛」便是虐待幼兒方程式中的原始因素。

二、不預期出生的

在理想的狀況下，一個父母渴望獲得的幼兒，自然是父母視爲可愛的，這會使父母彼此支持，樂於擔任父母的角色。相反地，若是父母不預期出生的幼兒，可能讓父母產生焦慮、拒絕和反感的態度，進而產生虐待的行爲。

三、不好帶的

柔順、好帶的幼兒，會增加父母正面的情感，增進他們和幼兒親情的依附；相反的，不好帶的、脾氣不好的、吵吵鬧鬧的幼兒，自然

引起父母的反感，造成有形無形虐待的事件發生。

四、發展不良的

　　早產兒、體形太小、罹病，或有先天缺陷（如兔唇、智能障礙、肢體障礙）等幼兒，常會造成親子間不良的關係，讓父母對之感到失望，父母還可能對他產生拒絕或懷恨之意。

　　除以上所述四點外，我們還可發現部分人際關係差、社會技巧不良、人格偏差的幼兒，易引起被虐待的事件，而最值得注意的是，被虐待之幼兒有惡性循環之現象，亦即被虐待之幼兒，在身心特質方面，益顯上述之特徵，而更具被虐待之特質。

參、如何發現被虐待之幼兒

　　要以較快的速度發現被虐待的幼兒，可由下列幾點著手：

1. 幼兒突然不喜歡上幼稚園（或托兒所），顯示可能遭老師或保育員責備、體罰，亦可能遭到同儕之欺侮。
2. 幼兒突然要求提早到幼稚園（或托兒所），或下課後不願回家，可能為鑰匙兒，或遭家人之虐待。
3. 幼兒身體骯髒、不重衛生，或衣著過髒不換、不合時令。
4. 幼兒破壞性強，攻擊性過高，表現暴力之傾向，可能被虐待而求發洩，或模仿成人之暴力行為。
5. 幼兒身體上有瘀傷及其他傷痕。
6. 可能因被虐待，而表現出退縮、被動或過於順從。
7. 有病而未就醫，或不當醫療（如求神問卜），顯示父母對幼兒之疏忽或不重視。
8. 時時未吃早餐，過度飢餓或外表看出營養不良之狀況，顯示父母對幼兒之疏忽。

9.幼兒常感疲勞、無精打彩，顯示父母未能助其按照正常作息生活。

10.當他人向父母打聽有關幼兒的問題時，父母顯出不悅或要責打幼兒，或一味否認旁人的說詞。

11.施虐或疏忽之父母極少參與幼稚園（或托兒所）的活動，如參與教學、家長會及親子活動等。

12.中華兒童暨家庭扶助基金會（1999）公布近十年來統計施虐者特質分析時發現：施虐者以婚姻失調是主因，其次是缺乏親職知識，酗酒與藥物濫用為第三，社會孤立為第四，家庭貧窮為第五，失業為第六，其他還有精神病、迷信、施虐者本身童年有受虐經驗。

內政部兒童局（2005）也提及如何發現疑似兒童虐待案件，可從**表**6-6 受虐兒童少年身體傷害指標（生活照顧）、**表**6-7受虐兒童少年身體傷害指標（外部與臟器）、**表**6-8受虐兒童少年行為指標、**表**6-9施虐者／父母／其他主要照顧者的行為與特質指標，以及**表**6-10環境指標來加以辨識，疑似兒童虐待案件應馬上通報，以避免下一個悲劇發生。

表6-6 受虐兒童少年身體傷害指標：生活照顧

照顧 I	1.被遺棄（完全或長期遺棄）。 2.獨處於易發生危險或傷害之環境。 3.六歲以下兒童或需要特別看護之兒童及少年獨處或由不適當的人代為照顧。 4.有立即接受診治之必要，但未就醫或延誤就醫。 5.被剝奪或妨礙接受國民教育之機會。 6.被利用從事有害健康等危害性活動或欺騙之行為。 7.被利用行乞。 8.被拐騙、綁架、買賣、質押。 9.以兒童及少年為擔保之行為。 10.被強迫、引誘、容留或媒介為猥褻行為或性交。 11.被利用拍攝或錄製暴力、猥褻、色情之出版品、圖畫、錄影帶、錄音帶、影片、光碟、磁片、電子訊號、遊戲軟體、網際網路等。 12.被供應刀械、槍炮、彈藥或其他危險物品。 13.被提供或播送有害其身心發展之出版品、圖畫、錄影帶、影片、光碟、電子訊號、網際網路。 14.被帶領或誘使進入有礙其身心健康之場所。 15.被迫長時間工作或擔任體力應付不來的工作，如：深夜賣口香糖、花。 16.因身心障礙或特殊形體而被利用供人參觀。 17.被利用犯罪或為不正當之行為。 18.遭不當體罰。 19.經常目睹家中暴力行為。 20.長期被禁閉屋內。 21.經常出現疲倦、無精打彩的模樣。 22.穿著不合身（如：太大、太小、男女裝顛倒）。 23.穿著不合時令。 24.被給予不必要之醫療檢查（如：捏造病情、不斷更換醫院等），或不當處置（如：吃香灰）。 25.其他照護疏忽問題。

（續）表6-6　受虐兒童少年身體傷害指標：生活照顧

健康 II	1.缺乏充足食物，造成經常性飢餓。 2.強迫孩子吃大量食物。 3.從外觀看有體重過輕或過重情形。 4.從外觀看有營養不良的情形。 5.有非先天因素引起之發育不正常或發展遲緩現象。 6.有非過敏引起的嚴重皮膚病或疹子。 7.其他健康問題。
衛生 III	1.長年身體污穢不潔。 2.經常食用腐敗食物。 3.外貌骯髒、不整潔、有異味。 4.其他衛生問題。

資料來源：內政部兒童局（2005）。

表6-7　受虐兒童少年身體傷害指標：外部與臟器

瘀傷 I	部位	唇、眼睛、面頰、耳朵、頸部、手背、上肢、下肢、腳踝、腳底、軀幹、背部、臀部、陰莖、其他身體部位。
	狀況	圓狀、塊狀、環狀、腫塊、凸起、不規則狀、新舊傷痕、傷痕顏色深淺不一、其他。
	器具	皮帶、繩索、電線、鐵絲、木條、吊衣架、藤條、水管、鐵鏈、鐵鎚、手掌、手指、腳、其他。
燒燙傷 II	部位	口部四周、手掌（含手背）、腳掌（含腳底）、上肢、下肢、軀幹、背部、臀部、其他身體部位。
	狀況	手套狀、襪狀、環狀、繩狀、凸狀、斑馬狀、噴射狀（熱水燙或濺到）、塊狀、腐蝕性傷害、已結疤傷痕、某種工具（或器具）形狀、其他。
	器具	汽車點煙器、熨斗、火鉗、香煙、香燭、其他火器。
骨折 III	部位	頭顱、鼻、肩、手腕、脊椎、上肢、下肢、肋骨、其他身體部位。
	狀況	多重骨折（包含粉碎性骨折）、四肢腫大、螺旋狀、其他。

（續）表6-7　受虐兒童少年身體傷害指標：外部與臟器

割裂擦刺 IV	部位	唇上、口四周、口內、眼眶、耳、頭、手指、手掌（含手背）、手臂內側、上肢、大腿內側、下肢、軀幹、外生殖器、生殖器四周、其他身體部位。
	狀況	刺傷、裂傷、擦傷、咬傷、多次傷口、新舊傷口、新舊疤痕、其他。
臟器 V	部位	腹部、心臟、肺臟、肝臟、胰臟、脾臟、膽、腎臟、胃、腸、膀胱、子宮、卵巢、身體其他內部組織。
	狀況	腫大、血腫、局部觸痛、腸出血腫、腹膜炎、血尿、下腔靜脈破裂、連續嘔吐、其他。
性傷害 VI	部位	會陰、陰道、外陰部、陰莖、陰囊、肛門、嘴、喉嚨、其他身體部位。
	狀況	疼痛、腫脹、發癢、裂傷、淤傷、陳舊性傷痕、血腫、出血、不正常分泌物、排尿排便時疼痛、走路坐下困難、衣物被撕裂、衣物有污漬或血跡、罹患性病、懷孕、其他。
其他 VII		1.不明原因的顱內出血。 2.局部禿髮（頭髮被扯落）、頭皮有片狀光禿。 3.不明原因或不尋常中毒。 4.經醫師診斷有視網膜出血或水晶體移位。 5.經醫師診斷顱內硬膜或雙眼廣泛性視網膜出血。 6.不尋常的死亡、意外，或經常性的意外。 7.家長所述病情與事實不符，使兒童接受不必要的檢查、手術或住院治療。 8.因缺乏照顧而逐漸衰竭，甚而導致生命危險。 9.牙齒不明原因斷落。 10.其他。

資料來源：內政部兒童局（2005）。

表6-8　受虐兒童少年行為指標

口述受虐狀況 I	1.訴說被性侵害。 2.訴說曾被父母、照顧者或親戚弄傷。 3.訴說不明原因的痛楚。 4.訴說無人照顧、關心。 5.述說被施虐者、父母、照顧者或親友威脅要帶去自殺。 6.不願或不敢陳述與受虐有關之事件。 7.其他受虐事實。
行為反應 II	1.恐懼、害怕與成人有身體上的接觸。 2.排斥被留置某處或與某人獨處。 3.日常生活習慣變更。 4.外型打扮與憂慮的事情超過應有的年齡。 5.意圖以衣物遮蓋傷處或傷口。 6.不合年齡的性知識或性行為。 7.害怕、躲避學校的健康檢查。 8.害怕與異性接觸。 9.對被觸摸的反應激烈。 10.經常在外遊蕩。 11.不願意接近施虐者、父母或其他照顧者。 12.不敢或不願意回家。 13.親子間有情人般之情感。 14.逃家的行為或想法。 15.其他不當之行為反應。
就學狀況 III	1.經常缺課。 2.上學經常遲到。 3.很早到學校、很晚才離開。 4.學業成績顯著低落。 5.與同儕關係不良。 6.經常在課堂上打瞌睡。 7.輟學中。 8.對於家庭作業漠不關心。 9.經常性的謊稱無家庭作業。 10.其他不當之就學狀況。

（續）表6-8　受虐兒童少年行為指標

情緒反應 IV	1.極度憂慮。 2.極度恐懼。 3.情緒不穩定，如：暴躁易怒。 4.沉默，沒有感情。 5.當某特定對象靠近時，有明顯的情緒變化。 6.當其他小孩哭泣時，顯出緊張、憂慮不安的樣子。 7.精神官能反應，如：歇斯底里症、慮病症。 8.容易驚恐。 9.對陌生的人事物感到害怕。 10.有強烈的不安全感。 11.容易自責、內疚。 12.自我概念不佳，自我形象低落。 13.其他不當之情緒反應。
退縮行為 V	1.超乎常態地黏父母，不能忍受與父母分離。 2.退化，呈現嬰幼兒的行為（如：尿床）。 3.吸吮或咬手指、物品。 4.過當的順應行為。 5.其他退縮行為。
障礙行為 VI	1.睡眠困擾，如：失眠、夜驚、做噩夢、怕上床。 2.情緒障礙。 3.智能或社會發展遲緩。 4.無法控制大小便。 5.餵食障礙。 6.厭食、暴食、貪食。 7.自我毀傷、自虐。 8.有自殺的想法或行為。 9.強迫性思考及行為。 10.其他障礙行為。

資料來源：內政部兒童局（2005）。

表6-9　施虐者／父母／其他主要照顧者的行為與特質指標

教養態度與方式 I	1.經常對受虐者漠不關心。 2.認為受虐者是「壞的」、「魔鬼」、「不祥的」、「相剋的」、「討債的」。 3.經常以負向的字眼稱呼受虐者，如「死囝仔」、「沒人要的」等字眼。 4.羞辱、貶損受虐者。 5.藉受虐者取得生理方面的滿足。 6.常讓受虐者目睹暴力行為，如：毆打配偶或其他家人（「兒少法」第四十三條第一項）。 7.持續用不合受虐者年齡的不合理、嚴苛的管教方式對待他。 8.對受虐者不合理的期待與要求。 9.對為人父母／主要照顧者應負的責任認識不清，感到矛盾。 10.時常威脅不再愛受虐者或威脅帶小孩一起死。 11.將受虐者視為禁臠或財產。 12.其他不當之教養態度與方式。
成長經驗 II	1.幼年有受虐的經驗。 2.來自對子女期望高的家庭。 3.童年時未得到父母親的愛與照顧。 4.童年時，父母未能滿足其情緒需求。 5.充滿失敗的經驗。 6.其他不幸之成長經驗。
人格特質 III	1.自尊心低落。 2.因應能力不足。 3.控制衝動的能力差。 4.情緒不穩定、情緒不成熟。 5.性格粗暴。 6.行事衝動，但求眼前的滿足而不考慮長期的後果。 7.總以為別人會排斥他。 8.欠缺動機或技巧，以改變其生活。 9.極為被動。 10.多疑、猜忌心重。 11.其他偏差之人格特質。

（續）表6-9　施虐者／父母／其他主要照顧者的行為與特質指標

婚姻關係 IV	1.有喪偶或離婚經驗。 2.配偶消極性的助長虐待。 3.婚姻困難，如：夫妻經常性吵架、夫妻經常性冷戰、外遇、分居等。 4.婚姻暴力的加害人或受害者。 5.其他不當之婚姻關係。
其他 V	1.酗酒、藥物濫用。 2.嚴重精神疾病（精神分裂、妄想）。 3.孤立無援，欠缺或拒絕親友的支持；或與外界無社交及情感方面的交流。 4.有意願，但無法找到或提供受虐者適當的照顧。 5.失業中、經濟困難。 6.智能障礙。 7.賭博（如：簽賭六合彩等）。 8.罹患慢性病或重大疾病。 9.其他。

資料來源：內政部兒童局（2005）。

表6-10　環境指標

居住環境	1.危險物品任意散置，例如藥品、農藥、毒品、打火機、有危險性之工具。 2.出入人士複雜。 3.在大家有水電的社區卻無水、無電。 4.空間狹窄、擁擠，如全家人共睡一床、浴室無適當之阻隔。 5.照明不足。 6.通風不良。 7.住屋環境不潔。 8.不當的居住處所，例如貨櫃屋、違建。 9.其他。
生活秩序	1.居無定所、到處流浪。 2.無戶籍。 3.經常遷居。 4.混亂的生活作息。 5.隨意放置有害兒童少年身心發展之錄影帶、書報雜誌等物品，讓兒童少年相當容易翻閱。 6.其他。

資料來源：內政部兒童局（2005）。

肆、保護受虐兒——教保人員在兒童保護應有的角色職責

依「兒童及少年福利法」第三十四條規定，負有通報受虐兒責任之相關人員有：醫事人員、社會工作人員、教育人員、保育人員、警察、司法人員及其他執行兒童及少年福利業務人員，其有發現疑似兒虐案件時，應向當地主管機關通報，至遲不得超過二十四小時，其承辦人員並應於受理案件後四日內提出調查報告。因此，當教保人員發現園所有疑似受虐兒童時，應進一步求證蒐集資料，向相關單位進行通報，教保人員通報流程圖如圖6-5所示。為利民眾方便記憶，以能發

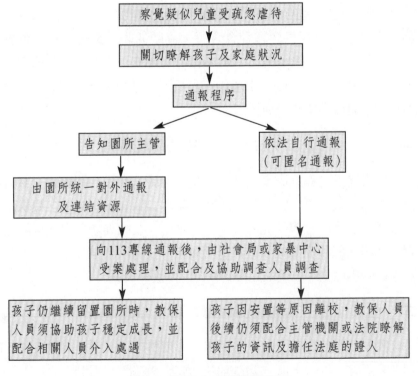

圖6-5 教保人員通報流程

資料來源：內政部兒童局（2005）。

揮緊急救援的功能，內政部更於2001年將兒童保護專線整合爲「婦幼保護專線113」，採單一窗口，且結合了家庭暴力、兒童保護、性侵害之服務。兒童少年保護工作社會工作流程如**圖6-6**所示，若相關單位查證後，發現有虐待的事實時，將依以下保護措施進行幼兒保護服務。

伍、如何保護被虐待之幼兒

根據以上對兒童虐待事件統計數字的認識，以及被虐待幼兒內外在特質因素的瞭解，特提出下列幾點保護措施（翁慧圓，1988）：

一、補充性的（supplemetary）幼兒保護服務

即對受虐幼兒的家庭提供急難救助、實物補助，提供生活必需品；對施虐父母提供各類社會資源，協助低收入家長建立社會支持網，提供就業訓練與輔導等。此類措施可補充受虐幼兒家長的親職能力，有助其家庭功能的正常運作，避免因父母的失業、家庭經濟困窘而導致幼兒成長所需受到剝削。

二、支持性的（supportive）幼兒保護措施

如對受虐者與施虐者的諮詢協談，對施虐家長的親職教育服務，對未婚母親或初產婦提供親職與育嬰知識（Poertner, 1987），提供幼兒保護相關法令，教導托兒所人員應付壓力，及教導幼兒自我保護之研習活動等。經由兒童福利機構提供知識、技巧和精神上之支援，可避免虐待的再發生，並使幼兒得到較佳的保護與成長。

三、替代性的（substitutive）幼兒保護服務

由於幼兒受到極大的身心創傷，必須暫時或永遠地與父母（即照顧者）隔離，以防止進一步的傷害。如寄養安置、提供緊急安置（crisis care）、提供受虐者庇護所等。

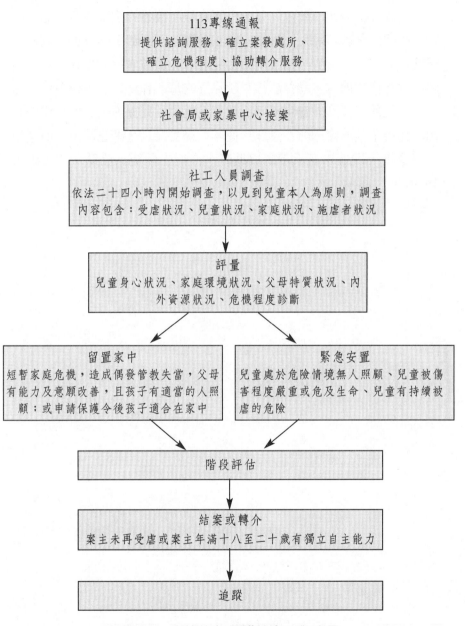

圖6-6　兒童少年保護社會工作流程

資料來源：內政部兒童局（2005）。

　　最後，據臺北市社會局兒童保護專線所接獲的個案，百分之百都是由受虐待兒童的親戚、朋友、鄰居所發現（林淑玲，1989）。因此，保護幼兒，人人有責，為了所有幼兒能有免於被虐待的權利，每位國民不應自掃門前雪，應勇於檢舉所見到的每一件幼兒被虐待事件。同時，為使幼兒保護能達到更好的效果，提供幼兒保護措施的機構，應由法律授予其一定權力和責任，使其可接受投訴、調查狀況，而基於幼兒立場，即使未有人申請協助時，亦能主動提供協助（蔡美娟，1989）。

參考書目

中華兒童福利基金會（1992）。兒童保護手冊。

內政部兒童局（2005）。教保人員教戰手冊──全面防堵兒童虐待。臺中市：內政部兒童局。

王秀紅（1983）。燒傷孩兒之分析研究。公共衛生，10（2），207-208。

王明仁等（1989）。兒童虐待──理論與處置。臺北市：中華兒童福利基金會。

王靜珠（1992）。幼稚教育。自印。

中華兒童暨家庭扶助基金會（1999年5月17日）。自立晚報，第6版。

臺北市衛生局（1984年2月15日）。臺北市兒童健康程度調查報告。臺北市政週刊，第788期。

朱敬先（1992）。幼兒教育。臺北市：五南。

行政院衛生署（2005a）。營造孩子的健康人生──幼兒期營養參考手冊。

行政院衛生署（2005b）。兒童健康手冊。

行政院衛生署（2006）。衛教週報，第20期。

行政院衛生署疾病管制局（2005）。托兒所、幼稚園及國民小學教（保）育人員腸病毒防治手冊。

行政院衛生署食品資訊網（2006）。國人膳食營養素參考攝取量。2006年1月3日，取自http://food.doh.gov.tw/chinese/libary/libary2_2_1.htm。

行政院衛生署疾病管制局（2006）。預防接種實務。2006年1月3日，取自http://www.cdc.gov.tw/file/38772_4524421296。

武自珍（1988）。兒童保護要論。臺北市：中華兒童福利基金會。

林淑玲（1989年4月5日）。中國時報，第13版。

馬佳斯基（1989年4月13日）。人類生命的尊嚴與維護——從懷孕到死亡。中央日報，第3版。

俞筱鈞等（1979）。托兒所教保手冊。臺北市：內政部。

翁慧圓（1988）。兒童保護要論。臺北市：中華兒童福利基金會。

張欣戊（1995）。發展心理學。臺北縣：國立空中大學。

張崇賜（1984）。兒童發展與輔導。臺中市：臺中師專。

郭爲藩（1993）。特殊兒童心理與教育。臺北市：文景。

郭實渝（1984）。臺灣北部幼稚園兒童健康近況研究。臺北市：臺北市立師專。

陳裕民（1992年8月17日）。自立晚報，第17版。

黃志成（2004）。幼兒保育概論。臺北市：揚智。

黃志成／王麗美／高嘉慧（2005）。特殊教育。臺北市：揚智。

蔡美娟（1989）。兒童保護措施範本。臺北市：內政部。

鄭瑞隆（1988）。我國兒童被虐待嚴重性之評估研究。臺北市：私立中國文化大學兒童福利研究所碩士論文。

Beyer, N. R. & Morris, P. M. (1974). Food Attitudes and Snacking Patterns of Young Children. *Journal of Nutrition Education, 6* (4), 131-134.

Breckenridge, M. E. & Murphy, M. N. (1969). *Growth and Development of the Young Child* (8th ed.). Philadelphia: W.B. Saunders Co.

Despert, J. L. (1949). Sleep in Preschool Children: A Preliminary Study. *Nerv. Child, 8,* 8-27.

Eichorn, E. H. (1979). Physical Development: Current Foci of Rearch. In J. D. Osofsky (Ed.), *Handbook of Infant Development.* N.Y.: Wiley.

Granger, R. H. (1980). *Your Child From One to Six.* U.S. Department of Health and Human Services.

Green, M. I. (1977). *A Sigh of Relief-the First-aid Handbook for Childhood Emergencies.* N.Y.: Bantam Books, Inc.

Hurlock, E. B. (1968). *Developmental Psychology* (3rd ed.). N.Y.: McGraw-Hill Inc.

Hurlock, E. B. (1978). *Child Development* (6th ed.). N.Y.: McGraw-Hill Inc.

Jackson,R.L. (1965). Effect of Malnutrition on Growth of the Preschool Children, Preschool Malnutrition Primary Deterrent to Human Progress. National Academy of Sciences-National Research Council, 16.

Jacobziner, H. (1955). Accidents: A Majoy Child Health Problem. *Journal of Pediatrics, 46,* 419-436.

Krause, M. V. & L. K. Mahan. (1981). *Food, Nutrition and Diet Therapy.* Taiwan: University Book Publishing Co.

Macfarlane, J., Allen, L., & Honzik, M. P. (1954). *A Developmental Study of the Behavior Problems of Normal Children between Twenty-one Months and Fourteen Years.* Berkeley, Ca.: University California Press.

Owen, G. M., et al. (1974). *A Study of Nutritional Status of Preschool Children in the United States, 53,* Part II, Supplement, 597-646.

Poertner, J. (1987). The Kansas Family and Children Trust Fund: Five Year Later.

Rosen, S. M., Fanshel, D. & Lutz, M. E. (1987). *Face of the Nation 1987,* Statistical Supplement to the 18th Edition of the Encyclopedia of Social Work, by N.A.S.W. 1987, Silver Spring, Maryland.

Smart, M. S. & Smart, R. C. (1977). *Children: Development and Relationships* (3rd ed.). N.Y.: Macmillan Publishing Co., Inc.

Vaughan, V. C. & Mckay, R. J. (1975). *Nelson Textbook of Pediatrics* (10th ed.). Philadelphia: W. B. Saunders Co.

第七章
教保人員資格與任用

在家庭中，雙親就是保育人員，保育工作是父母責無旁貸的事情，唯有自己的父母，才最瞭解幼兒，幼兒保育是一種很艱辛的工作，也唯有幼兒的父母才能毫無怨言的承擔，換了另一個局外人來做育幼工作，則可能變了質，因為育幼工作是一種「天職」，它必須付出相當的愛心、耐心和苦心；如果由第三者來擔任，則往往變成了「職業性」的托兒，職業性的托兒可能只付出勞力，完成幼兒的生理需求，如餵哺或保護的工作，盡量使幼兒免於受風寒或意外傷害，無法顧及心理的需求，這對幼兒身心發展有莫大的影響。然而在工商業社會中，幼兒的父母大都投入社會工作，育兒天職不得不仰求他人，於是「幼兒保育」工作遂成為一種職業，應運而生。一般而言，三、四歲以上的幼兒，大都進托兒所或幼稚園，然三歲以下的幼兒就有些不同，大都給親戚照顧或請專任保母代為照顧。Kadushin & Martin（1988）稱此種保育工作為補充性的服務（supplementary services），亦即當父母親的角色發生了問題，而影響到親子關係時，為了幼兒能得到良好的成長環境，只好替幼兒尋找一種補助性的服務，依照Kadushin認為補助性的服務可分為家庭扶助津貼（financial maintenance）、家庭服務（homemaker programs）和托育服務（day care programs）。基於親職角色除了親生父母外，任何人均不宜擔任的原則下，又因父母均上班或其他理由，而不得不暫時替幼兒找到親職角色的代理人時，吾人只有嚴格的來選擇幼兒保育人員，唯有稱職的保育人員，才能為幼兒的父母盡到育兒的責任。

我國的學前教育體制，劃分為幼稚園與托兒所，主管單位分別隸屬於教育部與內政部。而一般將幼稚園教師和托兒所保育人員合稱為教保人員，他們在接受了專業的課程及訓練後，便投入相關領域工作。本章將從教保人員應有的條件、法令上的任用資格、訓練以及福利來探討專業的教保人員。

第一節　教保人員應有之專業條件

　　李鍾元（1981）在論及兒童福利工作人員的條件時，曾提及六大項，它們是：健全的身心、豐富的學驗、服務的精神、適度的同情、創造的能力、高尚的情操。

　　幼教教師（同時包括保育人員）在專業的幼教基本原則上，美國幼教協會（簡稱NAEYC, National Association for the Education of Young Children）提出專業幼教的落實基本五個原則為（盧美貴，2001）：

1. **創造一個充滿關懷的學習環境**：讓孩子身在一個重視互動關係的環境中，幼兒與幼兒，幼兒與成人（幼師與保育人員）之間以及幼師與家庭，與幼兒之間達成一個全體之間同時的成長，讓幼兒的學習處在安全健康及井然有序的環境裡。

2. **增進幼兒的發展與學習**：必須尊重孩子的個別差異，讓孩子學會基本能力並鼓勵孩子參與合作活動，擬定一定的計劃讓幼兒可以發揮自我的能力，是專業的教師應要達成的工作。

3. **建構適當的課程內容**：營造出豐富學習環境，以幼兒有的知識及能力，與注重情意與動作技能的全面性發展，設計適合幼兒的需求提供孩子達到最佳的學習狀況。

4. **評量幼兒的學習與發展**：長期的評量幼兒的發展與狀況，它可以反映幼兒的學習狀況，設計出一個整體的計劃，並系統和整合性的環境與邏輯的運用的適用這些評量。

5. **與家長建立雙向的溝通關係**：建立與家長雙向的關係，以達成溝通橋梁，是家長成為教育夥件的重要因素，因此經常性的與家長保持互動，可使幼兒在學校及家庭的發展資料更為完善詳實。

至於幼兒教保人員的條件，大致與上述相同，以下就分成兩大類，一為基本條件，另一為專業條件來討論。

壹、基本條件

一、要有健全的身心

大多數的幼兒都是體力充沛，樂於活動而不疲。因此教保人員必須要有健康的身體，精神飽滿，才能帶動幼兒的各項活動；在心理方面則必須有和諧的情緒、完美的人格，才能勝任愉快，否則常常心情不穩定、鬧情緒，對保育工作將有莫大的影響。

二、要有敬業的精神

幼兒教保是相當艱巨的，除了保育工作外，還要肩負教育的工作。假如沒有敬業的精神，則無法堅守崗位，對自身的工作易發生厭倦之感。所謂敬業的精神，就是對本身的工作要具有信心和興趣，有了信心就會產生力量。這種力量，可以排除一切困難；有了興趣，自然會樂於此道，誨人不倦。

三、要有端莊的儀表

幼兒的模仿力很強，教保人員天天與幼兒接觸，身為師表，更是幼兒模仿的對象。因此，教保人員應注意「身教重於言教」，做好幼兒的典範，美國心理學者Bandura（1977）提出社會學習論（social learning theory），也認為幼兒行為的習得是透過觀察與模仿（modeling）而來的。

四、要有服務的精神

幼兒教保人員應具有高度的服務熱忱，不計個人的報酬，奉獻犧

牲，去為幼兒服務。因為幼兒年紀小，不懂事，很難得給保育人員有任何回饋，唯有靠保育人員默默的耕耘，細心的培育，看他們慢慢地成長，將來才會有開花結果的一天。

五、要有正確的基本觀念

身為教保人員，要有正確的觀念，才能做好保育工作。王靜珠（1992）就曾強調幼兒保育人員應具備下列幾個基本觀念才能勝任：

1.幼兒不是成人的縮影。
2.重視幼兒個別差異。
3.「育」重於「教」的教育階段。
4.顧及心能及體力負擔。
5.以保育工作為終身事業。

貳、專業條件

一、專業的知識

幼兒教保人員所須具備的專業知識很廣，例如幼兒保育、幼兒生理學、幼兒心理學、幼兒發展與輔導、幼兒心理衛生、個案工作、團體工作、活動單元設計、特殊幼兒心理與教育等，是一個保育人員應具備的專業知識，亦即具備有關幼兒身心發展的各種知識，如此才能教導幼兒。

二、專業的技能

幼兒教保工作是一種實務工作，因此，要熟練有關保育幼兒的各種專門技能。在專業知識領域內，固然可以領悟到一些原理、原則，但最主要的要從實際活動中去獲得專業技能。一方面要會照顧幼兒飲

食、起居等一切生活上所必需的實務工作；另一方面則要能帶動幼兒
做各種活動，有關專業技能如幼兒體能、幼兒音樂、幼兒工藝、琴
法、幼兒教育玩具及教具製作等。

三、專業的理想

「十年樹木，百年樹人」，幼兒教保人員具有親職與教職兩種責
任，可謂任重道遠，對幼兒培育，要見他們將來有所成就，可能是數
十年後的事了。因此，保育人員要有長遠的眼光，崇高的理想，不求
急功近利，但求幼兒正常發展後出人頭地，堅守崗位，敬業樂群，具
有此種專業理想的人才能勝任。

綜上所述，幼兒教保人員應具備的條件，在基本條件上較注重個
人的修養，以達到身教重於言教的目的；在專業條件上，則重視幼兒
教保知識的理論與實務，相互運用，如此才能成為一位稱職的教保人
員。

第二節　幼兒教保人員的任用資格

隨著科技、人文社會知識的進步，各行各業有逐漸專業化的趨
勢，身為教保民族幼苗的教保人員自不例外，傳統保母的時代已過
去，「人人可當保母」的時代也已過去了，取而代之，負有時代重任
的教保人員必須具備有一定的資格，始能勝任，而且這些資格也愈來
愈嚴格，將更隨著教育的普及，社會科學理論更嚴格的要求，而有再
提升的趨勢。

教保人員的任用條件，必須建立在法令的基礎上，關於教保人員
資格在幼托整合前，可以分為幼稚園教師與托兒所的兒童福利專業人

員兩部分。

托兒所教保人員資格主要根據「托兒所設置辦法」（內政部，1981）的規定，托兒所的所長、教師、社會工作員、保育員資格，均有明文規範。

而後內政部於1995年根據「兒童福利法」第十一條制定了「兒童福利專業人員資格要點」，另於2000年7月19日修法公布「兒童福利專業人員資格要點」，將兒童福利專業人員分為四種：(1)保育人員、助理保育人員，(2)社工人員，(3)保母人員，(4)主管人員。「托兒所設置辦法」有關托兒所所長及保育員之資格規定已不適用，改依「兒童福利專業人員資格要點」之新法規定，保育人員的學歷由高職提升至大專以上。

2003年「兒童及少年福利法」修訂公布（附錄一），其中第五十一條規定：兒童福利專業人員之資格由中央主管訂之，內政部於2004年12月23日頒布「兒童及少年福利機構專業人員資格及訓練辦法」（附錄二），原「托兒所設置辦法」及「兒童福利專業人員資格要點」對於保育人員資格的規定已不再適用。

現階段保育人員的資格乃以「兒童及少年福利機構專業人員資格及訓練辦法」的相關規定為主，該辦法明確指出兒童及少年福利機構專業人員資格如下：

1. 教保人員、助理教保人員：指於托育機構提供兒童教育保育服務之人員。
2. 保母人員：指於托育機構、安置及教養機構照顧未滿二歲兒童之人員。
3. 早期療育教保人員、早期療育助理教保人員：指於早期療育機構提供發展遲緩兒童教育保育服務之人員。
4. 保育人員、助理保育人員：指於安置及教養機構提供兒童生活照顧之人員。

5.**生活輔導人員、助理生活輔導人員**：指於安置及教養機構提供少年生活照顧之人員。

6.**心理輔導人員**：指於安置及教養機構、心理輔導或家庭諮詢機構及其他兒童及少年福利機構，提供兒童及少年諮詢輔導服務之人員。

7.**社會工作人員**：指於托育機構、早期療育機構、安置及教養機構、心理輔導或家庭諮詢機構及其他兒童及少年福利機構，提供兒童及少年入出院、訪視調查、資源整合等社會工作服務之人員。

8.**主管人員**：指於機構綜理業務之人員。

而各專業人員的資格請參閱本書附錄二，「兒童及少年福利機構專業人員資格及訓練辦法」，其中有關相關科系之認定，以2005年8月23日童綜字第○九四○○九八七九四號函頒相關科系對照表（附錄三「相關科系對照表」）為準。在此辦法中將保育人員的名稱重新定位為「教保人員」，以學歷與資歷為基準，也確立大專以上畢業者，只要修畢幼稚園教師教育學程者，亦得稱為教保人員。

合格的保育人員並不具幼稚園教師資格，就讀幼兒保育系的學生必須瞭解此項規定，幼稚園教師資格要點在1994年及1995年相繼的「教師法」（附錄四）及「師資培育法」（附錄五）的法令通過之後，已將其資格認定提升到大學程度，現階段幼稚園教師主要培育管道來自於教育大學的幼兒教育系，還有許多公私立大學及技術學院所設置的幼稚教育學程；修畢學分後必須經過教育實習並通過考試，方可取得幼稚園教師資格。

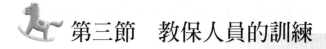

第三節 教保人員的訓練

壹、訓練方式

教保人員既然要有專業的知識與技能，就不能沒有專業訓練，專業訓練的方式，可依訓練時間及方式的不同，分成以下幾種：

一、正規教育（formal education）

係按照學制規定而設置學校，以學校教育來訓練保育人員，這是最正式的訓練，也較能教育出真正的專業人才。因為它有一定的入學資格、課程標準、教育年限及畢業準則。通常應成立正統的幼兒保育學校，或是在大專院校設立幼兒保育系，在高中職成立幼兒保育科。

二、短期訓練（short-course training）

在社會迫切需要保育人才，而此種人才在短時間內無法供足時，只好由主管機關依必要的法令及程序來為有興趣從事此工作者做短期訓練。在課程上通常採密集方式，選擇最基本、最實用的科目來當教材。

三、在職訓練（in-service training）

1.各機構對其現職人員為求更新專業知識與技能所做的再教育，可利用週六、日或晚間實施。

2.各機構在迫切需要人才，而又無適當人員遞補時，暫以學歷相當而未受過專業訓練者充任，此種人員應在機構內向資深保育

員見習及實習，並利用時間自行進修。機構須爲此種新進人員訂立訓練計劃，以能更實際及有效的得到訓練成果，有利保育工作。

四、巡迴講習（itinerant teaching）

係由政府有關機構爲使工作人員吸收新知，充實新技能所採用的一種方式，通常由專家學者組成巡迴團，分赴各地輔導講習，尤其對偏僻地區工作人員來說有相當助益。

五、參觀實習（visit and field work）

由機構本身派員至各相關機構（特別是辦理成效卓越或有特色者）參觀實習。參觀的目的是利用最短的時間習人之長，將所見所聞加以記錄或拍照或錄影，帶回自己機構應用。實習通常適用於初任教保人員之前的學習課程，其目標有三（黃志成，2004）：

1. 以廣泛的教學技巧和資源供給初任的保育員。
2. 幫助保育員發展一種創造技巧的認識，使他們能在教學時，提供創造經驗給幼兒。
3. 幫助助理保育員在基本課程領域發展特殊的教學技能。

由以上五種訓練方式，吾人可知正規訓練應被廣爲利用，政府有關單位，如教育部、內政部應協調配合實施。此外，由於時代日新月異，各種知識進步相當快，保育人員最好能在一或二年各調訓一次，做短期在職訓練，吸收新知識，更能勝任自己的工作。同時，保育工作之訓練與教育應是隨時進行、持續進行，因此，保育人員應在日常生活中，隨時進修，閱讀有關書籍、報章雜誌，精進自己的知能，如此才能做一個稱職的保育人員。

貳、訓練課程

　　為了提高兒童及少年福利機構專業人員的專業程度，內政部於2004年12月23日頒布「兒童及少年福利機構專業人員資格及訓練辦法」（附錄二），該辦法除明確的規定兒童及少年福利機構專業人員資格外，也以兒童及少年福利機構專業人員訓練核心課程作為訓練專業人員的依據。核心課程係規範「兒童及少年福利機構專業人員資格及訓練辦法」中非相關科系畢業人員之專業訓練。也就是說，非相關科系畢業而擔任辦法中相關的專業人員，則必須修畢該專業的核心課程，始能取得專業人員任用資格。各類專業人員之核心課程名稱、學分數、課程內容及時數說明如下：

1. 保母課程（7學分：126小時），課程內容說明如**表7-1**。
2. 教保課程（20學分：360小時），課程內容說明如**表7-2**。
3. 早期療育教保課程（20學分：360小時），課程內容說明如**表7-3**。
4. 保育課程（20學分：360小時），課程內容說明如**表7-4**。
5. 生活輔導課程（20學分：360小時），課程內容說明如**表7-5**。
6. 心理輔導課程（20學分：360小時），課程內容說明如**表7-6**。
7. 社會工作課程（20學分：360小時），課程內容說明如**表7-7**。
8. 主管課程（15學分：270小時），課程內容說明如**表7-8**。

表7-1　保母人員7學分、126小時訓練課程內容

課程名稱	學分數	課程內容
兒童及少年福利服務及法規導論	1	「兒童及少年福利」的意涵，相關政策，兒童人權與保護，兒童托育相關福利服務法規，福利措施與資源運用的介紹，兒童福利的趨勢與未來展望。
嬰幼兒發展	1	嬰幼兒發展的分期與各期特徵，嬰幼兒身體、語言、情緒的發展與影響因素，嬰幼兒「氣質」之介紹與相對應的照顧與保育，嬰幼兒發展評估與量表之使用，發展遲緩兒童認識。
親職教育導論	1	父母的角色、教養態度與方法，認識父母參與社區資源、支持網絡。 保母與嬰幼兒父母及與嬰幼兒溝通之技巧，保母與嬰幼兒父母關係之建立與維持，書寫保育日誌的意義與技巧。
托育服務概論	1	托育服務之起源與主要內容，工作的重點，原則，各類教保工作的意義與內容，保母工作之意義與內容，優良保母的特質，保母工作相關法規的認識，保母工作倫理，倫理兩難情境探討。
嬰幼兒環境規劃及活動設計	1	嬰幼兒生活規劃：嬰幼兒的生活規律與環境規劃（餵食、清潔、休息、遊戲等之規劃），家庭與社區資源的介紹與運用，家庭與托嬰中心的環境對嬰幼兒身心的影響。托育環境的規劃與布置：動線考慮，工作便利，安全性，嬰幼兒年／月齡各階段發展的遊戲與活動設計，適性玩具的選擇與應用。
嬰幼兒健康照護	1	嬰幼兒的營養與膳食設計，嬰幼兒的常見疾病，用藥常識，預防接種，照顧病童的技巧，事故傷害的預防與急救處理。
嬰幼兒照護技術	1	嬰幼兒的生活照顧（餵食、清潔、沐浴等）之實習或模擬練習，保母術科考試講習。

備註：修畢保母核心課程者須通過保母人員丙級技術士技能檢定方可取得技術士證。

資料來源：內政部（2004）。

表7-2　教保人員20學分、360小時訓練課程內容

課程名稱	學分數	課程內容
兒童及少年福利服務及法規	2	兒童及少年福利服務的意涵、政策、行政體制與專業制度，兒童及少年人權與保護，兒童托育，收出養服務，寄養服務，機構安置教養服務相關福利服務法規，福利措施與資源運用的介紹，兒童及少年福利的趨勢與未來展望。
兒童發展	2	「發展」的意涵，有關兒童發展的重要理論，兒童發展的分期與各期特徵，兒童身體、認知、語言、情緒、社會行為、人格（含道德）的發展與影響因素，兒童發展的評估。幼兒期、兒童期、青春期在人類發展過程中的特徵與意義，發展的重要理論，遺傳與環境，親子關係，認知發展，社會性發展，道德性發展。
社會工作	1	「社會工作」的意涵及起源發展、理論、倫理，直接服務（個案、團體、社區工作）與間接服務（行政、督導及管理）。社會工作基本態度及養成專業的意涵，品德修養，工作態度，倫理兩難情境探討。弱勢族群的議題，人權的尊重、兒童及少年自立性發展的支援。
親職教育	1	親職教育的意義（歷史與展望），父母角色與教養方法，兒童發展與親子互動，父母效能訓練（PET），稱職父母系統訓練（STEP），溝通分析親職教育（TA），親師溝通技巧，非傳統家庭的親職教育（單親家庭、重組家庭等），高危險群的辨識與親職教育（特殊兒童家庭、受虐兒童家庭），親職教育方案及設計，親職教育之推廣與發展，父母參與，父母支援系統及父母資源。
特殊教育	1	認識特殊兒童及少年，特殊教育的法規、歷史、發展、服務型態。智能不足、行為異常與情緒障礙、溝通障礙、聽覺障礙、視覺障礙、肢體障礙與身體病弱兒童介紹；學前特殊兒童之教育，資賦優異和特殊才能，早期療育的概念，融合教育的概念。

（續）表7-2　教保人員20學分、360小時訓練課程內容

課程名稱	學分數	課程內容
家庭支持及社會資源	1	家庭的概念及相關議題，個案管理的概念及相關議題。家庭支援服務（資訊提供、福利補助、人力支援、專業諮詢、親職教育、家庭訪視、轉介服務等）的意義、內容，服務的方式，與家庭合作的溝通技巧，家庭支援服務的工作表格，計畫的擬定、實施、績效評量，實作與討論。家長會組織運作，相關權益申訴（法規、組織、流程和處理策略等），服務流程的標準化，督導機制，考核。
兒童行為觀察及輔導	2	各類兒童行為問題的定義、出現率、特徵及成因；各類兒童行為問題的預防方法，輔導策略及教學設計；觀察的意義、類型與技巧；觀察記錄的意義、類型與技巧。
教保理論及實務	2	「教保」的意涵，家庭與社會的幼兒教保角色與功能，托兒所（幼兒園）的角色與功能；各年齡層幼兒的發展與托兒所（幼兒園）教保工作的內容；各種教保模式，托兒所（幼兒園）課室經營，托兒所（幼兒園）課程綱要，當前幼教問題與未來展望。
教保課程及活動設計	2	課程的定義，幼教（教保）課程理論之基礎、架構、型態，課程之目標、內容與組織，教保活動設計及教學方法，課程模式（幼教模式與課程），反偏見幼兒教育課程，幼教鄉土教學活動設計。
教保環境的規劃及設計	1	幼兒園室內、外的環境規劃原則，半戶外空間的規劃與利用，幼兒課室的規劃與設計，遊戲空間的規劃與設計，學習區／角落的布置。
教具設計及運用	2	針對嬰兒、幼兒、學齡兒童等對象，對應各年齡層幼兒發展的適切課程的教具介紹；教具設計的原理與實作。
兒童健康照護	1	兒童的營養與膳食設計，常見疾病與預防，用藥常識，預防接種，照顧病童的技巧，急救方法及技巧。

（續）表7-2　教保人員20學分、360小時訓練課程內容

課程名稱	學分數	課程內容
兒童安全及事故處理	1	安全與保護的意涵，內容概要及實施應用等，及食、衣、住、行、育、樂上各種事故傷害防治及處理。
實習	1	兒童行為的觀察、記錄、分析與輔導；各階段兒童教保教材之規劃與實施，教保方法與實際應用，良好師生關係之建立與班級經營；教保單元所需之教具蒐集、設計、製作與應用；教保環境的空間設計與規劃，親師溝通技巧學習，兒童表現評量技巧。

實習課程乃透過見習與實作活動，使修習人員達到熟習兒童及少年福利機構實務的目標。本課程之實施，教師之授課人數宜有限制（建議一位教師以二十五人為上限；二十六至五十人配置兩位教師，五十一至七十五人配置三位教師），見習與實作之機構亦當有場地及人數之考慮（以不過度干擾機構為原則）；並建議授課教師將實習生依是否具備現場實務經驗製作不同的課程實施計劃。
資料來源：內政部（2004）。

表7-3　早期療育教保人員20學分、360小時訓練課程內容

課程名稱	學分數	課程內容
兒童及少年福利服務及法規	2	同「教保課程」之「兒童及少年福利服務及法規」內容。
兒童發展	2	同「教保課程」之「兒童發展」內容。
社會工作	1	同「教保課程」之「社會工作」內容。
親職教育	1	同「教保課程」之「親職教育」內容。
特殊教育	1	同「教保課程」之「特殊教育」內容。
家庭支持及社會資源	1	同「教保課程」之「家庭支持及社會資源」內容。

（續）表7-3　早期療育教保人員20學分、360小時訓練課程內容

課程名稱	學分數	課程內容
早期療育概論	2	早期療育的意義、內涵、發展與趨勢。國內早期療育的法令、服務架構、流程、服務模式、融合教育、專業團隊合作、社區資源整合、轉銜服務、專業倫理與道德。專業團隊組成的法源及依據、定義、團隊成員（語言治療師、職能治療師、物理治療師、心理師、社工、特教教師、幼教教師等），專業團隊的功能、合作模式、促進專業團隊合作的方法、團隊合作的注意事項、專業建議融入教學和生活作息，專業的意涵、工作倫理、各類教保工作的意義與內容、倫理兩難情境探討，實作與討論。
發展遲緩嬰幼兒的身心特質及需求	1	嬰幼兒在各年齡層的發展序階與品質，發展遲緩的定義、成因、身心特徵，個體與生態的影響，對身心發展與學習所造成的限制，發展遲緩嬰幼兒的特殊需求。
發展遲緩嬰幼兒的保健及照護	1	重症嬰幼兒生活照護的處理（含拍痰、餵食、擺位等），委託用藥的處理，CPR及急救（哈母雷克急救法、人工呼吸等），在專業團隊提供意見及協助下做重症嬰幼兒的生活照護，癲癇的處理。
發展遲緩嬰幼兒的行為管理	2	行為管理的發展與趨勢、理論、專業倫理問題，行為問題的定義、類別、功能，行為管理的意義、內涵、原理與原則、流程、策略、注意事項、績效評量，實作與討論。
個別化服務方案的擬定及實施	1	個別化服務的意義、內容、流程、原則、工作表格、服務計劃的擬定、實施、績效評量，實作與討論。
早期療育的課程及教學	2	課程的意義、理論、架構，早期療育課程的原理、模式，國內現有的早期療育課程、課程的特性、課程設計的原則，常用的教學法和教學策略，有效班級經營的策略，教保環境的設計與調整，課程和教學設計工作表格的設計，依個別化服務方案來擬定學習活動計劃，設計與

（續）表7-3　早期療育教保人員20學分、360小時訓練課程內容

課程名稱	學分數	課程內容
		執行學習活動，定期評量幼兒在每個／每單元／每學期的學習活動表現，根據評量記錄去檢討影響教學績效的因素，實作與討論。 輔具的意義與必要性，輔具服務與內涵、影響家庭決定輔具服務的因素，輔具服務的流程，輔具的類別，輔具的功能、使用原則、注意事項、績效評量，實作與討論。
發展遲緩嬰幼兒的評估	2	專有名詞的界定（篩檢、診斷、鑑定、評估或評量等），發展遲緩嬰幼兒評估的目的、流程、內容，各種蒐集嬰幼兒身心特性與需求、生態環境資料的工具與方法，評析教育評估的原始資料，撰寫教育評估報告（個案能力與需求之分析），說明教育評估的結果，提供服務建議，配合個別化服務方案進行總結性評量，評估的專業倫理準則，實做與討論。
機構實／見習	1	實習或參觀機構見習及交流。

資料來源：內政部（2004）。

表7-4　保育人員20學分、360小時訓練課程內容

課程名稱	學分數	課程內容
兒童及少年福利服務及法規	2	同「教保課程」之「兒童及少年福利服務及法規」內容。
兒童及少年發展	2	兒童及少年發展之意涵、重要理論，各類發展與影響因素與各期特徵。身體、認知、語言、情緒、社會行為、人格（含道德）的發展與影響因素。發展與家庭的關係、社會環境及發展的評估。
社會工作	1	同「教保課程」之「社會工作」內容。

（續）表7-4　保育人員20學分、360小時訓練課程內容

課程名稱	學分數	課程內容
個別諮商輔導實務	1	基本理論與技術，助人歷程，個別晤談之倫理議題，實務演練：傾聽、重述、真誠性、情感反映、自我表露、探尋問題、聚焦、直接引導等技巧；實務技巧統整與評估，個別會談技巧與實施應用等。
團體諮商輔導實務	1	團體諮商輔導意涵，團體動力與團體歷程，團體領導，團體中的倫理與專業，團體方案設計，團體輔導評量、實務與問題情境處理。
親職教育	1	同「教保課程」之「親職教育」內容。
特殊教育	1	同「教保課程」之「特殊教育」內容。
家庭支持及社會資源	1	同「教保課程」之「家庭支持及社會資源」內容。
生活管理、記錄及評估、壓力調適及情緒管理	2	針對安置兒童及少年適宜之生活規劃與管理，包括上學期間與週末之時間配置，寒暑假期間之生活規劃與管理。行為的觀察策略與記錄分析、評估。壓力及情緒的認識、解析及調適方式等。
兒童行為輔導及問題處置	2	偏差／保護管束兒童、受虐兒童、受性侵害兒童、身心障礙兒童、家庭變故兒童（如受刑人家庭、單親家庭、失業家庭）之認識及身心適應問題（說謊、偷竊、恐嚇、暴力行為、逃家逃學、學習適應、藥物濫用、不良娛樂、人際關係不佳等）特徵與需求，實務案例研討與問題處置。
環境設計與規劃及室內設計	1	居住環境的空間設計與規劃等相關問題之探討。室內空間之布置與環境綠化、美化。
食品營養衛生及醫療保健	1	營養素的來源，營養常識，食物的分類，均衡飲食與健康的關係，各類食品衛生與安全常識。常見疾病的認識、預防、保健及護理之應用等。

（續）表7-4　保育人員20學分、360小時訓練課程內容

課程名稱	學分數	課程內容
安全事故處理	1	安全與保護的意涵、內容概要及實施應用，包括消防安全及建物安全的維護與管理，兒童及少年遊戲安全、人身安全等。各種事故傷害急救的方法、技巧、應用及防治等（如中暑、食物中毒、骨折、燒燙傷之處置、CPR技術等）。
兒童創造性學習	1	瞭解創造力、創造性思考與經驗、創造性遊戲與戲劇、創造性律動、創造性藝術（美學、繪畫等）、創造性語言經驗、創意科學與數學、創造性社會學習等。
兒童繪本讀物賞析	1	繪本讀物的種類與選擇，插畫與主題導覽；閱讀、賞析與討論故事；多元智能發展的圖畫書活動設計；織網架構（角色網、修辭網、時空網、主題結構網）與比較網（比較同主題書籍的角色與時空背景、內容）等。認識兒童文學；起源與發展；形式（圖畫、韻文、散文、戲劇）；圖畫、韻文、散文、戲劇等形式的兒童文學欣賞與習作，故事表達，兒童閱讀環境的設計與指導，兒童讀物的選擇等。
兩性關係及性別教育	1	傳統到現代的兩性關係、兩性生理發展、心理發展、生涯發展、人際交往與溝通、友情（同儕）關係、愛情關係（戀愛美學、分手美學）、性行為、性自主與性教育、性別認同、同性戀、性騷擾、兩性尊重及平等觀。

資料來源：內政部（2004）。

表7-5　生活輔導人員20學分、360小時訓練課程內容

課程名稱	學分數	課程內容
兒童及少年福利服務及法規	2	同「教保課程」之「兒童及少年福利服務及法規」內容。
兒童及少年發展	2	同「保育課程」之「兒童及少年發展」內容。
社會工作	1	同「教保課程」之「社會工作」內容。
個別諮商輔導實務	1	同「保育課程」之「個別諮商輔導實務」內容。
團體諮商輔導實務	1	同「保育課程」之「團體諮商輔導實務」內容。
親職教育	1	同「教保課程」之「親職教育」內容。
家庭支持及社會資源	1	同「教保課程」之「家庭支持及社會資源」內容。
生活管理、記錄及評估、壓力調適及情緒管理	2	同「保育課程」之「生活管理、記錄及評估、壓力調適及情緒管理」內容。
少年行為輔導及問題處置	2	偏差（暴力、加入幫派組織等）／保護管束（犯罪）少年、受虐少年、被性侵害、疏忽，以及有說謊、偷竊、恐嚇、暴力行為、逃家逃學、學習適應、藥物濫用、不良娛樂等偏差行為，未婚媽媽、自傷、自殘、援交、中輟、網路成癮、情緒障礙、精神障礙等少年之身心適應問題特徵、需求，實務案例研討，問題處置。
環境設計及規劃及室內設計	1	同「保育課程」之「環境設計及規劃及室內設計」內容。
食品營養衛生及醫療保健	1	同「保育課程」之「食品營養衛生及醫療保健」內容。

（續）表7-5　生活輔導人員20學分、360小時訓練課程內容

課程名稱	學分數	課程內容
安全及事故處理	1	同「保育課程」之「安全及事故處理」內容。
少年獨立生活技巧之規劃及輔導	1	協助無法返家或家庭照顧功能不足之少年獨立生活，包括財務管理、職業性向探索與求職、租屋安排、家務處理、熟悉相關法規知能等。
少年次文化	1	包括慣用語言、身體意象（如刺青、自殘、穿耳洞等）、網路成癮（如線上遊戲、線上聊天、BBS站等）、偶像崇拜、流行文化（如大頭貼、手機、星座、塔羅占卜……）、網咖次文化等相關議題之討論。
兩性關係及性別教育	1	傳統到現代的兩性關係、兩性生理發展、心理發展、生涯發展、人際交往與溝通、友情（同儕）關係、愛情關係（戀愛美學、分手美學）、性行為、性自主與性教育、性別認同、同性戀、性騷擾、兩性尊重及平等觀。
生命教育	1	生命的意義及價值、生命教育之價值觀、人生哲學與生命觀、人權與人性尊嚴、宗教關懷與生命尊重、人生歷程與生命改變、生死議題與臨終關懷、實務研討（如教導少年如何關懷與尊重生命）。

資料來源：內政部（2004）。

表7-6　心理輔導人員20學分、360小時訓練課程內容

課程名稱	學分數	課程內容
兒童與少年福利服務及法規	2	同「教保課程」之「兒童及少年福利服務與法規」內容。
兒童及少年發展	2	同「保育課程」之「兒童及少年發展」內容。
社會工作理論及實務	2	社會工作意涵及起源發展、社會工作倫理、社會工作直接服務（個案、團體、社區工作）、間接服務（行政、督導及管理）、兒童少年與家庭社會工作、學校社會工作及犯罪矯治社會工作。 危機干預的理論、發展過程、技術、處境評估；兒童遊戲與少年休閒治療、親子教育。
諮商理論及技巧	4	諮商目標與功能、各種諮商學派理論、過程、溝通技巧、諮商、技術等介紹與實務演練。
親職教育	1	同「教保課程」之「親職教育」內容。
心理測驗及評量	1	各種測驗分析（人格、性向、智力、成就），評量工具的瞭解與應用、測驗倫理之基本認識。
兒童及少年犯罪心理及矯治	1	兒童及少年犯罪心理學派、理論，兒童及少年犯罪矯治學派、理論及矯治方法。
人格心理學導論	1	人格發展之理論基礎、變態人格之介紹。
團體輔導	1	團體動力、不同學派之團體輔導與實務。
特殊兒童及少年行為觀察及輔導	2	行為觀察的意義、用途、目的、方法，輔導的策略與方法的運用。各類特殊兒童及少年簡介及其身心發展、問題診斷。
婚姻及家族治療理論及實務	1	婚姻與家族治療之理論與歷史沿革、輔導及實施技巧。
情緒管理	1	情緒的形成因素、因應策略與方法、情緒管理方法。

（續）表7-6　心理輔導人員20學分、360小時訓練課程內容

課程名稱	學分數	課程內容
機構實／見習	1	參觀機構及交流，使學生得以瞭解機構實務之運作情形與問題：瞭解機構實務之行政運作，實務工作之執行內容，協助案主時所運用的理論、觀念及工作技巧等實務運作之問題。

資料來源：內政部（2004）。

表7-7　社會工作人員20學分、360小時訓練課程內容

課程名稱	學分數	課程內容
兒童及少年福利服務及法規	2	同「教保課程」之「兒童及少年福利服務及法規」內容。
兒童及少年發展	2	同「保育課程」之「兒童及少年發展」內容。
社會工作理論及實務	2	同「心理輔導課程」之「社會工作理論及實務」內容。
個案工作	1	專業關係的建立及發展、個案工作方法與原則、技巧、記錄、訪視、過程、評估。
團體工作	1	專業關係的建立及發展、團體動力、團體工作方法與原則、技巧、記錄、過程、評估。
社區工作	1	社區工作的意涵、起源、方法與原則、技巧、記錄、過程、評估、社區權力結構分析。
諮商理論及技巧	2	諮商目標與功能、各種諮商學派理論、過程、溝通技巧、諮商、技術等介紹與基本認識。
親職教育	1	同「教保課程」之「親職教育」內容。
家庭社會工作	1	家庭社會工作基本概念、家庭的問題及產生的原因、家庭社會工作的服務內容、服務流程；親職教育導論與家庭相關議題之法令介紹。
社會資源開發及運用	1	志工管理、個案管理、公共關係、資源整合；人力、物力、財力、資源募集；組織建構、行銷基礎概論。

（續）表7-7　社會工作人員20學分、360小時訓練課程內容

課程名稱	學分數	課程內容
方案規劃及評估	2	問題陳述與需求之分析、方案假設、目標設計與評估、品質控制。
會談技巧	1	溝通原理與技巧，會談過程與方法、基本原理與運用。
社會工作研究方法	1	瞭解研究之基本原理與執行、正確解析研究資料、調查及訪問方法、統計分析的方法與運用。
督導技術	1	督導的功能、原則、方法與技術。
機構實／見習	1	參觀機構及交流，使瞭解機構實務之運作情形與問題：瞭解機構實務之行政運作、工作人員實務工作之執行內容、協助案主時所運用的理論、觀念及工作技巧；瞭解機構實務運作之問題。

資料來源：內政部（2004）。

表7-8　主管人員15學分、270小時訓練課程內容

課程名稱	學分數	課程內容
兒童及少年福利政策及法規	1	整體兒童及少年福利之發展趨勢、政策、精神與立法要旨；檢視現行的兒童及少年福利政策意涵、現況以及相關法規（如：政府採購法、土地、都市計劃等），主管人員有必要理解的相關政策與法規的內涵與應用。
兒童少年發展概論	1	發展的意涵、有關兒童少年發展的重要理論、發展的分期與各期特徵、發展與家庭關係、發展與社會環境、發展的評估。
安全管理	1	安全教育的規劃與實施（安全教育的意義內涵、實施原則、行政組織、規劃要點、具體措施）、環境規劃與安全、機構外的活動安全（戶外活動、車輛管理）、機構內的安全管理（危險物品的管理、設施設備的管理、門禁管理、接送制度、保險制度、天然災害的防治機制）、事故傷害的處理。無障礙環境的規劃、運用和維護的原理、方法與注意事項。
健康照護	1	醫療轉介機制（定期健康檢查、傳染／非傳染疾病防禦及處理、藥品管理）、衛生教育（員工及個案自我保護）、環境衛生（廢棄物處理、環境維護、儲藏空間管理）、膳食管理（工作人員的健康檢查和專業證照、膳食的規劃與實施、餐具及廚具清潔、進食方式、依個案需求提供服務）。個人、特殊群體、組織和社區的健康行為特質及其影響因素；流行病、當前的公共衛生問題、公共衛生政策、環境保護新知、有害物質的防護措施。

（續）表7-8　主管人員15學分、270小時訓練課程內容

課程名稱	學分數	課程內容
親職教育方案及家庭支援的規劃及管理	1	家庭的概念及相關議題、個案管理的概念及相關議題。家庭支援服務（資訊提供、福利補助、人力支援、專業諮詢、親職教育、家庭訪視、轉介服務等）的意義、內容、服務的方式，與家庭合作的溝通技巧、家庭支援服務的工作表格、計劃的擬定、實施、督導機制、績效評量，實作與討論。家長會組織運作、兒童及少年相關權益申訴及案例討論。親職教育方案設計的基本概念、類型與分析、方案的推廣、可能問題及因應、不同家庭型態（如單親家庭、重組家庭、收養家庭、隔代教養家庭或跨國婚姻家庭等）與親職教育方案的設計及推廣。
人力資源管理	1	機構人事管理、策略規劃角色、人事規劃、召募、工作分析、領導與溝通、績效評估、勞資關係、機構人員生涯規劃、安全與健康。
行政／組織管理	1	行政決策、規劃、組織設計、組織的理論、組織行為、激勵、領導、溝通、控制、組織衝突。危機的形成、危機的因應策略與方法。
財務管理	1	機構財務管理的重要性、基本原理、實施方式，預算、會計、財務調整、捐募等等實務問題探討等。
公共關係及危機處理	2	公共關係的重要性、基本理念、規劃原則、計劃執行與技巧、評估、社區關係與資源應用、關係的維持與擴展；公共關係與機構經營的關係；機構危機處理（相關情報蒐集與研判、領導人的決策、決策者的互動、與機構的執行；衝突理論、談判與溝通理論、決策分析理論、嚇阻與博弈理論）。社區資源的介紹與運用；網路資源的介紹與運用；機構在社區的角色與任務、機構與社區發展的關係。

（續）表7-8　主管人員15學分、270小時訓練課程內容

課程名稱	學分數	課程內容
行銷及經營	1	競爭者分析、市場分析、環境分析、機構內部分析、成長策略、多角化策略、營利企業與非營利事業的行銷概念、行銷的各領域及應用：消費者行為、行銷研究、區隔、定位、產品開發、決策理論等。
督導技術	1	督導的功能、原則、方法與技術。
方案規劃及評估	1	方案之設計原則、目的、實施等的考量以及效益評估之探討。
兒童及少年問題及處置	1	瞭解安置機構兒童及少年常見之問題及處置策略，包括偏差／保護管束、受虐及受疏忽、受性侵害、身心障礙、家庭變故等兒童少年問題之特徵及處置。
特殊兒童教保服務	1	特殊教育的鑑定安置與輔導、個案管理及個別化教育計劃（IEP）、特殊兒童的轉銜計劃、學前融合教育與早期療育、特殊兒童與親職教育。

資料來源：內政部（2004）。

 # 第四節　教保人員的福利

　　幼兒保育人員栽培國家的幼苗，其責任之重自不待言，稍有疏忽，則可能戕害幼兒。因此，對其工作上、生活上之福利提供應予保障，使其無後顧之憂，專心職守，負起教育、養育的責任。自「勞動基準法」（2002年12月25日修正公布）（參考附錄六）實施以來，一般保育機構已漸漸建立一套員工的福利制度，以下就介紹保育人員應享之福利（參考臺北市教保人員協會，1999）。

壹、薪資福利

　　保育人員之薪資通常以學歷、經歷為認定標準，公立機構會以任用職等和年資來考量，目前保育人員之薪資就相同學經歷及年資而言，私立機構之保育人員薪資普遍低於公立機構，這是未來私立機構所要努力的目標。

貳、休假福利

　　休假可以紓解個人全年的工作壓力，也可以安排自己平日想做卻因工作關係無法做的事，如旅遊、探親等，按「勞基法」第三十八條的規定，保育人員在機構工作一年以上三年未滿者，每年應給予七日的特別休假；工作三年以上五年未滿者，每年應給予十日的特別休假；工作五年以上十年未滿者，每年應給予十四日的特別休假；工作十年以上，每一年加給一日，加至三十日為止。同時依「勞基法」第三十九條的規定，上述之特別休假，工資應由雇主照給。若雇主經徵

得勞工同意於休假日工作時，工資應加倍發給。

參、請假福利

依「勞基法」第四十三條規定，保育人員因婚、喪、病痛或其他正當事由得請假，至於請假之天數與薪資是否發全額、半額或不給，則由保育機構依相關法規另行制訂。

肆、年終獎金、考核與考績

保育機構至少應比照軍公教人員之待遇與福利，發給年終獎金，以鼓勵保育人員一年來工作之辛勞。其主管人員應給予保育員定期考核，對於表現良好者應給予考績獎金、記功（嘉獎）、獎狀或給予特別慰勞假。

伍、工作時數、輪值與午休

依「勞基法」第三十條規定，保育人員每日正常工作時間不得超過八小時，每週工作總時數不得超過四十八小時，若保育人員當隨車助理，午休期間須照顧小孩時，應為工作時間，若工作時間超過正常工作時數（每日八小時），得領加班費。

陸、退休與資遣

保育機構應有合理的退休與資遣制度，保育人員依法退休時，應按「勞基法」第五十三至五十八條規定，領取退休金；被資遣時，應按「勞基法」第十七條規定，領取資遣費。

柒、在職進修研習

　　為提高保育人員之專業知能，保育機構應督促、鼓勵保育人員做在職進修，在職進修的費用可由政府、機構全額或半額補助。

捌、其他

　　除上述所提出者外，保育機構可視經費預算，保育人員之需求，給予其他福利，如員工旅遊、端午節及中秋節禮金、全勤獎金、子女教育費用補助，補助健康檢查費用等。

第五節　臺灣教保育人員的教育

　　臺灣在日據時代即有「保母」之訓練，有所謂的保母訓練班，學生稱為「保母生」。及至政府遷臺以來，對保育人員之訓練更加重視，當時兒童保育課程大都設置在高級或初級家事職業學校。隨著社會結構之變遷，經濟日益繁榮，國民生活水準提高，職業婦女增加，幼兒保育工作更迫切的為社會所需要，加以行為科學的發展，幼兒保育才漸漸被視為一門學科，而被重視，以下就介紹臺灣幼兒保育人員之教育情形。

壹、高級家事職業學校（或高級中學）幼兒保育科

　　「兒童保育」在1950至60年代，於高級家事職業學校僅屬於「課程」而已，當時的家事職業學校並未分「科」，而以「綜合性家事科」通

稱，主要教導以「家庭活動與家庭關係」之內容，兒童無論在「家庭活動」或「家庭關係」中，均扮演極重要的角色，故「兒童保育」一科自然不能免，教育部亦曾頒布「高級家事職業學校兒童保育課程標準」，同時在1964年修訂過一次，於1973年又做第二次之修訂，本次最大之改革有二：

1. 將原有課程之「兒童」改為「幼兒」。
2. 將原來綜合性家政科分為七科，「幼兒保育」正式在高級家事職業學校獨立，其目的在配合工商業社會之需要，造就專技人才，拓展學生就業機會。

高級家事職業學校幼兒保育科之教育目標如下（教育部，1987）：

1. 培養幼兒保育的基層人才。
2. 傳授幼兒保育的基本知識與技能。
3. 具備幼兒保育基層人員應有的專業精神及態度。

幼兒保育科之教學科目除了普通科目外，專業科目有家政概論、幼兒保育概論、幼兒發展與輔導、幼兒衛生保健、家事技藝、幼兒教保活動設計、琴法、教具設計與製作、幼兒遊戲、幼兒工作、幼兒保育行政、幼兒音樂、教保實務等。

貳、專科學校兒童（幼兒）保育科系

在專科學校方面，私立實踐大學之前身私立實踐家政專科學校，為培育兒童保育專門人才，曾於1967年設有兒童保育科，施予「兒童保育」專業課程教育，但於1973年，將原有「兒童保育科」改名為「社會工作科」，使學生所習領域大大的擴展，原有之兒童保育專業教育也因而受到影響。

師範專科學校自1983年起，成立「幼稚教育師資科」，招收高中及

高職之畢業生，施以二年之專業訓練，對幼兒保育人才之訓練，具有劃時代之意義。1987年起，師專改制師院後，該科改為「幼兒教育師資科」繼續招生，培育幼教人才，但於1993年配合改系停止招生。此外，私立樹人醫專、私立康寧醫護暨管理專科學校、私立慈惠醫專、私立馬偕醫護管理專科學校、私立仁德醫護管理專科學校、私立仁德醫護管理專科學校、私立敏惠醫護管理專科學校亦相繼成立「幼兒保育科」，如此可大量培育專科程度的幼兒保育人才（全國幼教資訊網，2006）。

參、大學及獨立學院幼兒保育相關學系

在大學及獨立學院方面，私立中國文化大學於1972年在該校家政系成立兒童福利組，次年方始獨立設系，並改名為「兒童青少年福利系」（後又改名為「青少年兒童福利系」），從此我國兒童福利、兒童保育教育邁入新紀元，由於該系之設立，使我國幼兒保育人員之教育水準，提高至大學之層次。該系之教學科目與幼兒保育較有關係的有幼兒教育、親職教育、幼稚園教材教法、兒童文學、單元活動設計、社會個案工作、兒童福利、兒童發展、婦嬰保健等。然該系於1998年停招，改為「社會福利學系」，讓學生學習領域更為寬廣，但也失去了一個專門培育青少年兒童福利的學系。此外，私立靜宜大學亦於1986年成立青少年兒童福利系，對於臺灣的兒童福利、幼兒保育工作，可說又增加一批生力軍。此外，1990年，臺北市立師範學院成立幼兒教育系，其後八所師院（臺北、新竹、臺中、嘉義、臺南、屏東、臺東、花蓮）亦都成立幼兒教育系，以上九所師院於2005年升格為教育大學。除此之外，國立政治大學、私立亞洲大學、私立致遠管理學院、私立南華大學也相繼成立幼兒教育系，培育許多具大學程度之幼兒教育人員。

1996年，我國培育保育人才的技職教育有了重大的變革，首先國

立臺北護專改制爲護理學院，成立「嬰幼兒保育系」，此後，許多專科學校改制爲學院，學院改制爲科技大學，亦紛紛就原有「幼兒保育科」改爲「幼兒保育系」或「幼兒保育技術系」，或設新的「幼兒保育（技術）系」，成爲具大學程度之二技或四技學制，此類學校包括：國立臺北護理學院嬰幼兒保育系、國立屛東科技大學幼兒保育系、私立朝陽科技大學幼兒保育系、私立樹德科技大學幼兒保育系、私立弘光科技大學幼兒保育系、私立嘉南藥理科技大學嬰幼兒保育系、私立輔英技術學院幼兒保育系、私立中臺科技大學幼兒保育系、私立吳鳳技術學院幼兒保育系、私立長庚技術學院幼兒保育系、私立慈濟技術學院幼兒保育系、私立明新科技大學幼兒保育系、私立臺南科技大學幼兒保育系、私立大仁科技大學幼兒保育系、私立中華醫事學院幼兒保育系、私立育達商業技術學院幼兒保育系、私立美和技術學院幼兒保育系、私立南臺科技大學幼兒保育系、私立正修科技大學幼兒保育系、私立經國管理暨健康學院幼兒保育系、私立環球技術學院幼兒保育系、私立南亞技術學院幼兒保育系、私立中州技術學院幼兒保育系、私立大同技術學院幼兒保育系、私立親民技術學院幼兒保育系等（全國幼教資訊網，2006）。

肆、幼教學程

1996年，因應「師資培育法」（1994年公布），各大學開始辦理幼教學程，培養幼稚園師資，從此我國幼稚園師資培育邁入多元化，打破過去均由師範院校體系培育師資一元化的局面。至2005年爲止，設有幼教學程的學校有私立靜宜大學、私立中國文化大學（2005年起停招）、私立輔仁大學、私立實踐大學、私立朝陽科技大學、私立明新科技大學、私立樹德科技大學、國立屛東科技大學、私立崑山科技大學、私立元智科技大學、私立嘉南藥理科技大學、私立弘光科技大學、私立臺南科技大學等校。

伍、兒童福利研究所

　　自1980年，私立中國文化大學奉准成立兒童福利研究所，該所成立之宗旨是為提升我國兒童福利學術水準，培育高層次之兒童福利工作專業人才。至此，我國兒童福利學術研究將大大的提升，對於工作人員之素質，也因部分畢業生樂於從事實務工作，也使我國的托兒服務人員漸有碩士學位者投入此項神聖工作，對幼兒保育工作之層次，有提升之趨勢，然該所為配合時代潮流的變遷及達成學校綜合學術社區之目標，於2002年起，由原「兒童福利研究所」更名為「教育心理與輔導研究所」，另於推廣教育部成立「青少年兒童福利研究所」碩士在職班，培養更多專業的青少年兒童福利實務專業人才及管理人員。此外，私立靜宜大學亦於1996年成立青少年兒童福利研究所，培育具有碩士程度之幼兒保育人才。

陸、短期及在職訓練

　　前已述及短期訓練和在職訓練之目的及方式，臺灣省政府社會處自1963年起，曾假彰化市八卦山麓之「臺灣省兒童福利業務人員訓練中心」訓練幼兒保育及有關人員。此外，中華民國兒童保育協會、救總兒童福利中心也陸續辦理保育人員訓練，以應時需。目前臺灣幼兒保育人員之短期訓練和在職訓練大致可分下列數種：

一、托兒所教保人員進修班

　　臺灣省政府社會處為提高現職托兒所教保人員素質，自1982年7月起，特委託私立中國文化大學、私立輔仁大學、私立實踐家政經濟專科學校以及省立臺北、臺中、嘉義、屏東、花蓮等師範專科學校，分別辦理「托兒所教保人員進修班」，唯自1984年起，改由各師專辦理此

一訓練工作。此外，臺灣省政府社會處、臺北縣政府、高雄縣政府等政府機構亦不定期調訓托兒所教保人員，以增進現職人員之新知。自2004年內政部公布「兒童及少年福利機構專業人員資格及訓練辦法」後，為方便各縣市現職保育人員取得資格，各縣市政府社會局（科）分別委託私立中國文化大學、私立玄奘大學、私立弘光科技大學、私立嘉南藥理科技大學、國立屏東科技大學等校辦理是項訓練工作。

二、研討會與講習班

由各公私立有關機構或團體以定期或不定期方式舉辦各種研討會或講習班，其實施時間少則一天多則一週不等，旨在針對一主題，如「營養保健」、「幼兒體能」、「發展遲緩」等，提出研討，為教保人員提供一個再學習的機會。

三、保母訓練班

因應時需，鑑於家庭保母之需求量漸增，專業度之要求也漸高，各公私立機構紛紛開設保母訓練班，提升家庭保母之素質。目前不定期辦理保母訓練之機構如：高雄縣政府、臺北市社會局委託民間機構辦理、中國文化大學推廣教育中心、各縣市家扶中心、臺北市保母協會等。1997年行政院勞委會職業訓練局為因應時需，開始舉辦「保母人員」丙級技術士檢定考試（考試科目包括學科和術科），大大提升保母的專業水準。

柒、公職考試

1975年，政府為了網羅兒童福利專業人員進入政府機構服務，特在高普考試中加入「兒童福利工作人員」類科，將錄取人員分發在各需求單位工作，唯自1983年後就沒有再招考。1983年在普考中新增「保育人員」類科，而後丙等基層特考也增加此一類科，所錄取人員大

部分分發至托兒所工作，少部分分發至教養院、學校任職。

　　總之，臺灣幼兒保育人員之教育，由於政府之重視，與人民知識水準之提高，可謂蓬勃發展，無論在質和量的要求，均比過去為高。然與先進國家比較，則仍有大大加強的必要，而後由於人民生活水準的提高，吾人應重視保育人員之品質，更由於職業婦女的增多，也要注意保育人員量的增加，以因應未來之需要。

參考書目

王靜珠（1992）。幼兒教育。自印，26-29。

內政部（1981）。托兒所設置辦法。

內政部（1983）。兒童福利法規。

內政部（1995）。兒童福利專業人員資格要點。

內政部（1997）。兒童福利專業人員訓練實施方案。

內政部（2004）。兒童及少年福利機構專業人員資格及訓練辦法。

內政部兒童局（2006）。兒童及少年福利機構專業人員相關科系對照表。2006年1月20日，取自http://www.cbi.gov.tw/upload/files/download/03/0603011801.doc。

內政部兒童局（2006）。兒童及少年福利機構專業人員訓練核心課程。2006年1月20日，取自http://www.cbi.gov.tw/upload/files/download/04/0603011751.doc。

臺北市教保人員協會（1999）。臺北市保育人員資源手冊。臺北市政府社會局。

全國幼教資訊網（2006）。幼教學術單位。2006年3月20日，取自http://www.ece.edu.tw/。

江文雄、許義宗（1983）。幼兒教育通論（2版）。臺北市：幼教。

行政院勞委會職訓局（1997）。技能檢定規範之一五四——保母人員。

李鍾元（1981）。兒童福利理論與方法（4版）。臺北市：金鼎。

邱德懿（1987）。兒童福利人員工作滿足及其相關因素之探討——以臺北市托兒所教保人員為例。臺北市：私立中國文化大學兒童福利研究所碩士論文。

教育部（1987）。高級家事職業學校課程標準及設備標準。臺北市：正

　中。

黃志成（2004）。幼兒保育概論。臺北市：揚智。

盧美貴（2001）。幼兒教育的願景及其教育理想——讓幼兒教育成爲專
　　業。師說，152，11-17。

Bandura, A. (1977). *Social Learning Theory.* Englewood Cliffs, NJ：
　　Prentice-Hall.

Kadushin, A. &　Martin, J. A. (1988). *Child Welfare Services* (4th ed.).
　　N.Y.: Macmillan Publishing Co., Inc.

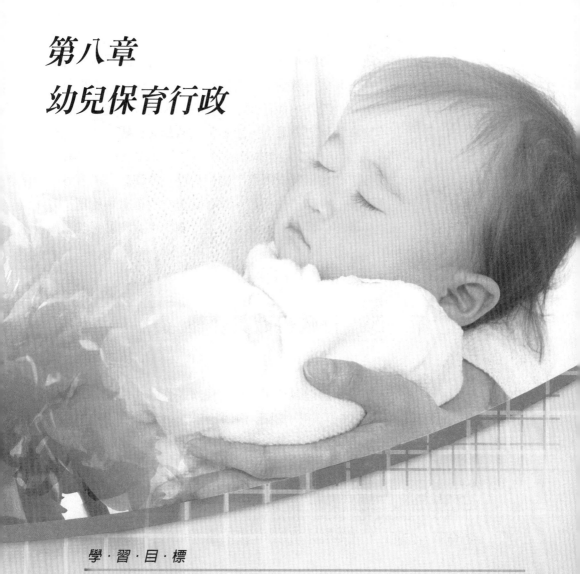

第八章
幼兒保育行政

幼兒保育行政依性質的不同包括托兒所行政、育幼院行政、身心障礙教養院行政等,凡此等機構均負責保育工作。就保育工作而言,它可以說是一種實務性工作,而行政工作主要的目的乃在支援實務工作的進展,使得實務工作更為順利。儘管上述機構之性質不同,然行政工作之業務,乃大同小異,故本章將以托兒所行政為主要討論範圍。托兒所之行政工作包括經營所務、維持秩序、改進教保內容等,舉凡促進托兒所進步的一切措施而言。以下就分行政組織與管理、教務與課程、場地與建築、設備與教具、衛生保健、家庭和社區聯繫及幼托整合七節加以說明。

第一節　行政組織與管理

托兒所行政組織與管理包括了推展托兒所工作的「硬體」與「軟體」,兩者相輔相成缺一不可。組織(硬體)完善,則所長可指揮各部門,同心協力,相互配合,所務將蒸蒸日上;若組織不健全,則各部門可能相互牽制,寸步難行。若管理(軟體)得當,則各部門均發揮了工作效率,運用自如;若管理不當,則部門之工作無法推行,形成工作效率上之浪費。因此,托兒所的行政組織與管理實是整個托兒所的命脈,如何做好組織與管理工作,以下分別討論之。

壹、托兒所的行政組織

一、行政組織與人員編制

行政組織及人員編制可因規模之大小而有所不同,然大致可由下列幾點說明:

1. 設所長或主任一人，主持所務，監督及指揮所屬員工。如係公立托兒所，由上級機構遴選產生，得稟承上級指示，做好所務工作；如係私立托兒所，由該董事會遴選合格人員，呈請該管縣市政府核准後聘任，得稟承董事會之命，主持所務。

2. 設保育員及教師，由所長或主任遴選合格人員聘之。在編制方面，保育員及教師與幼兒之比率應有明確之規定，從出生到十八個月的嬰幼兒約1：3，十八個月到三歲的幼兒約1：4，三歲至四歲半約1：7，四歲半至六歲約1：10（Cohen & Brandegee, 1975）。這個比例，與我國內政部（1981）所頒布的《托兒所設置辦法》第十三條以及內政部（2004）所頒布的《兒童及少年福利機構設置標準》第十一條中所規定的較為嚴格，但應較符合嬰幼兒的需要。

3. 設教保、總務、社會工作、衛生、研究發展五組，由教師、保育員、社會工作員、護士分掌組務，可視規模之大小，加以裁併，例如，教師兼研究發展工作，保育員兼總務工作等。

4. 全所行政事宜，經所務會議決議後實施。因此，托兒所應定期舉行所務會議，通常以每週一次為宜。

二、托兒所行政組織系統圖

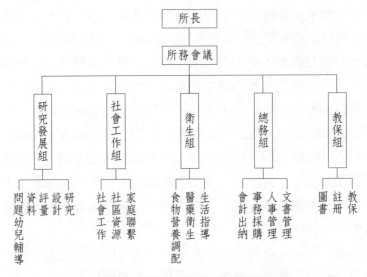

圖8-1　托兒所行政組織系統圖

三、所長（主任）之職掌

1.綜理所務，擔任教保政策發展以及參與教學計劃，訂定行事曆。

2.出席或主持所務會議，每月定期召開所務會議。

3.執行上級交辦事項。

4.審核該所文稿表件。

5.聘任員工及執行員工考核。

6.編列及執行預算。

四、保育員之職掌

1.幼兒保育、生活輔導與安全監護。

2.幼兒出入所調查、登記及個案資料建立事項。

3.協助教師擬定教學單元及準備教材。

4.保管並整理幼兒衣物用具及其他事項。

5.其他上級交辦事項。

五、社會工作員之職掌

1.掌理個案調查、登記、處理及資料整理等事項之計劃。

2.負責家庭聯繫與親職參與工作。

3.蒐集並利用社區資源,協助推展所務及教保工作之進行。

4.其他上級交辦事項。

其他人員,如醫生、護士、研究人員、總務人員、司機等資格與職掌請參考有關資料,於此不再敘述。

貳、托兒所之行政管理

托兒所之行政管理可分下列幾項說明之:

一、文書管理

文書是指與托兒所有關的文件而言,可分為兩類:

1.對外往來的公文案件,應注意依一定的程序收文、發文、登記及歸檔。

2.所內的章則、布告、通知、會議記錄、表格簿記等等,管理工作應注意分類保管。

每學期終了時,應將文件總整理一次,存留文件應分類整理歸入公文櫥中,妥為保存。

二、事務管理

指托兒所內之事務工作，可分下列兩項說明：

1. **房屋設備之保管**：房屋及設備應經常檢查，如有蟲蛀或損壞之處，隨時修理，以防意外發生，最好每學期或學年油漆一次，並做定期保養，以策安全。
2. **場地之布置維護**：場地、設備及草地花木，應善為布置，以美化環境，並妥加維護。花木應定時修剪與培植，由教保人員與幼兒分組分區負責保養，以培養幼兒愛護花木之習慣。

三、經費管理

托兒所之經費，應做有效之管理與運用，其方式說明如下：

1. **來源**：由上級機關或董事會負責籌集、樂捐及家長所繳之費用。
2. **預算**：每年由所長（主任）編擬「歲入預算」及「歲出預算」，提經上級單位或董事會通過後實施。
3. **決算**：年度終了，應將全年經費收支狀況加以結算，編造決算。
4. **保管**：基金保管、財務之稽核與核定，由上級單位或董事會負責。

托兒所應於年終將全年收支報告書送請主管機關核備。

四、圖書管理

托兒所之圖書可分為教師參考書及幼兒讀物兩類。圖書管理工作包括圖書的選購、登記、分類、編目、典藏、出納、整理、統計等項。托兒所依據所務分掌，可請教保人員負責圖書保管。關於幼兒讀

物，最好採開架式，鼓勵幼兒閱讀，並指導幼兒養成閱讀後放回原處
的良好習慣。

五、人事管理

人事管理旨在對於所內全部員工做合理調配，達到人盡其才的目
的，並提高行政效率。因此，所長（主任）對於各組組長、組員以及
工友、司機、廚師等人格特質及專長均應做詳細之瞭解，如此才能指
揮自如，使所內員工均能發揮所長、互助合作，共同為所務而努力。

六、所務會議

所務會議為全所最高會議，由所長及全體教保職員組成之，定期
（每週或每兩週）舉行，必要時得召集臨時會議，其職權為商討全所重
大事宜，因此，所務會議可以說是所內最大之管理機構。其他所內較
小型的會，如教保會議、事務會議、研究發展會、家長會等，除為促
進所務的蒸蒸日上外，仍有小部分的管理作用。

第二節 教務與課程

上節吾人述及保育機構的行政組織，在各組中當然都很重要，缺
一不可，或哪一組沒有扮演好該組的角色，都會影響整個機構的運
作，而在所列的五組中，應以教保組分量最重，算是機構中的靈魂，
這一組的工作，主要以教務及課程為主，分別說明如下：

壹、托兒所的教務工作

一、學籍編制

　　幼兒在托嬰及托兒所中，應以年齡來分班，根據《托兒所設置辦法》規定：滿一月未滿一歲之嬰兒，每十名須置護理人員一名，超過十名者，可增置保育員；滿一歲至未滿二歲之幼兒，每十名至十五名，須置護理人員一名，超過十五名幼兒以上者，可增置保育員；滿二歲至未滿四歲之幼兒，每十三名至十五名須置保育人員一名；滿四歲至未滿六歲之幼兒，每十六名至二十名，須置教師一名。其收托的方式有半日托、日托及全托三種。新近又有新的編班方式，即採用「開放式的學前教育模式」，以混合年齡教學，這種教學方式最大的優點是符合家庭成員及社會化實際狀況，讓幼兒學習與年齡較大、較小及同年齡的友伴相處及學習，扮演好自己的角色；其缺點常因幼兒年齡之不同，且個別差異（individual difference）大，造成教學上的困擾。

二、學籍編造

　　托兒所新生入學須填入所報名單，採用申請註冊的方式，不得舉行入學考試。幼兒入所後，即辦理學籍編造工作，由教保人員填寫幼兒的學籍表，學籍表僅記載幼兒的履歷，及其家庭狀況與學籍變更等項。至於幼兒智力、健康及語言能力等情況，均記載於幼兒資料表內。如有教保人員平日對幼兒之觀察情形、家庭訪問、問題行為輔導及特殊事件記載，則登記在個案記錄表上，個案記錄表除第一頁填寫幼兒資料外，從第二頁起均為空白頁，方便教保人員填寫，並利於日後查閱（見表8-1至8-4）。所有表格如下列附表。

說明

1. 幼兒「籍貫」及「出生年月日」請依照戶口名簿填寫。
2. 幼兒「全日」或「半日」，托兒「全日托」或「半日托」或「日夜托」請用ˇ表示。「班別」僅填「大」「中」「小」即可。
3. 「入學前之教育」請填明「在家」或「曾入某托兒所某幼稚園」。
4. 「預防接種」如未注射，可不必填寫。
5. 幼兒如未與父母共同生活，請詳填「保護人」。

表8-1　○○托兒所入學報名單

幼兒姓名		性別		籍貫
出生年月日	民國　年　月　日（　歲　個月）			
	住址及電話		省　市縣	
	幼兒	全日　半日	班別	
	托兒	全日托　半日托　日夜托	班　組	
	入學前之教育			
黏貼相片				
幼兒家庭狀況（請詳細填寫）	父	年齡　歲	職業	
	母	年齡　歲	職業	
	兄　人　姊　人　弟　人　妹　人（請詳細填寫）			
	保護人	年齡　歲	籍貫　省市縣	教育程度　關係
	服務處所及通訊處			
生活習慣	性情是否溫和	是否愛零食		
	飲食定否	有無不良習慣		
	睡覺定否有時	喜愛群體生活		
	是否愛群			
預防接種	牛痘	破傷風	（最近一次）年　月　日	
	沙賓疫苗	卡介苗	（最近一次）年　月　日	
	百日咳	既往曾患何症	（最近一次）年　月　日	
	白喉	血型鑑定	（最近一次）年　月　日	
對於幼兒之注意事項及希望				
備註				

表8-2 ○○托兒所學籍表

學號			
幼兒姓名			
性別			
籍貫	省	縣市	

本人履歷

出生年月日	年 月 日
入學年月	年 月
入學時年齡	歲 月
編入	班 組

履歷

經歷	入學時	
	畢業後狀況	

住址	

家庭狀況

父	業 存（歿）
母	業 存（歿）
兄弟狀況	兄弟……人
姊妹狀況	姊妹……人
經濟狀況	
保護人姓名職業	
關係	
教育程度	

學籍變遷（年月日）

學籍	年 月升入 班 組
	年 月升入 班 組
	年 月升入 班 組
	年 月升入 班 組
變遷	休學 年 月 日 原因（ ）
	退學 年 月 日 原因（ ）
	復學 年 月 日 原因（ ）
	畢業 年 月 日

學習活動報告（另載）（單）

學年度	學期	班	組

年 月 日 建檔

表8-3　○○托兒所幼兒資料表

學號

入學狀況											幼兒最近相片		住址	姓名
表情						體型								
呆板	愉快	羞怯	大方	安靜	活潑	矮	高	壯	胖	瘦				
														乳名
語言											家屬			
伶牙俐齒	發音正確	口齒清楚	説話不清	嚴重口吃	輕微口吃	不肯講話					稱謂		電話	性別
											姓名			
觀念											年齡			出生日期
數				時							籍貫		曾否入托兒所幼稚園	
正確	尚有	模糊	缺乏	正確	尚有	模糊	缺乏				職業			
智力											服務單位			
辨認力			觀察力			記憶力			理解力					出生地
好	尚可	勉強	差	好	尚可	勉強	差	好	尚可	勉強	差	好	尚可	勉強	差		是否坐交通車	
											職稱			

表8-4　○○托兒所幼兒個案記錄表

第1頁

學　號				第				屆

幼兒姓名		乳名		性別		出生　年　月　日　時		
出 生 地		住址				電　　話		

記錄＼稱謂	姓　　名	年齡	籍貫	宗教	教育	服務機關	職位
父　親							
母　親							

兄	人	年齡	姊	人	年齡
弟	人	年齡	妹	人	年齡

家中其他親屬：　　　　　　　　　　　　工人

幼兒所留初步印象

外型：體重　　面色　　精神　　姿勢

一般表情（活潑　安靜　大方　羞怯　愉快）

智力：語言（口齒清晰　發音正確　能表達意思　不肯說話）

知道自己姓名　　性別　　年齡　　地址
時的觀念
數的觀念
辨 認 力
觀 察 力
記 憶 力
理 解 力

是否入任何托兒所	是否坐交通車	登記日期	年　月　日

備

註

（續）表8-4　○○托兒所幼兒個案記錄表

第　頁

日　期	事　　　　由

三、編排幼兒作息時間表

為了訓練幼兒的時間觀念，培養規律的生活習慣，方便家長接送起見，一般托兒所均排有簡單的「生活作息時間表」，以便於教學及行政工作的推展，唯宜彈性運用，如**表**8-5。

表8-5　幼兒生活作息時間表

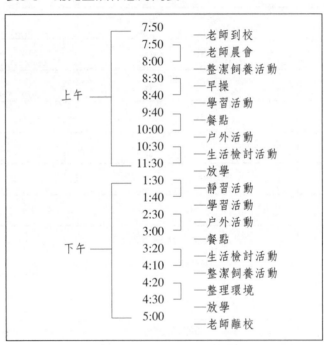

	時間	活動
	7:50	─老師到校
	7:50	─老師晨會
	8:00	─整潔飼養活動
	8:30	─早操
上午	8:40	─學習活動
	9:40	─餐點
	10:00	─戶外活動
	10:30	─生活檢討活動
	11:30	─放學
	1:30	─靜習活動
	1:40	─學習活動
	2:30	─戶外活動
	3:00	─餐點
下午	3:20	─生活檢討活動
	4:10	─整潔飼養活動
	4:20	─整理環境
	4:30	─放學
	5:00	─老師離校

四、學習活動評量

為使家長瞭解幼兒在所內的學習情形以及教保人員注意個別差異的問題，作為個別輔導的參考，可定期填寫「幼兒學習活動評量表」，如**表**8-6（大班用）、**表**8-7（小班用）。幼兒之學習活動評量，不做筆試，僅注重平日實際活動之表現。

表8-6　○○托兒所幼兒學習活動評量表（大班用）

學年度第　　學期　大　班　組　幼　兒　　　　學號

甲、知識

(一)音　　樂
1.能模仿動物的叫聲（　）
2.能獨唱並能依歌詞自創動作（　）
3.能聽琴聲而做鳥飛、馬跑等動作（　）
4.能參加團體表演（　）
5.能演奏小樂器（　）

(二)故事兒歌
1.能靜聽校長的故事並瞭解故事內容（　）
2.能看圖述說圖中大意（　）
3.能講簡單的故事並能條理分明（　）
4.念唱兒歌能合韻並能做適當表情（　）
5.能參加表演簡單的話劇或歌舞劇（　）

(三)常　　識
1.認識常見的動物和植物（　）
2.能辨別益鳥和害鳥（　）
3.知道青蛙蝴蝶和蠶的變化（　）
4.知道怎麼種蔬菜和花木（　）
5.知道交通工具的種類和功用（　）

(四)工　　作
1.能安靜細心的工作（　）
2.知道愛護自己的工作成果（　）
3.做事專心有始有終不會中途而廢（　）
4.工作時能和他人合作（　）
5.知道用積木、穿板、七巧板、拼圖等構成各項圖形（　）

(五)遊　　戲
1.不獨占玩具（　）
2.能自動參加團體遊戲（　）
3.能協助他人做遊戲（　）
4.知道並能遵守遊戲的規則（　）
5.愛護各種遊戲器具（　）

(六)數與字
1.能看懂日曆（　）
2.能自1數到30（　）
3.認識各種錢幣（　）
4.能心算10以內的加減（　）
5.能寫簡單的國字（　）

乙、生活技能

1.離開座位時會將椅子放好（　）
2.能上下階梯（　）
3.會輕輕的開關門窗或移動東西（　）
4.能上下攀登（　）
5.知道氣候的寒熱並能自動加減衣服（　）
6.遇到困難能自己設法解決（　）

丙、衛生習慣

1.不用手指挖鼻子嘴和耳朵（　）
2.經常注意手臉衣物的整潔（　）
3.站立或走路時知道抬頭挺胸（　）
4.坐著或工作看書時姿勢端正（　）
5.會保持圖書用具及牆壁的清潔（　）

丁、社交習慣

1.無論在何時何地見到老師和同學會說「早」「好」「再見」（　）
2.唱國歌及升降國旗時知道立正（　）
3.聽見鈴聲會立刻排隊進入教室（　）
4.接受別人的道謝時會說「不客氣」（　）
5.能原諒他人的過失（　）
6.弄壞東西會立刻告訴老師（　）
7.愛惜紙筆書籍玩具及用物（　）
8.別人說話的時候不隨便插嘴（　）
9.做事負責不誇張自己的功勞（　）

戊、身體

1.身長	開學時	公分	現在	公分
2.體重	開學時	公斤	現在	公斤
3.體格	（強）	（中）	（弱）	

符號說明：
做得最好的符號是（○）
做得次好的符號是（△）
做得不好的符號是（×）

評　　語

所長　　　　　　級任教師

表8-7　○○托兒所幼兒學習活動評量表（小班用）

學年度第　　學期　　小　班　　組　　幼　兒　　　　　　　　學號（　　）

甲、知識

（一）音樂
1. 能獨自唱唱遊戲（　）
2. 能區別各種聲音（　）
3. 能做簡單動作的律動（　）
4. 能聽到歌曲會隨目靜息（　）

（二）故事兒歌
1. 喜歡聽故事（　）
2. 能靜靜欣賞歌曲（　）
3. 不使用嬰兒般的牙牙語（　）
4. 能朗誦簡短的歌謠（　）

（三）常識
1. 知道自己學校的名稱（　）
2. 知道四肢五官的名稱及作用（　）
3. 知道簡單的家庭組織（　）
4. 知道自己的國籍和省籍（　）

（四）塗工
1. 簡單塗色的填色畫（　）
2. 能辨別常見紅黃等東西的顏色（　）
3. 能持用安全剪刀剪做的工作（　）
4. 能盡量完成自己該做的工作（　）
5. 知道運用一般簡單的工作用具（　）

（五）遊戲
1. 知道如何拯述簡單的遊戲器具（　）
2. 能使用簡單的遊戲器具（　）
3. 參加遊戲時輸了不會哭鬧（　）
5. 獨自找玩具伴玩（　）

（六）數字與文字
1. 能看懂自己的名字（　）
2. 能認識普通幾個圖形（　）
3. 能自1數到10（　）
4. 能說出自己的年齡並能用手指做（　）
5. 能表示10以內的數字（　）

乙、生活技能
1. 能自己洗手擦手（　）
2. 能自理大小便（　）
3. 知道擦及找鼻涕（　）
4. 能搬椅子（　）
5. 能自己穿脫衣服（　）
6. 老師指定的工作能按時做完（　）

丙、衛生習慣
1. 常帶手帕（　）
2. 手臉常常保持乾淨（　）
3. 指甲常常修剪（　）
4. 餐點以前大小便知道洗手（　）
5. 果皮紙屑不會隨地亂拋（　）

丁、社交習慣
1. 上學回家知道說「早」「好」（　）
　　「再見」（　）
2. 不說別人的壞話（　）
3. 受到別人幫助時會說「謝謝」（　）
4. 遵守上學時間（　）
5. 小事不哭不告狀（　）
6. 不隨便拿別人的東西（　）
7. 做錯事願意賠誠承認（　）
8. 不打別人不罵人（　）
9. 遇事虛心與別人合作（　）
10. 遇事能不與別人做無理的爭辯（　）

戊、身體

	開學時	現在	
1. 身長			公分
2. 體重			公斤
3. 體格	（強）	（中）	（弱）

符號說明：做得最好的符號　是（○）
　　　　　做得次好的符號　是（△）
　　　　　做得不好的符號　是（×）

評　語

所長　　　　　　　級任教師

五、輔導工作

　　幼兒在生活中，經常遇到問題，有了問題，就需要教保人員幫助解決，托兒所之輔導工作即在幫助幼兒適應團體生活，布置溫暖、安全的學習環境，培養幼兒有禮、守規、勇敢、合作等美德，並使幼兒愉快的選擇其所喜好的作業和遊戲。

　　在輔導工作中，值得注意的是「特殊幼兒」的輔導，在《特殊教育法》（教育部，1997）中，所指的包括資賦優異、智能障礙、語言障礙、身體病弱、聽覺障礙、視覺障礙、學習障礙等，是在托兒所中所應加以輔導的。該法第七條已將特殊教育的階段提前至學前教育，除在家庭、幼稚園、特殊幼稚園（班）或特殊教育學校幼稚部實施外，並准予在社會福利機構附設特殊教育班（第十六條）。學者亦強調在托兒所內，必須對發展遲緩的幼兒，包括視覺問題、聽覺問題、肢體障礙和不討人喜歡的、智能不足的、學習緩慢的、情緒困擾的以及其他問題的幼兒施予特別的輔導，以滿足其特殊的需要（Granato & Krone, 1972）。

貳、托兒所的課程

　　欲訂好托兒所課程之前，應先瞭解其教保目標，根據內政部（1973）所頒定之托兒所教保目標為：

1.增進兒童身心之健康。
2.培養兒童優良之習慣。
3.啟發兒童基本之生活知能。
4.增進兒童之快樂和幸福。

　　根據上述之目標，托兒所的課程大致可分為二大類，一為生活習慣的培養，二為活動與輔導，說明如下：

一、生活習慣的培養：即生活訓練

托兒所活動，應根據幼兒年齡與發展階段，安排足以充實幼兒生活經驗之活動，如飲食、遊戲、休息、入廁訓練等（有關細節，可參考第三、四章）。

二、活動與輔導：即知能訓練

知能訓練方面，依作息時間，其活動以輕鬆、生動有變化及培養充沛活力與思考為主，動靜時間，應力求均衡，至於訓練之內容，以下列五項來說明（內政部，1973）：

(一)遊戲

■目標

1.增進身心之健康與快樂。
2.滿足愛好遊戲之自然心理，學習適當之遊戲活動。
3.發展筋肉之聯合作用，訓練感覺軀肢之敏活反應。
4.培養互助、合作、樂群、守紀律、公正等良好習慣。

■內容

1.計時遊戲（如：搬運豆囊、拋擲皮球等，可兼習計數）。
2.表演遊戲（如：故事表演、歌唱表演等）。
3.律動遊戲（如：音樂發表之各種動作，像是鳥飛、馬跑、蛙跳等）。
4.感覺遊戲（如：閉目摸索、聽音找人等遊戲，練習觸覺、聽覺、視覺及其他感覺器官）。
5.模仿遊戲（如：兵操、貓捉老鼠等模仿動作）。
6.猜測遊戲（如：尋物、聽琴等）。
7.競爭遊戲（如：爭座、燕子搶窩等）。

8.我國各地方固有之各種良好遊戲。

(二)音樂
■目標

1.滿足唱歌慾望，增進生理上各部分器官之活力。

2.啓發增進欣賞音樂能力（包括口唱與樂器兩種）。

3.促進發聲官能及節奏感覺並訓練其節奏動作。

4.發展親愛、合作、快樂之精神。

5.引起對於事物（如：工作、遊戲、故事、兒歌等項及動植物之類）之興趣。

■內容

1.欣賞方面：訓練聽音、辨音及下列各種歌詞之歌唱、表演與欣賞。

　(1)關於家庭生活。

　(2)關於紀念慶祝。

　(3)關於時令節日。

　(4)關於自然現象。

　(5)關於習見之動植物。

　(6)關於日常生活。

　(7)關於愛國。

　(8)關於社交。

　(9)關於表演。

　(10)關於兒童歌謠。

　(11)關於故事。

2.律動及演作方面：律動是受外界刺激後自發之一種有節奏動作（如聽音拍手走步、跑步、跳、轉、鞠躬等想像或表演，動物動作之模仿等）。

　(1)小樂器之應用（小鑼、小鼓、小木魚、小鈴、響板等合奏）。

(2)聽音跑、跳、坐、行、轉、鞠躬等想像或表演。

3.自然聲音之欣賞與模仿（如鳥鳴、貓叫等聲）。

(1)鳥鳴、雞鳴、貓叫、狗叫、豬叫、牛叫、羊叫、鴨子叫等聲音。

(2)火車、輪船、飛機等聲音。

(三)工作

■目標

1.滿足工作上之自然需要。

2.培養操作習慣，增進工作技能，並鍛鍊感覺能力。

(1)練習基本動作，以為日後精細動作之基礎。

(2)使有關身心之各種動作常有表演機會。

3.訓練群體之活動力。

(1)自信、自動、堅忍、專心、勤奮、互助、熱心、服務等精神。

(2)自動能力。

(3)領袖才能與服從領袖之精神。

(4)批評能力與接受評量之度量。

(5)不浪費時間與物力之習慣。

(6)遵守秩序之習慣。

(7)愛護公共用具之習慣。

4.發展智力。

(1)鍛鍊思考。

(2)培養發表、製作與建設能力。

5.培養美感。

(1)發展想像力。

(2)培養美化精神。

■內容

各隨兒童所好，選做下列之工作：

1.沙裝排在沙盤或沙箱中，利用各種玩具、物品，推裝觀察研究立體物件，例如村舍、城市、山景、園林、江河、動物園、植物園或其他模型等。

2.積木：用大小積木裝置成房屋或其他建築物等。

3.畫圖：自由單色畫或彩色畫，彩色畫可用現成的圖物，使兒童自己設色；或用自己所製圖物，塗以色彩。

4.紙工：用剪刀剪各種圖形，或用紙摺各種物件（如桌椅之類），或將所剪、所摺、所撕之圖形，用漿糊黏在紙上，或用紙條織成各種花紋，或用紙做成各種玩具（如動物模型、家具模型）。

5.泥工及紙漿工：用泥或紙漿做成模型，如動物、水果、玩具等類，並研究泥土性質等。

6.縫紉：從玩弄玩偶引起縫紉動機，為裝飾玩偶做小衣服、小被、小窗帘等，應由年齡稍大者擔任。較小兒童，可用硬紙刺孔做成水果類、鳥獸類，或其他圖形類。幼兒用彩色線穿編或用顏色珠穿線。

7.木工：用簡單木工器具，如錐、鋸、釘、鉋等類。計劃做成幾種簡單之玩具模型（床、桌、椅、鞦韆架等），且使明瞭方法與順序（例如做一桌，四隻腳要一樣長，桌面與腳應成相當比例，四隻腳釘在桌面下等）。

8.織工：能用最粗之梭織線帶、編織針、編織架，織成玩具或玩偶用之物件，或用藤條、麥稈編成玩具。

9.園藝：種菜、種豆、種普通花卉及園地整理等。

10.其他利用各種自然物，做成玩具、裝飾品等。

以上各種工具，能齊備固佳，但亦可視環境與情形，加以選擇。

(四)故事與歌謠

■目標

1.陶冶性情，提高興趣。

2.發展想像力。

3.練習說話、吟唱，並增進發表能力。

4.發展對於故事之創作能力，培養快樂與親愛之情緒。

■內容

1.故事：童話、自然故事、歷史故事、生活故事、愛國故事、民間傳說、笑話、寓言、神話、其他適應需要而由教師自編之故事。

2.歌謠：兒歌、遊戲歌、時令歌、民歌、繞口令、急口令、謎語、占氣象歌。

(五) 常識

■目標

1.啓發對於自然環境與社會環境之觀察及欣賞力。

2.增進利用自然、滿足生活與組織團體等之初步經驗。

3.引導對於「人與社會及自然之關係」之認識。

4.養成愛護自然物，及衛生、樂群、互助、合作等良好習慣。

■內容

1.關於衣、食、住、行等各項物品，及家庭、鄰里、商鋪、郵局、救火隊、公園、交通、機關等社會組織之觀察研究，與遊覽本地各名勝古蹟。

2.演習日常禮儀。

3.紀念節日（如元旦、端午節、中秋節、國慶紀念日、民族掃墓節，以及其他節令）之研究與活動。

4.集會演習（以培養公正、仁愛、和平精神為主）。

5.國旗、國父遺像、總統肖像之認識。

6.習見鳥、獸、蟲、魚、花、草、樹木及日、月、雨、陰、晴、風、雲等自然現象之認識與研究。

7.月、日、星期，與陰、晴、雨等逐日氣候之塡記。

8.身體各部分之認識，與簡易衛生規律（如不吃地攤上不衛生食物、食前洗手、食後漱口、不隨地便溺、不隨地吐痰、不吸手指頭、不用手挖耳揉眼、早睡、早起、愛清潔等）之實踐。

9.健康與清潔檢查。

 # 第三節　場地與建築

壹、托兒所之場地

　　從前孟母三遷，費盡心思，無非是要替孟子選擇一個良好的教育場所，以便造化下一代，可見保育場地之重要性，選好保育環境，「里仁爲美」，幼兒在此環境之薰陶下，才能發展健全的身心。黃志成（1984）認爲幼教地點之選擇應注意：空氣新鮮、環境清潔、鄰近善良場所、幽靜而無噪音、城市與鄉村之便、安全。朱敬先（1992）在其所著的《幼兒教育》一書中，認爲托兒所所址的選擇必須要注意清潔安靜、安全、地勢及土質優良、空氣日光充足、距離相當、地方區域規定之考慮（如是否爲校址專用地）、景色宜人、有擴展的可能性。綜上二者所述，再歸納如下：

一、在地理環境方面

　　1.要有清潔新鮮的空氣，不受汽車、工廠等廢氣之污染。

　　2.環境清幽、安靜、無噪音之干擾。

3.地勢平坦、土質優良、適合建築及栽種花木。

4.最好具有城市之便、鄉村之美的特色。

5.風光明媚、景色宜人。

6.地理位置有前瞻性,可考慮擴充者。

二、在人文環境方面

1.最好鄰近善良場所(如文教區),遠離不正當場所(如特種營業區)。

2.地理位置安全可靠,不鄰近鐵路、交通要道,並選治安良好之區。

3.地方區域規劃之考慮:配合都市計劃,地點宜做適當之選擇,最好臨近學校,地點為學校專用地,避免將來被徵收的可能。

4.地方資源:為教學之便,最好鄰近地方資源多的地方,如醫院、衛生所、郵局、市政府、鄉鎮公所、中小學等。

5.距離相當:幼稚園(或托兒所)應設於通學便利、交通安全及四周環境良好的位置,其供應半徑以不超過四百公尺為準(臺灣省政府教育廳,1972)。倘若托兒所離家太遠,則幼兒多半互不相識,缺乏親切感與歸屬感,不若鄰近之園所,能使幼兒及早確認自己,這對日後幼兒之人格型態有極大的影響。

貳、托兒所之面積

對托兒所之面積的規定,主要是讓幼兒有足夠遊戲、學習及活動的空間。依照內政部(1973)在「托兒所設施標準」中的規定:平均一幼兒應占室內活動淨面積至少一‧五平方公尺以上。室外面積規定如下:

1.凡收托幼兒四十名以內時,每名幼兒應占三‧三平方公尺。

2.凡收托幼兒四十名以上，每名幼兒可占二平方公尺。

參、托兒所之建築

托兒所之建築要以幼兒爲本位，符合幼兒之需要，使其能在適當的場所，充分的發揮潛能，因此，托兒所之建築必須注意下列幾個原則（朱敬先，1992）：

1.適應需要原則。

2.安全原則。

3.經濟原則。

4.有效實用原則。

5.衛生原則。

6.審美原則。

7.舒適原則。

基於此，在所舍設計上，必須注意幾個重點：

一、方向

以陽光充足及空氣新鮮者爲宜。因此，校舍方向以南北開窗較佳，因東西向陽光直射時間較長，光線頗強，下午又有西曬，而且颱風多自東方吹來，故應盡量避免東西開窗（黃志成， 2004）。再者，我國夏季多東南風，冬季多西北風，所以就風向而言，東南向亦爲最理想的方向（王靜珠，1992）。

二、形式

校舍之建築形式很多，如「一」字形、「二」字形、「T」字形、「工」字形、「凵」字形及「囗」字形等，各種形式均有其利弊。如「一」字形校舍的優點是光線一律而且充足，有活動擴充的餘

地，缺點是占地面積太大，走廊占的位置太廣，同時兩端距離過長，聯絡不方便。「□」字形的校舍，占地面積小，建築經濟，易於管理，但無擴展餘地，且部分光線欠佳，聲音不易擴散，失火時難以救護。

三、建築材料

所舍建築材料以鋼筋水泥磚造爲佳，因此種材料堅固而能防火，且合乎經濟的原則。

四、建築項目說明

所內之建築項目分別以房舍、高度、牆壁、地面與走道、走廊與通道及門窗六項說明如下（內政部，1973）：

(一)房舍

以平房爲原則，如爲樓房，以地面層及二樓爲限，必須設有安全柵欄門，樓梯應加欄杆，樓梯踏步以各階踏步高度不得多於十四公分，踏步深度不得少於二十四公分，樓梯寬度不得少於一百公分。

(二)高度

平房室內以三公尺爲準，屋頂如爲人字形，應裝設防火及防污染之天花板，工程堅固。

(三)牆壁

內外牆壁無尖銳突出處，塗料採用防火、防污染、無鉛毒油漆。

(四)地面與走道

乾燥、平坦、不光滑。幼兒活動室、廚房、廁所（如供水方便），可在一平面上，便利而安全。

(五)走廊與通道

通道坡道宜小，凡超過地面六十公分，應加設欄杆（高八十公分，每欄杆間隔十五公分），堅固穩定。

(六)門窗

門應向外開，每間活動室至少有兩個門，室內門不得裝鎖，對外門窗應加紗門紗窗。窗戶總面積，不得少於活動室面積四分之一。活動室窗離地五十至六十公分，樓上窗戶應設半截欄杆，堅固穩定。

以上之建築可酌情適用於托兒所之活動室、辦公室、休息室、寢室、廚房及餐廳、盥洗室、廁所、保健休養室及儲藏室等。

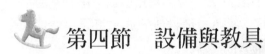

第四節　設備與教具

工欲善其事，必先利其器。任何托兒所，須提供幼兒良好的學習環境，除了須有優良的教保人員外，其次就靠設備與教具是否足夠，是否做妥善的運用了。本節擬就托兒所的設備與教具提出說明。

壹、托兒所的設備

一、托兒所的設備原則

(一)富有教育價值

托兒所既是收托幼兒的場所，而幼兒正處於學習階段，故各種設施最好均富有教育價值。

(二)顧及安全衛生

托兒所設備，材料要堅實耐用，裝置要牢固穩定，無細小零件脫落，避免有銳邊利角；此外設計時尤應顧及衛生清潔的條件，可洗、可消毒，以符合安全衛生的原則。

(三)可供幼兒利用

設備太豪華或昂貴，可能不輕易讓幼兒使用，失去了設備的意義。因此，托兒所設備要講究實用原則，幼兒充分利用了以後，才能達到教保的功效。

(四)經濟原則

托兒所設備種類繁多，替代性亦大，應多善用腦筋，廢物利用，亦給幼兒一種機會教育。此外，所用設備材料，亦盡可能用當地產物，俾能符合購置便利、價格便宜的經濟原則。

二、托兒所的設備種類

(一)普通教具

1.國旗、國父遺像、總統肖像。
2.所名牌、所旗、所印、旗桿、旗台。
3.鈴、時鐘。
4.辦公桌椅、文具、釘書機、字紙簍（各室一個）等。
5.小黑板。
6.溫度計、布告欄。
7.櫃、櫥（放置玩具、工作材料、幼兒衣服及用具、圖書等），每一活動室應各有一個。
8.屏風（數量視需要而定）。

(二)桌椅

幼兒用桌，以二至四人合用一張爲宜，桌椅高度必須符合人體工學，以免引起姿勢不良或各種行爲問題。桌椅質料宜輕而堅固，使幼兒易於搬動。椅子的形狀有多種，其中以雙橫支背，略彎曲，座處全滿稍微凹下者，較爲舒適耐用。另一種圖書桌可採用較特殊的形狀，以異於其他桌子，吸引幼兒注意，舊桌子可塗上鮮明色彩或鋪上美麗桌墊，圓形桌或六角形桌均可適用，高度應有兩種（Cornacchia & Staton, 1974）。桌椅之顏色，有人主張用三原色，使幼兒從小分辨正確的顏色；亦有主張一桌一色，使幼兒可辨認自己的桌椅，並可學習各種顏色之名稱，但朱敬先（1992）主張桌椅顏色最好選用與四周色調相配合者。前兩者以教育的立場來設計，後者則注重室內之整體美。

(三)校車

校車宜選骨架堅固，底板承受度高，及使用安全玻璃。校車外部顏色應醒目，車身兩旁標明托兒所之名稱，以利幼兒識別。

(四)器械玩具

應視戶外場地大小及幼兒需要置滑梯、鞦韆、蹺蹺板、浪船、繩梯、獨木橋、小鐵槓、腳踏車、投球架、滾桶、輪胎、跳箱等。

(五)整潔用具

鏡子、小鉤子、掃帚、大小畚箕、噴水壺、拖把、水桶、梳洗用具、毛巾、抹布、肥皂及盒等。

(六)飲食用具

大小點心盤、小匙、小筷、飲水機及其他烹調用具。

(七)醫藥用具

體重計、量尺、視力表及簡易急救箱（含藥品及器材）。

(八)安全設備

樓梯口設柵欄門,並備防火器,樓梯應設有太平門及太平梯,防空地下室出口寬度至少一公尺。房屋及電線每年做定期安全檢查,以提高警覺,應修繕者,加以改變調整。

貳、托兒所的教具

就人類發展的觀點而言,上托兒所這個年齡階段正是Piaget所談到的「準備運思期」階段,及Bruner(1973)所論及的「影像表徵期」,此期幼兒通常以直覺來瞭解世界,開始以語言或符號(影像)代表他們經驗的事物,因此,對於托兒所的幼兒而言,提供適當的教具將有利於他們學習,有關托兒所的教具,以下簡單介紹數種,以供參考。

一、福祿貝爾恩物

德國幼教專家福Froebel於1838年始,先後創造恩物(Gifts)二十種,各種恩物之性質並不相同。第一種至第十種恩物爲一種材料,此種材料只能把玩,不能改變原形,謂之遊戲恩物。第十一種至第二十種恩物,可依幼兒自己之思想能力,做種種變化,材料之使用,僅限於一次,此種恩物,謂之作業恩物(黃志成、邱碧如,1978)。以下分別將此二十種恩物做一簡單介紹(林盛蕊,1980):

1.第一種恩物:六色球(毛線製成)(紅、橙、黃、綠、藍、紫),球之直徑爲六公分。
2.第二種恩物:三體(木塊製成)──球體、圓柱體、立方體。
3.第三種恩物:立方體(木塊製成),邊長六公分的立方體,切成八小塊立方體,並用木盒裝。
4.第四種恩物:立方體(木塊製成),邊長六公分的立方體,切成八小塊長方體,並用木盒裝。

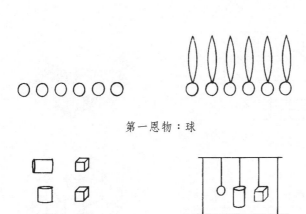

第一恩物：球

第二恩物：球體、圓柱體、立方體

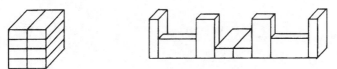

第三恩物：立方體

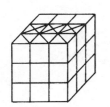
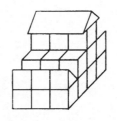

第四恩物：立方體

第五恩物：立方體

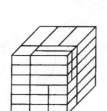
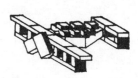

第六恩物：立方體

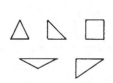
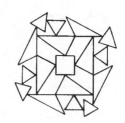

第七恩物：面

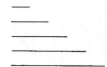

第八恩物：線

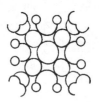

第九恩物：環

第十恩物：點

圖8-2　福祿貝爾恩物

資料來源：林盛蕊（1980）；黃志成、邱碧如（1978）。

5.第五種恩物：立方體（木塊製成），邊長九公分的立方體，切成二十一塊邊長三公分的小立方體，六塊大三角柱、十二塊小三角柱，並用木盒裝。

6.第六種恩物：立方體（木塊製成），邊長九公分的立方體，切成十八塊長方體，十二塊柱台，六塊長柱，並用木盒裝。

7.第七種恩物：面（用厚紙板或塑膠板製成三色板代替），形狀有五種，它們是正方形（邊長三公分）、等腰三角形（等邊長三公分）、正三角形（各邊長三公分）、直角不等邊三角形（最長邊六公分、最短邊三公分）、鈍角不等邊三角形（二短邊各三公分）。

8.第八種恩物：線（以細竹子或小木棒代替），分成五種，長各三、六、九、十二、十五公分。

9.第九種恩物：環（金屬銅環），直徑各為六、四‧五、三公分的全環及半環。

10.第十種恩物：點（以豆子、小石子代替）。

11.第十一種恩物：刺工，材料：針、紙。

12.第十二種恩物：繡工，材料：針、紙、棉線。

13.第十三種恩物：畫工，材料：筆、紙。

14.第十四種恩物：剪紙工，材料：剪刀、紙。

15.第十五種恩物：貼紙工，材料：剪刀、色紙、白紙。

16.第十六種恩物：織紙工，材料：剪刀、色紙。

17.第十七種恩物：組紙工，材料：剪刀、色紙。

18.第十八種恩物：摺紙工，材料：紙。

19.第十九種恩物：穿豆工，材料：豆、細竹。

20.第二十種恩物：黏土工，材料：黏土。

二、蒙特梭利教具

義大利幼教專家Montessori的教育體系是以感官為基礎，以思考為

過程，以自由爲目的。她認爲幼兒心智的發展，均需要借重行動的表現，所以Montessori的教具，特別注重感官、動作的訓練。並且由簡而繁順序排列使用，並按性質分類放置，作爲幼兒學習材料，學習時多個人活動，幼兒可自己工作，自己改正，每個工作只有一個對的做法，教師僅從旁協助，因其教學效果良好而確定了教育的價值。簡介十種教材如下（黃志成，2004）：

1. 第一種教材：觸覺遊戲，材料：木板、砂紙、各種質料的布。
2. 第二種教材：重量感覺遊戲，材料：木塊式樣相同，重量不同者三塊。
3. 第三種教材：視覺遊戲，材料：立體幾何木塊（三角柱、球體、圓柱體等）、顏色絲線板箱共六十四種，各種幾何形狀紙（分影畫、粗線輪廓畫、細線輪廓畫）。
4. 第四種教材：聽覺遊戲，材料：空罐子六個，分盛穀子、亞麻仁、砂粒、石子、磚瓦碎塊、細砂。小鈴十三個，每個均繫有音度之名稱。
5. 第五種教材：溫覺遊戲，材料：杯子數個，不同溫度的水。
6. 第六種教材：色覺遊戲，材料爲：黑、紅、橙、黃、藍、紫、褐、綠八色之手帕，各有濃淡八級，共六十四條。
7. 第七種教材：嗅覺遊戲，材料：各種不同味道的花。
8. 第八種教材：味覺遊戲，材料：開水、糖、鹽等。
9. 第九種教材：手指動作遊戲，材料：附有鈕釦的布。
10. 第十種教材：文字數字遊戲，材料：筆、厚紙板。

三、視聽教具

「視聽教具」顧名思義是以視覺及聽覺爲輔助學習的教學工具，可分爲電化的及非電化的兩種。視聽教具除可給幼兒帶來較深刻的印象外，更可提高學習興趣，增進學習效果，教保人員應廣泛使用。茲將

常用的視聽教具簡要說明如下：

1. 實物（objects）：以具體的東西提供幼兒，如錢幣、球、杯子、
   水、紙、積木等。
2. 標本（specimens）：例如動物（蝴蝶、昆蟲、野獸等）、植物
   （花、果、樹葉等）、礦物（石頭、煤、金屬等）。
3. 模型（models and mock-ups）：如地球儀、飛機、船、人體構
   造、立體地圖等。
4. 圖片（pictures and photographs）：圖形包括圖畫和照片，如偉
   人、民族英雄、動物、植物、風景區、古蹟。
5. 錄放音機：以錄音帶播放音樂，用來做唱遊或單元教學。此
   外，幼兒在工作、餐點、靜息時，亦可輕聲播放。
6. 幻燈機（slide and filmstrip）：包括幻燈片，教保人員可購置或
   自行拍攝與教學單元有關的幻燈片，於上課時放映。
7. 電視／錄放影機：選擇與教學內容有關之影片，藉其生動之畫
   面與對白，幫助幼兒學習。
8. 電腦（computer）：為最新型的教育工具之一，可設計適合幼
   兒學習用的電腦程式或選擇各式光碟片，如識字、唱歌及各種
   教育畫面等，由教保人員或幼兒自己操作，更增加趣味性。

第五節　衛生保健

　　幼兒的衛生保健列在「幼兒保育行政」這一章裡面，旨在強調托
兒所內的行政事務工作，不可忽略衛生保健工作，這是幼兒保育重要
的一環。在托兒所內的衛生保健工作，不外乎衛生環境的設計、幼兒
健康管理。

壹、衛生環境的設計

　　托兒所是幼兒第二個家，幼兒每天在這裡接受保育工作，如果機構無法提供一個清潔衛生的環境，無疑的，對幼兒是一種傷害，幼兒可能因此而患病率提高，所以，托兒所的衛生環境必須加以重視，以下分幾個重點來說明：

一、室內環境

　　活動室、寢室應保持乾淨，空氣流通；廚房、盥洗室尤須注意整潔，時時清洗，定期消毒，避免細菌的滋生。保健室的設備除力求齊全外，更需要另闢休養室，讓有傳染病的幼兒能單獨在此休養，以免傳染給其他幼兒。

二、室外環境

　　寬敞的室外環境是必備的，可讓幼兒追逐嬉戲，而室外的清潔也須維護，以免讓幼兒感染到細菌。因此，除每天的清掃之外，還要注意排水溝是否乾淨、暢通，並須加蓋；平日垃圾之處理是否得當；社區環境對於托兒所有無構成污染等。

三、行政及教保人員之衛生

　　全所內所有工作同仁應有良好的衛生習慣，以讓幼兒學習，尤須注意到應定期健康檢查，看看有無傳染病，以免傳染給幼兒。廚房工作人員之衛生習慣更須維護，從個人的衛生到食物的清理、製作都必須講究。

貳、幼兒的健康管理

幼兒的健康管理是藉著行政措施，由教保人員負責督促，以達到幼兒健康的目的，幼兒健康管理可分下列三個層次來進行：

一、健康觀察

所謂健康觀察，就是保育員隨時隨地注意、關懷觀察幼兒，因而得知幼兒身心健康狀態的一種保健方法，觀察後如果發現幼兒在心理上或生理上有任何不正常的情況，立即予以輔導或矯治，使幼兒健康正常化，更能避免不良後果的發生。由此可知，健康觀察的項目大致可分為三大類：

1. **心理狀況**：幼兒是否精神充沛、心情愉快？是否具有良好的社會關係，願與同伴相處？發展上（語言、智能）是否健全？情緒是否穩定？
2. **生理狀況**：身體機能是否發育良好？臉色紅潤或是蒼白？眼神是否明亮還是暗淡？皮膚是否潤澤，有無彈性？動作是輕快還是遲鈍？
3. **其他徵兆**：有無吮指、攻擊行為？有無退縮、孤僻之傾向？身體姿勢是否端正？身高體重是否正常？是否常患病？

對於以上之健康觀察，教保人員應隨時在所內進行，必要時得舉行家庭訪問，並且在幼兒的個案記錄表上做記錄，而最重要的就是擬定矯治計劃，改善幼兒身心健康。

二、晨間檢查

晨間檢查是托兒所每日必須做的例行公事，檢查的目的及項目說明如下：

(一)目的

1. 促進幼兒身體健康,讓幼兒維持一個清潔、健康水準。
2. 培養幼兒良好的衛生習慣,讓幼兒從小就每天注意自己的清潔,進而養成衛生習慣。
3. 傳染病的管制。在眾多的幼兒中,偶爾難免會有些患病,如果所患之病具有傳染性,那可能會危及其他幼兒,因此,藉著晨間檢查時加以注意,如須隔離應送往保健休養室。

(二)檢查項目

1. 手:是否乾淨,指甲有否修剪?
2. 口腔牙齒:有否刷牙?有無蛀牙?
3. 頭髮:是否修剪?是否乾淨?
4. 臉面:頸、耳、皮膚是否乾淨?
5. 衣、鞋:是否乾淨?
6. 手帕:有無攜帶?是否乾淨?
7. 精神狀態:有無異常?
8. 體溫:有異樣時才測量。

三、健康檢查

所謂健康檢查,消極的目的在及早發現幼兒疾病,及早治療,使幼兒的成長更順利;積極的目的則在瞭解幼兒發育的狀況及健康的程度,以便做營養、保健的參考。托兒所的幼兒,最好每學期都要做一次健康檢查,檢查的項目說明如下:

1. 身高及體重的測量:是否正常的增加?體重有無減輕的現象?與同年齡之幼兒常模相比又如何?
2. 牙齒的檢查:是否有蛀牙?齒列是否整齊?是否刷洗清潔?

3.體格檢查：檢查項目有營養、皮膚（彈性、血色）、眼睛（視力、有無砂眼）、耳、口腔、咽喉、呼吸系統、循環系統、有無寄生蟲、淋巴腺、甲狀腺、性器官等。

第六節　家庭和社區聯繫

現代化之托兒所教保工作強調整體性觀念，亦即光是托兒所教保人員對幼兒實施保育工作是不夠的，而應與家庭和社區相互配合，才能達到事半功倍之效。

壹、托兒所與家庭之聯繫

托兒所不僅在所內實施嬰幼兒之教保工作，以期托兒所與家庭教保觀念及方法一致。並應提倡親職教育，協助父母能明瞭嬰幼兒發展上各種現象與需要，闡明正確的育兒觀念，故托兒所與家庭聯繫是有必要的。Read（1971）曾提及教師做家庭訪問時，可以教導母親如何在家裡激發幼兒的潛能；而父母到托兒所去，可以協助老師做課程的推廣及瞭解幼兒個別需要。羅淑芳（1986）對托兒所的改進事項中，也強調幼兒保育只是協助而非替代家庭的功能，故應促使父母對幼教機構內容與功能的瞭解，並得其配合協助，如此保育工作才能連貫。內政部（1973）所編的「托兒所設置標準」中，也述及托兒所與家庭聯繫的工作內容。

一、聯繫的工作內容

1.協助父母明瞭嬰幼兒發展上各種現象與需要，闡明正確之育兒觀念。

2.協助父母瞭解嬰幼兒發展上之問題，並提供輔導方法。

3.協助父母瞭解嬰幼兒在托兒所之生活經驗，使能與嬰幼兒家庭生活相配合。

二、聯繫的方式

1.**電話**：電話聯繫是最省時便捷的方式，適於通知、查詢事情，唯不宜做長時間的討論。

2.**家庭訪問**：必須事先與家長約好時間，登門造訪，可以進一步瞭解幼兒的家庭狀況，並可向家長報告幼兒在所內的情形，必要時，還可對幼兒生活狀況、行為問題或其他特殊表現，做進一步的討論。

3.**便條、函件聯繫**：可用便條或函件，交由幼兒交回給家長，適用於各類通知單，如開會通知、活動通知等。

4.**家長會**：通知家長到所內開會，可以使教保人員與家長做進一步的溝通。

5.**參與教學**：家長可利用時間，輪流至所內參與教保工作，一方面可以學會一些專業教學方式，二方面可以實際瞭解子女在所內的學習情形。

三、記錄

每次托兒所教保人員或社工員與家長聯繫之方式、內容，應重點式的記錄在「幼兒個案記錄表」（表8-4）中，以便將來查閱。

貳、托兒所與社區之聯繫

新進由於社會工作的進展，教保人員觀念的改變，托兒所教保工作已不再像過去閉關自守的情況了。現代的托兒所為了得到更多的社會資源，也都能與社區聯繫，以利教保工作之進行。

一、聯繫的工作內容（內政部，1973）

1.托兒所為社區內之兒童福利機構之一，提供托育服務，故與社區內之教育、福利、衛生機構有密切關係，應加強合作聯繫，共同發展社區內嬰幼兒的福利。

2.善用社區資源與大眾傳播機構，辦理並宣傳家庭衛生保健及育嬰知識，並提倡有益幼兒身心之教育廣播電視節目。

3.托嬰機構有配合推行社區活動之義務，如宣傳環境衛生，加強社區內家庭合作團結、家庭健康教育，舉辦國民生活須知座談會、家長聯誼會，提倡正當家庭娛樂，轉移社會風氣，使社區成為養育子女之優良住宅區。

4.配合社區之住宅興建計劃，得規劃設定托兒所之場地，便利社區內嬰幼兒之托育。

二、聯繫的方式

1.發函：托兒所可發函給社區內各單位或機關行政首長及熱心人士，請其蒞所指導，補助經費或贈送教具和設備。

2.訪問社區有關單位：所長及教保人員可拜訪社區內有關單位，如鄉鎮市公所、郵局、村里辦公室、社區理事會等；必要時亦可帶幼兒參觀有關單位，如：衛生所、醫院、動物園、農田、工廠等。

3.召開親職座談、演講會：托兒所自辦或與社區有關單位合辦親職教育座談會或演講會。

4.參與村里民會議：宣揚學前教保之重要性，推廣家長育兒觀念。

5.舉辦教學觀摩會：除邀請家長參加以外，並可邀請社區內有關人士前來觀摩。

6.參與社區內活動：如節日、慶典、遊藝會、運動會等其他有意
  義之活動。

三、記錄

　　每次托兒所與社區做聯繫時，均應記載在所務日誌內，以便將來
查閱、參考。

第七節　幼托整合

　　我國當前托兒所與幼稚園所分屬社會福利與教育系統，兩者皆具
有教保合一的特質。數十年來，我國托兒所與幼稚園一直是採分途制
度，托兒所的業務由內政部管轄，功能較重保育，其成立之目的兼具
解決職業婦女就業後，孩子無人照顧之困境；幼稚園的業務由教育部
管轄，主要功能較重教育。但教育制度以保障兒童的學習為前提，重
視幼兒教育的制度設立；福利制度則以維護兒童生存及基本生活需求
為核心，重視家庭及社會需求的服務。按現行體制，負責未滿六歲學
齡前幼兒教保機構為幼稚園與托兒所；幼稚園招收四足歲至入小學前
（未滿六歲）之幼兒，而托兒所則收托一足月至未滿六歲之幼兒，其雖
然分別隸屬於教育及社會福利體系，然而隨著社會變遷及家庭結構之
改變，兩者皆涵蓋了教育及保育的功能，惟因主管機關之不同以及招
收幼兒年齡之部分重疊，造成在師資標準、課程與教學、設立要件等
方面相互混淆，致使四歲至六歲同齡幼兒可能接受不同的照顧品質，
形成落差之不公平現象。教育部與內政部規劃辦理幼托整合係為解決
「相同年齡孩子，在兩種不同機構中，接受不同品質的教育與照顧」之
不合理現象，使得「幼托整合」成為發展教保政策的首要工作。

壹、幼托整合主要內容

一、幼兒托育與教育措施、機構類型、收托幼兒年齡、主管機關

我國現行制度架構現狀為：家庭托育、托兒所、國小學童課後照顧、幼稚園、才藝班、補習班等。未來擬將學前幼托制度調整為：

1. 家庭托育與托嬰中心（零至二足歲幼兒）由社會福利部門主管。
2. 幼稚園與托兒所整合稱為「幼兒園」，辦理二足歲至學齡前幼兒之幼托工作，五歲幼兒納入國民教育正規體制實施後，將收托二足歲至五足歲幼兒，由社會福利部門主管，教育部門協辦。幼兒園可提供托嬰、課後照顧等複合式之服務內涵；並得依規定辦理五至六歲之教育。
3. 國小學童之課後照顧服務，國小自辦或委辦者由教育部門主管，校外獨立設置者暫訂由教育部主管，但幼兒園附設者由社福部門負責管理。

二、幼托服務之類型

依據規劃設計理念，未來提供幼托服務之類型，大致如下：

1. 政府設立：以照顧弱勢兒童為優先。
2. 民間力量與政府共同設立：
   (1) 公私合營：由政府與民間共同提供資源共同管理經營。
   (2) 公辦民營：由政府提供場地、設備，委託給民間經營者。
3. 民間設立：
   (1) 由企業、團體、社區等組織附設，以成本價提供給其員工、

成員及居民使用。

(2)宗教團體或非營利組織設立，以慈善為目的。

(3)私人設立，開放自由市場運作，以滿足家長需求。

三、政府預算之分配

投注於幼托服務之政府經費應以充足、分配均衡，且顧及弱勢優先為原則。

1.政府經費應優先用於為弱勢幼兒提供良好的幼托服務。

2.應善用政府經費，建立互助共享之公共幼托體系，並應以社會需要及地域／階層之均衡享用為優先考量。

3.應善用政府經費，積極投入幼托實驗計劃，以促進良好幼托模式之發展，並提升幼托品質。

四、管理輔導機制

未來幼托機構之管理與輔導機制之建立，規劃如下：

(一)主管、協辦及跨部門協調合作

幼托整合之後，家庭托育、托嬰中心、幼兒園及幼兒園附設課後照顧服務歸社福部門主管，教育部門協辦；五歲幼兒納入國民教育正規體制之延伸教育、國小自辦或委辦之國小學童課後照顧服務由教育部門主管；獨立設置之課後照顧暫訂由教育部門主管；補習班、才藝班，歸教育部門主管、社福部門協辦。

(二)決策及運作機制

各級主管機關應邀請相關政府部門、學者專家、專業工作人員（組織）、家長（組織）、在地相關公益社團等代表參與幼托政策之制定及執行。

(三)輔導及評鑑

幼托機構之輔導及評鑑，應由地方主管機關聘請專業人士負責執行，或以「委外」方式，委託相關專業機構或組織執行。

(四)收費及財務管理

公共幼托體系之幼托措施，應以一般使用者可負擔爲原則，弱勢兒童應由政府予以補助。至於私立幼托機構之收費，則採市場自由運作法則，政府原則上不做額外的干預，弱勢兒童應由政府酌予補助其差額。

五、人員之培訓與任用制度

未來相關人員將分爲幼教教師、教保員、助理教保員、保母及課後照顧人員等五類，其相關資格如下：

1. **幼教教師**：指大學以上幼教相關科系畢業，或大學以上非幼教相關科系畢業已修畢幼教學程，並取得幼兒教師資格者，擔任五歲幼兒納入國民教育正規體制延伸教育之教師，適用「師資培育法」。

2. **教保員**：指大專以上幼教、幼保相關科系畢業者，以及大專以上非幼教或幼保相關科系畢業已修畢幼教或幼保資格認可學程者，負責五歲以下之學前幼托工作（註：爲提升幼托人員之專業能力及專業形象，將規劃於我國社會條件成熟時，推動專業人員國家考試制度，通過專門技術人員考試者，可取得「教保師」之資格）。

3. **助理教保員**：指高中職幼保相關科別畢業者，以及高中職非幼保相關科別畢業已修畢幼保資格認可學程者，協助教保員進行五歲以下之學前幼托工作。

4. **保母**：指通過保母證照檢定者，從事家庭托育或受聘於托嬰中心，負責零至二歲之托嬰工作。

5.課後照顧人員：依教育部會同內政部訂定之「國民小學辦理兒童課後照顧服務及人員資格標準」辦理（註：依新修訂之「兒童及少年福利法」第十九條規定，兒童課後照顧服務，得由直轄市、縣（市）政府指定所屬國民小學辦理，其辦理方式、人員資格等相關事項標準，由教育部會同內政部定之）。

前述專業人員之培訓以「資格認可學程」或「職業訓練課程」方式規範之。其中有關「職業訓練課程」係針對保母及課後照顧人員而設，其內容及實施辦法另訂之；至於「資格認可學程」與各相關、非相關學系之關係，可分為三種：

1.學程科目完全內含於幼教學系、幼保學系，或設有幼教、幼保組群之相關學系之學位授予課程中，基本上這些學系（組）認定該系（組）學生之培訓目標涵蓋此專業資格。
2.學程科目部分內含，部分外加於相關學系中（如社工、福利、心理、家政等），基本上這些學系同意學生可以選擇幼教或幼保專業，亦允許學生可以在學位授予學分中有若干學分屬幼教或幼保課程，其餘未受內含之學分則採外加方式。
3.類似現行之教育學程制度，完全外加，為提供非相關學系者選擇幼教或幼保專業所須修習之用。

至於現職人員之轉則換規定如下：

1.目前幼托職場上之助理保育人員，於整合後改稱為助理教保員；保育人員改稱教保員（幼兒園教師同時兼具教保員資格）；幼稚園園長、托兒所所長可繼續採認為（幼兒園）園長，惟僅具高中職學歷者，須於一定期限內取得大學或以上學歷。
2.目前具幼稚園教師資格者，整合後仍稱為教師。另依「師資培育法」第二十四條規定：「本法修正施行前，已從事幼稚園或

托兒所工作並繼續任職之人員，由中央主管機關就其擔任教師
應具備之資格、應修課程及招生等相關事項之辦法另定之。」
符合資格之在職人員，須於一定期限內修畢幼稚園師資職前課
程之教育專業課程及全時教育實習；惟具專科學校或高中職畢
業學歷者，須另於一定期限內取得大學畢業學歷。

貳、幼兒園立案及設置基準

未來幼兒園設置基準訂定原則為：

1. 有關非都市土地放寬使用，應配合國家土地管理規劃，欲立案
   者可依據內政部訂定之「非都市土地容許使用執行要點」暨
   「非都市土地變更編定執行要點」，依規定程序申請使用。
2. 有關放寬建物使用執照，內政部營建署為配合「行政程序法」
   規定，業已修正「建築法」第七十三條，授權由直轄市、縣
   （市）主管建築機關研議於一定規模面積以下辦理托兒設施或幼
   稚園得免辦使用執照變更（尚待立法院審議通過），未來幼托機
   構申設可循此規定簡化相關作業事宜。
3. 有關規範訂定由中央訂定最低基準（項目如下列）後，再授權
   地方政府依地區特性另訂設置標準，以收因地制宜之效：
   (1)使用樓層：以三樓以下（含三樓）為限。
   (2)地下室使用：依「幼稚園設備標準」規定（即地下室可作為
      防空室、儲藏室、工人用室等，如果在園舍建築時能將地下
      室高出地面一公尺以上，則可做較多用途，唯室內應有防水
      設備，且通風良好。地下室出口必須有兩個門，一個直通室
      外，另一個連接走廊通道；但地下室如通風、光線良好，並
      至少有一面門戶直通室外者，得作為一般室內空間使用。
   (3)室內面積：每名兒童至少一‧五平方公尺。

(4)室外面積：每名兒童至少一‧五平方公尺，並得以室內相同
面積取代。

(5)應獨立設置之設備包括：多功能活動室、廚房暨盥洗設施三
項。

因此，幼托整合勢在必行，幼托整合之後，必須將嬰兒出生後至
入國民小學前的幼托機構行政管轄機構合一、法源合一、設備標準合
一、立案標準合一及工作人員資格合一，如此才能在幼兒本位立場謀
求幼兒身心發展之需要。

參考書目

內政部（1973）。托兒所設置標準。

內政部（1981）。托兒所設置辦法。

內政部（2004）。兒童及少年福利機構設置標準。

王淑英（1999）。**臺北市保育人員資源手冊**。臺北市社會局。

王靜珠（1992）。**幼稚教育**。自印。

臺灣省政府教育廳（1972），**學校建築研究**，40。

朱敬先（1992）。**幼兒教育**。臺北市：五南。

林盛蕊（1980）。**福祿貝爾恩物理論與實際**（2版）。臺北市：中國文化大
學青少年兒童福利系。

教育部（1997）。特殊教育法。

教育部（2006）。幼托整合方案規劃專案報告內容。2006年1月25日取自
www.edu.tw/EDU_WEB/EDU_MGT/E0001/
EDUION001/menu01/sub05/01050016b.htm

黃志成（1984）。幼教機構地點之選擇。**親職教育短論集**。臺北市：中國
文化大學青少年兒童福利系。

黃志成（2004）。**幼兒保育概論**。臺北市：揚智。

黃志成、邱碧如（1978）。**幼兒遊戲**。臺北市：東府。

羅淑芳（1986）。托兒機構功能之提升。**七十五年兒童福利專業人員研討
會實錄**。

Bruner, J. S. (1973). *Beyond the Information Given.* New York: Norton.

Cohen, D. J. & Brandegee, A. S. (1975). *Day Care: 3 Serving Preschool
Children.* U.S. Department of Health, Education, and Welfare.

Cornacchia, H. J. & Staton, W. M. (1974). *Health in Elementary Schools.*

Saint Louis: Masby Co.

Granato, S. & Krone, E. (1972). *Day Care: 8 Serving Children with Special Needs*. U.S. Department of Health, Education, and Welfare.

Read, K. H. (1971). *The Nursery School* (5th ed.). Philadelphia: W. B. Saunders Co.

附錄

附錄一　兒童及少年福利法

民國九十二年五月二十八日公布

第一章　總則

第 一 條　為促進兒童及少年身心健全發展，保障其權益，增進其福
　　　　　利，特制定本法。
　　　　　兒童及少年福利依本法之規定，本法未規定者，適用其他
　　　　　法律之規定。

第 二 條　本法所稱兒童及少年，指未滿十八歲之人；所稱兒童，指
　　　　　未滿十二歲之人；所稱少年，指十二歲以上未滿十八歲之
　　　　　人。

第 三 條　父母或監護人對兒童及少年應負保護、教養之責任。對於
　　　　　主管機關、目的事業主管機關或兒童及少年福利機構依本
　　　　　法所為之各項措施，應配合及協助。

第 四 條　政府及公私立機構、團體應協助兒童及少年之父母或監護
　　　　　人，維護兒童及少年健康，促進其身心健全發展，對於需
　　　　　要保護、救助、輔導、治療、早期療育、身心障礙重建及
　　　　　其他特殊協助之兒童及少年，應提供所需服務及措施。

第 五 條　政府及公私立機構、團體處理兒童及少年相關事務時，應
　　　　　以兒童及少年之最佳利益為優先考量；有關其保護及救
　　　　　助，並應優先處理。
　　　　　兒童及少年之權益受到不法侵害時，政府應予適當之協助
　　　　　及保護。

第 六 條　本法所稱主管機關：在中央為內政部；在直轄市為直轄市
　　　　　政府；在縣（市）為縣（市）政府。
　　　　　前項主管機關在中央應設兒童及少年局；在直轄市及縣

（市）政府應設兒童及少年福利專責單位。

第　七　條　下列事項，由中央主管機關掌理。但涉及各中央目的事業主管機關職掌，依法應由各中央目的事業主管機關掌理者，從其規定：

一、全國性兒童及少年福利政策、法規與方案之規劃、釐定及宣導事項。

二、對直轄市、縣（市）政府執行兒童及少年福利之監督及協調事項。

三、中央兒童及少年福利經費之分配及補助事項。

四、兒童及少年福利事業之策劃、獎助及評鑑之規劃事項。

五、兒童及少年福利專業人員訓練之規劃事項。

六、國際兒童及少年福利業務之聯繫、交流及合作事項。

七、兒童及少年保護業務之規劃事項。

八、中央或全國性兒童及少年福利機構之設立、監督及輔導事項。

九、其他全國性兒童及少年福利之策劃及督導事項。

第　八　條　下列事項，由直轄市、縣（市）主管機關掌理。但涉及各地方目的事業主管機關職掌，依法應由各地方目的事業主管機關掌理者，從其規定：

一、直轄市、縣（市）兒童及少年福利政策、自治法規與方案之規劃、釐定、宣導及執行事項。

二、中央兒童及少年福利政策、法規及方案之執行事項。

三、兒童及少年福利專業人員訓練之執行事項。

四、兒童及少年保護業務之執行事項。

五、直轄市、縣（市）兒童及少年福利機構之設立、監督及輔導事項。

六、其他直轄市、縣（市）兒童及少年福利之策劃及督導

事項。

第　九　條　本法所定事項，主管機關及各目的事業主管機關應就其權責範圍，針對兒童及少年之需要，尊重多元文化差異，主動規劃所需福利，對涉及相關機關之兒童及少年福利業務，應全力配合之。

主管機關及各目的事業主管機關權責劃分如下：

一、主管機關：主管兒童及少年福利法規、政策、福利工作、福利事業、專業人員訓練、兒童及少年保護、親職教育、福利機構設置等相關事宜。

二、衛生主管機關：主管婦幼衛生、優生保健、發展遲緩兒童早期醫療、兒童及少年心理保健、醫療、復健及健康保險等相關事宜。

三、教育主管機關：主管兒童及少年教育及其經費之補助、特殊教育、幼稚教育、兒童及少年就學、家庭教育、社會教育、兒童課後照顧服務等相關事宜。

四、勞工主管機關：主管年滿十五歲少年之職業訓練、就業服務、勞動條件之維護等相關事宜。

五、建設、工務、消防主管機關：主管兒童及少年福利機構建築物管理、公共設施、公共安全、建築物環境、消防安全管理、遊樂設施等相關事宜。

六、警政主管機關：主管兒童及少年保護個案人身安全之維護、失蹤兒童及少年之協尋等相關事宜。

七、交通主管機關：主管兒童及少年交通安全、幼童專用車檢驗等相關事宜。

八、新聞主管機關：主管兒童及少年閱聽權益之維護、媒體分級等相關事宜之規劃與辦理。

九、戶政主管機關：主管兒童及少年身分資料及戶籍相關事宜。

一〇、財政主管機關：主管兒童及少年福利機構稅捐之減免等相關事宜。

一一、其他兒童及少年福利措施由各相關目的事業主管機關依職權辦理。

第 十 條　主管機關為協調、研究、審議、諮詢及推動兒童及少年福利政策，應設諮詢性質之委員會。

前項委員會以行政首長為主任委員，學者、專家及民間團體代表之比例不得低於委員人數之二分之一。委員會每年至少應開會四次。

第 十 一 條　政府及公私立機構、團體應培養兒童及少年福利專業人員，並應定期舉辦職前訓練及在職訓練。

第 十 二 條　兒童及少年福利經費之來源如下：

一、各級政府年度預算及社會福利基金。

二、私人或團體捐贈。

三、依本法所處之罰鍰。

四、其他相關收入。

第二章　身分權益

第 十 三 條　胎兒出生後七日內，接生人應將其出生之相關資料通報戶政及衛生主管機關備查。

接生人無法取得完整資料以填報出生通報者，仍應為前項之通報。戶政主管機關應於接獲通報後，依相關規定辦理；必要時，得請求主管機關、警政及其他目的事業主管機關協助。

出生通報表由中央衛生主管機關定之。

第 十 四 條　法院認可兒童及少年收養事件，應基於兒童及少年之最佳利益，斟酌收養人之人格、經濟能力、家庭狀況及以往照顧或監護其他兒童及少年之記錄決定之。滿七歲之兒童及

少年被收養時，兒童及少年之意願應受尊重。兒童及少年不同意時，非確信認可被收養，乃符合其最佳利益，法院應不予認可。

法院認可兒童及少年之收養前，得准收養人與兒童及少年先行共同生活一段期間，供法院決定認可之參考；共同生活期間，對於兒童及少年權利義務之行使或負擔，由收養人為之。

法院認可兒童及少年之收養前，應命主管機關或兒童及少年福利機構進行訪視，提出調查報告及建議。收養人或收養事件之利害關係人亦得提出相關資料或證據，供法院斟酌。

前項主管機關或兒童及少年福利機構進行前項訪視，應調查出養之必要性，並給予必要之協助。其無出養之必要者，應建議法院不為收養之認可。

法院對被遺棄兒童及少年為收養認可前，應命主管機關調查其身分資料。

父母對於兒童及少年出養之意見不一致，或一方所在不明時，父母之一方仍可向法院聲請認可。經法院調查認為收養乃符合兒童及少年之最佳利益時，應予認可。

法院認可或駁回兒童及少年收養之聲請時，應以書面通知主管機關，主管機關應為必要之訪視或其他處置，並做成報告。

第　十五　條　收養兒童及少年經法院認可者，收養關係溯及於收養書面契約成立時發生效力；無書面契約者，以向法院聲請時為收養關係成立之時；有試行收養之情形者，收養關係溯及於開始共同生活時發生效力。

聲請認可收養後，法院裁定前，兒童及少年死亡者，聲請程序終結。收養人死亡者，法院應命主管機關或其委託機

構為調查，並提出報告及建議，法院認收養於兒童及少年有利益時，仍得為認可收養之裁定，其效力依前項之規定。

第 十六 條　養父母對養子女有下列之行為，養子女、利害關係人或主管機關得向法院聲請宣告終止其收養關係：

一、有第三十條各款所定行為之一。

二、違反第二十六條第二項或第二十八條第二項規定，情節重大者。

第 十七 條　中央主管機關應自行或委託兒童及少年福利機構設立收養資訊中心，保存出養人、收養人及被收養兒童及少年之身分、健康等相關資訊之檔案。

收養資訊中心、所屬人員或其他辦理收出養業務之人員，對前項資訊，應妥善維護當事人之隱私並負專業上保密之責，未經當事人同意或依法律規定者，不得對外提供。

第一項資訊之範圍、來源、管理及使用辦法，由中央主管機關定之。

第 十八 條　父母或監護人因故無法對其兒童及少年盡扶養義務時，於聲請法院認可收養前，得委託有收出養服務之兒童及少年福利機構，代覓適當之收養人。

前項機構應於接受委託後，先為出養必要性之訪視調查；評估有其出養必要後，始為寄養、試養或其他適當之安置、輔導與協助。

兒童及少年福利機構從事收出養服務項目之許可、管理、撤銷及收出養媒介程序等事項，由中央主管機關定之。

第三章　福利措施

第 十九 條　直轄市、縣（市）政府，應鼓勵、輔導、委託民間或自行辦理下列兒童及少年福利措施：

一、建立發展遲緩兒童早期通報系統，並提供早期療育服務。

二、辦理兒童托育服務。

三、對兒童及少年及其家庭提供諮詢輔導服務。

四、對兒童及少年及其父母辦理親職教育。

五、對於無力撫育其未滿十二歲之子女或被監護人者，予以家庭生活扶助或醫療補助。

六、對於無謀生能力或在學之少年，無扶養義務人或扶養義務人無力維持其生活者，予以生活扶助或醫療補助。

七、早產兒、重病兒童及少年與發展遲緩兒童之扶養義務人無力支付醫療費用之補助。

八、對於不適宜在家庭內教養或逃家之兒童及少年，提供適當之安置。

九、對於無依兒童及少年，予以適當之安置。

一〇、對於未婚懷孕或分娩而遭遇困境之婦嬰，予以適當之安置及協助。

一一、提供兒童及少年適當之休閒、娛樂及文化活動。

一二、辦理兒童課後照顧服務。

一三、其他兒童及少年及其家庭之福利服務。

前項第九款無依兒童及少年之通報、協尋、安置方式、要件、追蹤之處理辦法，由中央主管機關定之。

第一項第十二款之兒童課後照顧服務，得由直轄市、縣（市）政府指定所屬國民小學辦理，其辦理方式、人員資格等相關事項標準，由教育部會同內政部定之。

第 二十 條 政府應規劃實施三歲以下兒童醫療照顧措施，必要時並得補助其費用。

前項費用之補助對象、項目、金額及其程序等之辦法，由

中央主管機關定之。

第二十一條　疑似發展遲緩兒童或身心障礙兒童及少年之父母或監護人，得申請警政主管機關建立疑似發展遲緩兒童或身心障礙兒童及少年之指紋資料。

第二十二條　各類兒童及少年福利、教育及醫療機構，發現有疑似發展遲緩兒童或身心障礙兒童及少年，應通報直轄市、縣（市）主管機關。直轄市、縣（市）主管機關應將接獲資料，建立檔案管理，並視其需要提供、轉介適當之服務。

第二十三條　政府對發展遲緩兒童，應按其需要，給予早期療育、醫療、就學方面之特殊照顧。

　　　　　　父母、監護人或其他實際照顧兒童之人，應配合前項政府對發展遲緩兒童所提供之各項特殊照顧。

　　　　　　早期療育所需之篩檢、通報、評估、治療、教育等各項服務之銜接及協調機制，由中央主管機關會同衛生、教育主管機關規劃辦理。

第二十四條　兒童及孕婦應優先獲得照顧。

　　　　　　交通及醫療等公、民營事業應提供兒童及孕婦優先照顧措施。

第二十五條　少年年滿十五歲有進修或就業意願者，教育、勞工主管機關應視其性向及志願，輔導其進修、接受職業訓練或就業。

　　　　　　雇主對年滿十五歲之少年員工應提供教育進修機會，其辦理績效良好者，勞工主管機關應予獎勵。

第四章　保護措施

第二十六條　兒童及少年不得為下列行為：

　　　　　　一、吸煙、飲酒、嚼檳榔。

　　　　　　二、施用毒品、非法施用管制藥品或其他有害身心健康之

物質。

三、觀看、閱覽、收聽或使用足以妨害其身心健康之暴
  力、色情、猥褻、賭博之出版品、圖畫、錄影帶、錄
  音帶、影片、光碟、磁片、電子訊號、遊戲軟體、網
  際網路或其他物品。

四、在道路上競駛、競技或以蛇行等危險方式駕車或參與
  其行為。

父母、監護人或其他實際照顧兒童及少年之人，應禁止兒
童及少年為前項各款行為。

任何人均不得供應第一項之物質、物品予兒童及少年。

第二十七條 出版品、電腦軟體、電腦網路應予分級；其他有害兒童及
  少年身心健康之物品經目的事業主管機關認定應予分級
  者，亦同。

前項物品列為限制級者，禁止對兒童及少年為租售、散
布、播送或公然陳列。

第一項物品之分級辦法，由目的事業主管機關定之。

第二十八條 兒童及少年不得出入酒家、特種咖啡茶室、限制級電子遊
  戲場及其他涉及賭博、色情、暴力等經主管機關認定足以
  危害其身心健康之場所。

父母、監護人或其他實際照顧兒童及少年之人，應禁止兒
童及少年出入前項場所。

第一項場所之負責人及從業人員應拒絕兒童及少年進入。

第二十九條 父母、監護人或其他實際照顧兒童及少年之人，應禁止兒
  童及少年充當前條第一項場所之侍應或從事危險、不正當
  或其他足以危害或影響其身心發展之工作。

任何人不得利用、雇用或誘迫兒童及少年從事前項之工
作。

第 三十 條 任何人對於兒童及少年不得有下列行為：

一、遺棄。

二、身心虐待。

三、利用兒童及少年從事有害健康等危害性活動或欺騙之
行爲。

四、利用身心障礙或特殊形體兒童及少年供人參觀。

五、利用兒童及少年行乞。

六、剝奪或妨礙兒童及少年接受國民教育之機會。

七、強迫兒童及少年婚嫁。

八、拐騙、綁架、買賣、質押兒童及少年，或以兒童及少
年爲擔保之行爲。

九、強迫、引誘、容留或媒介兒童及少年爲猥褻行爲或性
交。

一〇、供應兒童及少年刀械、槍炮、彈藥或其他危險物
品。

一一、利用兒童及少年拍攝或錄製暴力、猥褻、色情或其
他有害兒童及少年身心發展之出版品、圖畫、錄影
帶、錄音帶、影片、光碟、磁片、電子訊號、遊戲
軟體、網際網路或其他物品。

一二、違反媒體分級辦法，對兒童及少年提供或播送有害
其身心發展之出版品、圖畫、錄影帶、影片、光
碟、電子訊號、網際網路或其他物品。

一三、帶領或誘使兒童及少年進入有礙其身心健康之場
所。

一四、其他對兒童及少年或利用兒童及少年犯罪或爲不正
當之行爲。

第三十一條　孕婦不得吸煙、酗酒、嚼檳榔、施用毒品、非法施用管制
藥品或爲其他有害胎兒發育之行爲。

任何人不得強迫、引誘或以其他方式使孕婦爲有害胎兒發

育之行為。

第三十二條　父母、監護人或其他實際照顧兒童之人不得使兒童獨處於易發生危險或傷害之環境；對於六歲以下兒童或需要特別看護之兒童及少年，不得使其獨處或由不適當之人代為照顧。

第三十三條　兒童及少年有下列情事之一，宜由相關機構協助、輔導者，直轄市、縣（市）主管機關得依其父母、監護人或其他實際照顧兒童及少年之人之申請或經其同意，協調適當之機構協助、輔導或安置之：

一、違反第二十六條第一項、第二十八條第一項規定或從事第二十九條第一項禁止從事之工作，經其父母、監護人或其他實際照顧兒童及少年之人盡力禁止而無效果。

二、有品行不端、暴力等偏差行為，情形嚴重，經其父母、監護人或其他實際照顧兒童及少年之人盡力矯正而無效果。

前項機構協助、輔導或安置所必要之生活費、衛生保健費、學雜各費及其他相關費用，由扶養義務人負擔。

第三十四條　醫事人員、社會工作人員、教育人員、保育人員、警察、司法人員及其他執行兒童及少年福利業務人員，知悉兒童及少年有下列情形之一者，應立即向直轄市、縣（市）主管機關通報，至遲不得超過二十四小時：

一、施用毒品、非法施用管制藥品或其他有害身心健康之物質。

二、充當第二十八條第一項場所之侍應。

三、遭受第三十條各款之行為。

四、有第三十六條第一項各款之情形。

五、遭受其他傷害之情形。

其他任何人知悉兒童及少年有前項各款之情形者，得通報

　　　　　　　　直轄市、縣（市）主管機關。

　　　　　　　　直轄市、縣（市）主管機關於知悉或接獲通報前二項案件時，應立即處理，至遲不得超過二十四小時，其承辦人員並應於受理案件後四日內提出調查報告。

　　　　　　　　第一項及第二項通報及處理辦法，由中央主管機關定之。

　　　　　　　　第一項及第二項通報人之身分資料，應予保密。

第三十五條　　兒童及少年罹患性病或有酒癮、藥物濫用情形者，其父母、監護人或其他實際照顧兒童及少年之人應協助就醫，或由直轄市、縣（市）主管機關會同衛生主管機關配合協助就醫；必要時，得請求警察主管機關協助。

　　　　　　　　前項治療所需之費用，由兒童及少年之父母、監護人負擔。但屬全民健康保險給付範圍或依法補助者，不在此限。

第三十六條　　兒童及少年有下列各款情形之一，非立即給予保護、安置或為其他處置，其生命、身體或自由有立即之危險或有危險之虞者，直轄市、縣（市）主管機關應予緊急保護、安置或為其他必要之處置：

　　　　　　　　一、兒童及少年未受適當之養育或照顧。

　　　　　　　　二、兒童及少年有立即接受診治之必要，而未就醫者。

　　　　　　　　三、兒童及少年遭遺棄、身心虐待、買賣、質押，被強迫或引誘從事不正當之行為或工作者。

　　　　　　　　四、兒童及少年遭受其他迫害，非立即安置難以有效保護者。

　　　　　　　　直轄市、縣（市）主管機關為前項緊急保護、安置或為其他必要之處置時，得請求檢察官或當地警察機關協助之。

　　　　　　　　第一項兒童及少年之安置，直轄市、縣（市）主管機關得辦理家庭寄養、交付適當之兒童及少年福利機構或其他安置機構教養之。

第三十七條　直轄市、縣（市）主管機關依前條規定緊急安置時，應即通報當地地方法院及警察機關，並通知兒童及少年之父母、監護人。但其無父母、監護人或通知顯有困難時，得不通知之。

緊急安置不得超過七十二小時，非七十二小時以上之安置不足以保護兒童及少年者，得聲請法院裁定繼續安置。繼續安置以三個月為限；必要時，得聲請法院裁定延長之。

繼續安置之聲請，得以電訊傳真或其他科技設備為之。

第三十八條　直轄市、縣（市）主管機關、父母、監護人、受安置兒童及少年對於前條第二項裁定有不服者，得於裁定送達後十日內提起抗告。對於抗告法院之裁定不得再抗告。

聲請及抗告期間，原安置機關、機構或寄養家庭得繼續安置。

安置期間因情事變更或無依原裁定繼續安置之必要者，直轄市、縣（市）主管機關、父母、原監護人、受安置兒童及少年得向法院聲請變更或撤銷之。

直轄市、縣（市）主管機關對於安置期間期滿或依前項撤銷安置之兒童及少年，應續予追蹤輔導一年。

第三十九條　安置期間，直轄市、縣（市）主管機關或受其交付安置之機構或寄養家庭在保護安置兒童及少年之範圍內，行使、負擔父母對於未成年子女之權利義務。

法院裁定得繼續安置兒童及少年者，直轄市、縣（市）主管機關或受其交付安置之機構或寄養家庭，應選任其成員一人執行監護事務，並負與親權人相同之注意義務。直轄市、縣（市）主管機關應陳報法院執行監護事務之人，並應按個案進展做成報告備查。

安置期間，兒童及少年之父母、原監護人、親友、師長經主管機關許可，得依其指示時間、地點及方式，探視兒童

及少年。不遵守指示者，直轄市、縣（市）主管機關得禁
止之。

主管機關為前項許可時，應尊重兒童及少年之意願。

第 四 十 條　安置期間，非為貫徹保護兒童及少年之目的，不得使其接
受訪談、偵訊、訊問或身體檢查。

兒童及少年接受訪談、偵訊、訊問或身體檢查，應由社會
工作人員陪同，並保護其隱私。

第四十一條　兒童及少年因家庭發生重大變故，致無法正常生活於其家
庭者，其父母、監護人、利害關係人或兒童及少年福利機
構，得申請直轄市、縣（市）主管機關安置或輔助。

前項安置，直轄市、縣（市）主管機關得辦理家庭寄養、
交付適當之兒童及少年福利機構或其他安置機構教養之。

直轄市、縣（市）主管機關、受寄養家庭或機構負責人依
第一項規定，在安置兒童及少年之範圍內，行使、負擔父
母對於未成年子女之權利義務。

第一項之家庭情況改善者，被安置之兒童及少年仍得返回
其家庭，並由主管機關續予追蹤輔導一年。

第二項及第三十六條第三項之家庭寄養，其寄養條件、程
序與受寄養家庭之資格、許可、督導、考核及獎勵之辦
法，由直轄市、縣（市）主管機關定之。

第四十二條　直轄市、縣（市）主管機關依第三十六條第三項或前條第
二項對兒童及少年為安置時，因受寄養家庭或安置機構提
供兒童及少年必要服務所需之生活費、衛生保健費、學雜
各費及其他與安置有關之費用，得向扶養義務人收取；其
收費規定，由直轄市、縣（市）主管機關定之。

第四十三條　兒童及少年有第三十條或第三十六條第一項各款情事，或
屬目睹家庭暴力之兒童及少年，經直轄市、縣（市）主管
機關列為保護個案者，該主管機關應提出兒童及少年家庭

處遇計劃；必要時，得委託兒童及少年福利機構或團體辦理。

前項處遇計劃得包括家庭功能評估、兒童少年安全與安置評估、親職教育、心理輔導、精神治療、戒癮治療或其他與維護兒童及少年或其他家庭正常功能有關之扶助及福利服務方案。

處遇計劃之實施，兒童及少年本人、父母、監護人、實際照顧兒童及少年之人或其他有關之人應予配合。

第四十四條　依本法保護、安置、訪視、調查、評估、輔導、處遇兒童及少年或其家庭，應建立個案資料，並定期追蹤評估。

因職務上所知悉之秘密或隱私及所製作或持有之文書，應予保密，非有正當理由，不得洩漏或公開。

第四十五條　對於依少年事件處理法所轉介或交付安置輔導之兒童及少年及其家庭，當地主管機關應予以追蹤輔導，並提供必要之福利服務。

前項追蹤輔導及福利服務，得委託兒童及少年福利機構為之。

第四十六條　宣傳品、出版品、廣播電視、電腦網路或其他媒體不得報導或記載遭受第三十條或第三十六條第一項各款行為兒童及少年之姓名或其他足以識別身分之資訊。兒童及少年有施用毒品、非法施用管制藥品或其他有害身心健康之物質之情事者，亦同。

行政機關及司法機關所製作必須公開之文書，不得揭露足以識別前項兒童及少年身分之資訊。

除前二項以外之任何人亦不得於媒體、資訊或以其他公示方式揭示有關第一項兒童及少年之姓名及其他足以識別身分之資訊。

第四十七條　直轄市、縣（市）主管機關就本法規定事項，必要時，得

自行或委託兒童及少年福利機構、團體進行訪視、調查及處遇。

直轄市、縣（市）主管機關或受其委託之機構或團體進行訪視、調查及處遇時，兒童及少年之父母、監護人、實際照顧兒童及少年之人、師長、雇主、醫事人員及其他有關之人應予配合並提供相關資料；必要時，該主管機關並得請求警政、戶政、財政、教育或其他相關機關或機構協助，被請求之機關或機構應予配合。

第四十八條　父母或監護人對兒童及少年疏於保護、照顧情節嚴重，或有第三十條、第三十六條第一項各款行為，或未禁止兒童及少年施用毒品、非法施用管制藥品者，兒童及少年或其最近尊親屬、主管機關、兒童及少年福利機構或其他利害關係人，得聲請法院宣告停止其親權或監護權之全部或一部，或另行選定或改定監護人；對於養父母，並得聲請法院宣告終止其收養關係。

法院依前項規定選定或改定監護人時，得指定主管機關、兒童及少年福利機構之負責人或其他適當之人為兒童及少年之監護人，並得指定監護方法、命其父母、原監護人或其他扶養義務人交付子女、支付選定或改定監護人相當之扶養費用及報酬、命為其他必要處分或訂定必要事項。

前項裁定，得為執行名義。

第四十九條　有事實足以認定兒童及少年之財產權益有遭受侵害之虞者，主管機關得請求法院就兒童及少年財產之管理、使用、收益或處分，指定或改定社政主管機關或其他適當之人任監護人或指定監護之方法，並得指定或改定受託人管理財產之全部或一部。

前項裁定確定前，主管機關得代為保管兒童及少年之財產。

第五章　福利機構

第 五十 條　兒童及少年福利機構分類如下：

一、托育機構。

二、早期療育機構。

三、安置及教養機構。

四、心理輔導或家庭諮詢機構。

五、其他兒童及少年福利機構。

前項兒童及少年福利機構之規模、面積、設施、人員配置及業務範圍等事項之標準，由中央主管機關定之。

第一項兒童及少年福利機構，各級主管機關應鼓勵、委託民間或自行創辦；其所屬公立兒童及少年福利機構之業務，必要時，並得委託民間辦理。

第五十一條　兒童及少年福利機構之業務，應遴用專業人員辦理；其專業人員之類別、資格、訓練及課程等之辦法，由中央主管機關定之。

第五十二條　私人或團體辦理兒童及少年福利機構，應向當地主管機關申請設立許可；其有對外勸募行為且享受租稅減免者，應於設立許可之日起六個月內辦理財團法人登記。

未於前項期間辦理財團法人登記，而有正當理由者，得申請核准延長一次，期間不得超過三個月；屆期不辦理者，原許可失其效力。

第一項申請設立之許可要件、申請程序、審核期限、撤銷與廢止許可、督導管理及其他應遵行事項之辦法，由中央主管機關定之。

第五十三條　兒童及少年福利機構不得利用其事業為任何不當之宣傳；其接受捐贈者，應公開徵信，並不得利用捐贈為設立目的以外之行為。

主管機關應辦理輔導、監督、檢查、評鑑及獎勵兒童及少年福利機構。

前項評鑑對象、項目、方式及獎勵方式等辦法，由主管機關定之。

第六章　罰則

第五十四條　接生人違反第十三條規定者，由衛生主管機關處新臺幣六千元以上三萬元以下罰鍰。

第五十五條　父母、監護人或其他實際照顧兒童及少年之人，違反第二十六條第二項規定情節嚴重者，處新臺幣一萬元以上五萬元以下罰鍰。

供應煙、酒或檳榔予兒童及少年者，處新臺幣三千元以上一萬五千元以下罰鍰。

供應毒品、非法供應管制藥品或其他有害身心健康之物質予兒童及少年者，處新臺幣六萬元以上三十萬元以下罰鍰。

供應有關暴力、猥褻或色情之出版品、圖畫、錄影帶、影片、光碟、電子訊號、電腦網路或其他物品予兒童及少年者，處新臺幣六千元以上三萬元以下罰鍰。

第五十六條　父母、監護人或其他實際照顧兒童及少年之人，違反第二十八條第二項規定者，處新臺幣一萬元以上五萬元以下罰鍰。

違反第二十八條第三項規定者，處新臺幣二萬元以上十萬元以下罰鍰，並公告場所負責人姓名。

第五十七條　父母、監護人或其他實際照顧兒童及少年之人，違反第二十九條第一項規定者，處新臺幣二萬元以上十萬元以下罰鍰，並公告其姓名。

違反第二十九條第二項規定者，處新臺幣六萬元以上三十

萬元以下罰鍰，公告行為人及場所負責人之姓名，並令其限期改善；屆期仍不改善者，除情節嚴重，由主管機關移請目的事業主管機關令其歇業者外，令其停業一個月以上一年以下。

第五十八條　違反第三十條規定者，處新臺幣三萬元以上十五萬元以下罰鍰，並公告其姓名。

違反第三十條第十二款規定者，處新臺幣十萬元以上五十萬元以下罰鍰，並得勒令停業一個月以上一年以下。

第五十九條　違反第三十一條第二項規定者，處新臺幣一萬元以上五萬元以下罰鍰。

第 六十 條　違反第三十二條規定者，處新臺幣三千元以上一萬五千元以下罰鍰。

第六十一條　違反第三十四條第一項規定而無正當理由者，處新臺幣六千元以上三萬元以下罰鍰。

第六十二條　違反第十七條第二項、第三十四條第五項、第四十四條第二項、第四十六條第三項而無正當理由者，處新臺幣六千元以上三萬元以下罰鍰。

第六十三條　違反第四十六條第一項規定者，各目的事業主管機關對其負責人及行為人，得各處新臺幣三萬元以上三十萬元以下罰鍰，並得沒入第四十六條第一項規定之物品。

第六十四條　兒童及少年之父母、監護人、實際照顧兒童及少年之人、師長、雇主、醫事人員及其他有關之人違反第四十七條第二項規定而無正當理由者，處新臺幣六千元以上三萬元以下罰鍰，並得按次處罰，至其配合或提供相關資料為止。

第六十五條　父母、監護人或其他實際照顧兒童及少年之人有下列情事之一者，直轄市、縣（市）主管機關得令其接受八小時以上五十小時以下之親職教育輔導，並收取必要之費用；其收費規定，由直轄市、縣（市）主管機關定之：

一、對於兒童及少年所爲第二十六條第一項第二款行爲，
　　未依同條第二項規定予以禁止。

二、違反第二十八條第二項、第二十九條第一項、第三十
　　條或第三十二條規定，情節嚴重。

三、有第三十六條第一項各款情事之一者。

經直轄市、縣（市）主管機關令其接受前項親職教育輔
導，有正當理由無法如期參加者，得申請延期。

拒不接受第一項親職教育輔導或時數不足者，處新臺幣三
千元以上一萬五千元以下罰鍰；經再通知仍不接受者，得
按次連續處罰，至其參加爲止。

第六十六條　違反第五十二條第一項規定者，由設立許可主管機關處新
　　　　　　臺幣六萬元以上三十萬元以下罰鍰並公告其姓名，並命其
　　　　　　限期申辦設立許可，屆期仍不辦理者，得按次處罰。

經設立許可主管機關依第五十二條第一項規定令其立即停
止對外勸募之行爲，而不遵令者，由設立許可主管機關處
新臺幣六萬元以上三十萬元以下罰鍰並限期改善；屆期仍
不改善者，得按次處罰並公告其名稱，並得令其停辦一日
以上一個月以下。

兒童及少年福利機構有下列各款情形之一者，設立許可主
管機關應通知其限期改善；屆期仍不改善者，得令其停辦
一個月以上一年以下：

一、虐待或妨害兒童及少年身心健康者。

二、違反法令或捐助章程者。

三、業務經營方針與設立目的不符者。

四、財務收支未取具合法之憑證、捐款未公開徵信或會計
　　記錄未完備者。

五、規避、妨礙或拒絕主管機關或目的事業主管機關輔
　　導、檢查、監督者。

六、對各項工作業務報告申報不實者。

七、擴充、遷移、停業未依規定辦理者。

八、供給不衛生之餐飲,經衛生主管機關查明屬實者。

九、提供不安全之設施設備者。

一○、發現兒童及少年受虐事實未向直轄市、縣(市)主
　　　管機關通報者。

一一、依第五十二條第一項須辦理財團法人登記而未登記
　　　者,其有對外募捐行為時。

一二、有其他重大情事,足以影響兒童及少年身心健康
　　　者。

依前二項規定令其停辦而拒不遵守者,處新臺幣六萬元以
上三十萬元以下罰鍰。經處罰鍰,仍拒不停辦者,設立許
可主管機關應廢止其設立許可。

兒童及少年福利機構停辦、停業、解散、撤銷許可或經廢
止許可時,設立許可主管機關對於該機構收容之兒童及少
年應即予適當之安置。兒童及少年福利機構應予配合;不
予配合者,強制實施之,並處以新臺幣六萬元以上三十萬
元以下罰鍰。

第六十七條　依本法應受處罰者,除依本法處罰外,其有犯罪嫌疑者,
　　　　　　應移送司法機關處理。

第六十八條　依本法所處之罰鍰,經限期繳納,屆期仍不繳納者,依法
　　　　　　移送強制執行。

第七章　附則

第六十九條　十八歲以上未滿二十歲之人,於緊急安置等保護措施,準
　　　　　　用本法之規定。

第 七 十 條　成年人教唆、幫助或利用兒童及少年犯罪或與之共同實施
　　　　　　犯罪或故意對其犯罪者,加重其刑至二分之一。但各該罪

就被害人係兒童及少年已定有特別處罰規定者，不在此限。

對於兒童及少年犯罪者，主管機關得獨立告訴。

第七十一條　以詐欺或其他不正當方法領取本法相關補助或獎勵費用者，主管機關應撤銷原處分並以書面限期命其返還，屆期未返還者，依法移送強制執行；其涉及刑事責任者，移送司法機關辦理。

第七十二條　扶養義務人不依本法規定支付相關費用者，如為保護兒童及少年之必要，由主管機關於兒童及少年福利經費中先行支付。

第七十三條　本法修正施行前已許可立案之兒童福利機構及少年福利機構，於本法修正公布施行後，其設立要件與本法及所授權辦法規定不相符合者，應於中央主管機關公告指定之期限內改善；屆期未改善者，依本法規定處理。

第七十四條　本法施行細則，由中央主管機關定之。

第七十五條　本法自公布日施行。

附錄二　兒童及少年福利機構專業人員資格及訓練辦法

民國九十三年十二月二十三日
台內童字第○九三○○九三九一六號令發布

第　一　條　本辦法依兒童及少年福利法（以下簡稱本法）第五十一條
　　　　　　規定訂定之。

第　二　條　本法所稱兒童及少年福利機構（以下簡稱機構）專業人
　　　　　　員，其定義如下：

　　　　　　一、教保人員、助理教保人員：指於托育機構提供兒童教
　　　　　　　　育保育服務之人員。

　　　　　　二、保母人員：指於托育機構、安置及教養機構照顧未滿
　　　　　　　　二歲兒童之人員。

　　　　　　三、早期療育教保人員、早期療育助理教保人員：指於早
　　　　　　　　期療育機構提供發展遲緩兒童教育保育服務之人員。

　　　　　　四、保育人員、助理保育人員：指於安置及教養機構提供
　　　　　　　　兒童生活照顧之人員。

　　　　　　五、生活輔導人員、助理生活輔導人員：指於安置及教養
　　　　　　　　機構提供少年生活照顧之人員。

　　　　　　六、心理輔導人員：指於安置及教養機構、心理輔導或家
　　　　　　　　庭諮詢機構及其他兒童及少年福利機構，提供兒童及
　　　　　　　　少年諮詢輔導服務之人員。

　　　　　　七、社會工作人員：指於托育機構、早期療育機構、安置
　　　　　　　　及教養機構、心理輔導或家庭諮詢機構及其他兒童及
　　　　　　　　少年福利機構，提供兒童及少年入出院、訪視調查、
　　　　　　　　資源整合等社會工作服務之人員。

　　　　　　八、主管人員：指於機構綜理業務之人員。

第　三　條　　教保人員應具備下列資格之一：

一、專科以上學校幼兒教育、幼兒保育相關科、系、所畢業或取得其輔系證書者。

二、專科以上學校畢業，並修畢幼稚園教師教育學程或教保核心課程者。

三、高中（職）學校畢業，於本辦法施行前，已修畢兒童福利專業人員訓練實施方案乙類、丙類訓練課程，並領有結業證書者，於本辦法施行日起十年內，得遴用為教保人員。

四、普通考試、丙等特種考試或委任職升等以上考試社會行政職系及格，並修畢教保核心課程者。

第　四　條　　助理教保人員應具備下列資格之一：

一、高中（職）以上學校幼兒保育相關科畢業者。

二、高中（職）以上學校畢業，並修畢教保核心課程者。

三、高中（職）學校家政、護理等科畢業，於本辦法施行日起十年內，得遴用為助理教保人員。

四、高中（職）學校畢業，於本辦法施行前，已修畢兒童福利專業人員訓練實施方案甲類訓練課程，並領有結業證書者，於本辦法施行日起十年內，得遴用為助理教保人員。

第　五　條　　保母人員應具備下列資格之一：

一、高中（職）以上學校幼兒保育、家政、護理相關科畢業，並取得保母人員丙級技術士證者。

二、高中（職）以上學校畢業，修畢保母、教保或保育核心課程，並取得保母人員丙級技術士證者。

三、其他於本辦法施行前，已取得保母人員丙級技術士證者，於本辦法施行日起十年內，得遴用為保母人員。

第　六　條　　早期療育教保人員應具備下列資格之一：

一、專科以上學校醫護、職能治療、物理治療、教育、特
殊教育、早期療育、幼兒教育、幼兒保育、社會、社
會工作、心理、輔導、青少年兒童福利或家政相關
科、系、所、組畢業或取得其輔系證書者。

二、專科以上學校畢業，並修畢學前特殊教育學程或早期
療育教保核心課程者。

三、專科學校畢業，依身心障礙福利服務專業人員遴用訓
練及培訓辦法取得身心障礙福利服務教保員資格者，
於本辦法施行日起十年內，得遴用為早期療育教保人
員。

四、普通考試、丙等特種考試或委任職升等以上考試社會
行政職系及格，並修畢早期療育教保核心課程者。

第 七 條　早期療育助理教保人員應具備下列資格之一：

一、高中（職）以上學校幼兒保育、家政、護理相關科畢
業者。

二、高中（職）以上學校畢業，修畢早期療育教保核心課
程者。

三、高中（職）學校畢業，依身心障礙福利服務專業人員
遴用訓練及培訓辦法取得身心障礙福利服務教保員資
格者，於本辦法施行日起十年內，得遴用為早期療育
助理教保人員。

第 八 條　保育人員應具下列資格之一：

一、專科以上學校幼兒教育、幼兒保育、家政、護理、青
少年兒童福利、社會工作、心理、輔導、教育、犯罪
防治、社會福利、性別相關科、系、所、組畢業或取
得其輔系證書者。

二、專科以上學校畢業，並修畢國民小學教師教育學程或
保育核心課程者。

三、普通考試、丙等特種考試或委任職升等以上考試社會
　　行政職系及格，並修畢保育核心課程者。

第　九　條　助理保育人員應具備下列資格之一：

一、高中（職）以上學校幼兒保育、家政、護理相關科畢
　　業者。

二、高中（職）以上學校畢業，並修畢保育核心課程者。

三、初等考試或丁等特種考試以上社會行政職系及格，並
　　修畢保育核心課程者。

第　十　條　生活輔導人員應具下列資格之一：

一、專科以上學校家政、護理、青少年兒童福利、社會工
　　作、心理、輔導、教育、犯罪防治、社會福利、性別
　　相關科、系、所、組畢業或取得其輔系證書者。

二、專科以上學校畢業，並修畢生活輔導核心課程者。

三、普通考試、丙等特種考試或委任職升等以上考試社會
　　行政職系及格，並修畢生活輔導核心課程者。

第 十一 條　助理生活輔導人員應具備下列資格之一：

一、高中（職）以上學校家政、護理相關科畢業者。

二、高中（職）以上學校畢業，並修畢生活輔導核心課程
　　者。

第 十二 條　心理輔導人員應具備下列資格之一：

一、專科以上學校心理、輔導、諮商相關科、系、所、組
　　畢業或取得其輔系證書者。

二、專科以上學校社會工作、青少年兒童福利、社會福
　　利、教育、性別相關科、系、所、組畢業，並修畢心
　　理輔導核心課程者。

第 十三 條　社會工作人員應具備下列資格之一：

一、社會工作師考試及格者。

二、專科以上學校社會工作、青少年兒童福利、社會福利

相關科、系、所、組畢業或取得其輔系證書者。

三、專科以上學校畢業，於本辦法施行前，已修畢兒童福利專業人員訓練實施方案丁類訓練課程，並領有結業證書者，於本辦法施行日起十年內，得遴用為社會工作人員。

四、高等考試、乙等特種考試、薦任職升等考試社會行政職系及格，並修畢社會工作核心課程者。

第 十四 條　托育機構主管人員應具備下列資格之一：

一、研究所以上幼兒教育、幼兒保育相關系、所畢業，且有二年以上托育機構或幼稚園教保經驗者。

二、大學幼兒教育、幼兒保育相關系、所畢業或取得其輔系證書，具教保人員資格，且有二年以上托育機構或幼稚園教保經驗，並修畢主管核心課程者。

三、大學畢業，具教保人員資格，且有三年以上托育機構或幼稚園教保經驗，並修畢主管核心課程者。

四、專科畢業，具教保人員資格，且有四年以上托育機構或幼稚園教保經驗，並修畢主管核心課程者。

五、高中（職）學校畢業，具教保人員資格，且有五年以上托育機構教保經驗，於本辦法施行前，已修畢兒童福利專業人員訓練實施方案戊類訓練課程，並領有結業證書者，於本辦法施行日起十年內，得遴用為托育機構主管人員。

六、高等考試、乙等特種考試或薦任職升等考試社會行政職系考試及格，具有二年以上托育機構教保經驗，並修畢主管核心課程者。

前項托育機構或幼稚園教保經驗，以直轄市、縣（市）主管機關或教育主管機關所開立服務年資證明為準。

第 十五 條　早期療育機構主管人員應具備下列資格之一：

一、研究所以上青少年兒童福利、幼兒教育、幼兒保育、
社會工作、心理、輔導、特殊教育、早期療育相關
系、所、組畢業者，具有二年以上兒童及少年福利、
身心障礙福利機構工作經驗者。

二、大學青少年兒童福利、幼兒教育、幼兒保育、社會工
作、心理、輔導、特殊教育相關系、所、組畢業，具
有二年以上兒童及少年福利、身心障礙福利機構工作
經驗，並修畢主管核心課程者。

三、大學畢業，具第三條、第六條、第八條、第十條、第
十二條、第十三條所定專業人員資格之一，且有三年
以上兒童及少年福利、身心障礙福利機構工作經驗，
並修畢主管核心課程者。

四、專科畢業，具第三條、第六條、第八條、第十條、第
十二條、第十三條所定專業人員資格之一，且有四年
以上兒童及少年福利、身心障礙福利機構工作經驗，
並修畢主管核心課程者。

五、高等考試、乙等特種考試或薦任職升等考試社會行政
職系及格，具有二年以上兒童及少年福利、身心障礙
福利機構工作經驗，並修畢主管核心課程者。

六、具有醫師、治療師、心理師、社會工作師、特殊教育
教師資格者，具有三年以上兒童及少年福利、身心障
礙福利或相關機構工作經驗，並修畢主管核心課程
者。

第 十六 條　安置及教養機構主管人員應具備下列資格之一：

一、研究所以上青少年兒童福利、社會工作、心理、輔
導、教育、犯罪防治、家政、社會福利相關系、所、
組畢業者，具有二年以上兒童及少年福利機構工作經
驗者。

二、大學青少年兒童福利、社會工作、心理、輔導、教育、犯罪防治、家政、社會福利相關系、所、組畢業或取得其輔系證書者，具有二年以上兒童及少年福利機構工作經驗，並修畢主管核心課程者。

三、大學畢業，具第三條、第六條、第八條、第十條、第十二條、第十三條所定專業人員資格之一，且有三年以上兒童及少年福利機構工作經驗，並修畢主管核心課程者。

四、專科學校畢業，具第三條、第六條、第八條、第十條、第十二條、第十三條所定專業人員資格之一，且有四年以上兒童及少年福利機構工作經驗，並修畢主管核心課程者。

五、高中（職）學校畢業，具保育人員資格，且有五年以上兒童及少年福利相關機構教保經驗，於本辦法施行前，已修畢兒童福利專業人員訓練實施方案己類訓練課程，並領有結業證書者，於本辦法施行日起十年內，得遴用為安置及教養機構主管人員。

六、高等考試、乙等特種考試或薦任職升等考試社會行政職系考試及格，具有二年以上安置及教養機構工作經驗，並修畢主管核心課程者。

七、具有醫師、護理師、心理師、社會工作師、教師資格，且有三年以上兒童及少年福利或相關機構工作經驗，並修畢主管核心課程者。

第 十七 條　心理輔導或家庭諮詢機構、其他兒童及少年福利機構主管人員應具備下列資格之一：

一、研究所以上青少年兒童福利、社會工作、心理、輔導、教育、犯罪防治、家政、社會福利相關系、所、組畢業者，具有二年以上社會福利相關機構工作經驗

者。

二、大學青少年兒童福利、社會工作、心理、輔導、教育、犯罪防治、家政、社會福利相關系、所、組畢業或取得其輔系證書者，具有二年以上社會福利相關機構工作經驗，並修畢主管核心課程者。

三、大學畢業，具第三條、第六條、第八條、第十條、第十二條、第十三條所定專業人員資格之一，且有三年以上社會福利相關機構工作經驗，並修畢主管核心課程者。

四、專科學校畢業，具第三條、第六條、第八條、第十條、第十二條、第十三條所定專業人員資格之一，且有四年以上社會福利相關機構工作經驗，並修畢主管核心課程者。

五、高中（職）學校畢業，具保育人員資格，且有五年以上兒童及少年福利機構教保經驗，於本辦法施行前，已修畢兒童福利專業人員訓練實施方案己類訓練課程，並領有結業證書者，於本辦法施行日起十年內，得遴用為其他兒童及少年福利機構主管人員。

六、高等考試、乙等特種考試或薦任職升等考試社會行政職系考試及格，具有二年以上托育機構、兒童安置及教養、心理輔導或家庭諮詢、其他兒童及少年福利機構工作經驗，並修畢主管核心課程者。

七、具有醫師、護理師、心理師、社會工作師、教師資格，且有三年以上兒童及少年福利或相關機構工作經驗，並修畢主管核心課程者。

第 十八 條　本辦法所定核心課程之修習方式、課程名稱及內容、時數，由中央主管機關定之。

修習不同類別核心課程，其課程名稱相同者得抵免之。

第 十九 條　本辦法所定核心課程由主管機關自行、委託設有相關科系之大專校院辦理或以補助方式辦理。必要時,得專案報中央主管機關核准後辦理。

前項核心課程之授課者,應具備下列資格之一:

一、大專校院教師資格者。

二、相關實務經驗,並報經主管機關核准者。

依本辦法規定接受核心課程及格者,由主管機關發給證明書,其格式由中央主管機關定之。

第 二十 條　專業人員訓練,類別如下:

一、職前訓練:對新進用之專業人員實施之訓練。

二、在職訓練:對現任之專業人員實施之訓練。

第二十一條　職前訓練依機構特性辦理,訓練內容應包括簡介機構環境、服務內容、經營管理制度及相關法令等。

第二十二條　在職訓練每年至少二十小時,訓練內容應採理論及實務並重原則辦理。

第二十三條　在職訓練辦理方式如下:

一、由主管機關自行、委託或補助機構、團體辦理。

二、由機構自行或委託機構、團體辦理。

三、由目的事業主管機關辦理。

第二十四條　專業人員參加在職訓練,應給予公假。

第二十五條　本辦法核心課程之修習及專業人員之訓練,由辦理機關或機構自行編列經費;必要時,得收取相關訓練費用。

第二十六條　本辦法施行前,除第四條第二款外,已依兒童福利專業人員訓練實施方案修畢訓練課程,並領有結業證書者,視同已修畢本辦法相關核心課程。

第二十七條　本辦法施行前,已依兒童福利專業人員資格要點取得專業人員資格,且現任並繼續於同一職位之人員,視同本辦法之專業人員。

前項人員轉任其他機構者，應符合本辦法專業人員資格。

第二十八條　　山地、偏遠、離島、原住民地區機構遴用專業人員有困難者，得專案報請直轄市、縣（市）主管機關審查，並經中央主管機關同意後酌予放寬人員資格。

第二十九條　　本辦法自發布日施行。

附錄三　兒童及少年福利機構專業人員相關科系對照表

名稱 類別	相同科系/所 （碩士班）/組	相關科系/所（碩士班）/組	備註
幼兒保育	幼兒保育系 幼兒保育學系	幼兒教育系（嘉師） 國民教育研究所（嘉師） 家庭教育研究所（嘉師） 家庭研究與兒童發展（實踐） 兒童及家庭系（慈濟） 人類發展與家庭學系／幼兒發展與教育組（家政與家庭生活教育組）（師大） 兒童發展研究所／兒童與家庭學系（輔仁） 兒童及家庭系（慈濟） 兒童發展與家庭教育學系／生活應用科學系／學前教育組（輔仁、實踐）	
家政	家政系 家政學系	生活應用科學（輔仁、實踐） 兒童與家庭學系（輔仁） 兒童及家庭系（慈濟） 家庭研究與兒童發展（實踐） 人類發展與家庭學系（幼兒發展與教育組、家政與家庭生活教育組）（師大）	
幼兒教育	幼兒教育系 幼兒教育學系	兒童與家庭學系（輔仁） 兒童及家庭系（慈濟） 人類發展與家庭學系／幼兒發展與教育組（師大） 兒童發展研究所	

教育	教育系教育學系	教育心理與諮商組（交大）國民教育研究所（嘉師）家庭教育研究所（嘉師）初等教育系（嘉師、台東）人類發展與家庭學系（幼兒發展與教育組、家政與家庭生活教育組）（師大）教育心理與輔導學系（師大）復健與諮商學系（彰師）	
特殊教育	特殊教育系特殊教育學系	早期療育學系／溝通障礙教育研究所（高師）溝通障礙研究所／復健與諮商學系（彰師）特殊教育系／特殊教育與輔助科技研究所／身心障礙教育研究所	
早期療育	早期療育學系早期療育系	溝通障礙教育研究所（高師）復健與諮商學系（彰師）特殊教育與輔助科技研究所身心障礙教育研究所	
社會	社會系社會學系	人文社會學系／社會心理學系（世新）醫學社會學與社會工作學系／應用社會學（南華）	
社會福利	社會福利學系		
社會工作	社會工作系社會工作學系社會政策與社會工作學系醫學社會學與社會工作學系	青少年兒童福利學系兒童福利社會教育	包括「社會工作師法」第5、6條、專技高考社工師考試規則第5條，參考社工師檢覈辦法（已廢止）第2、3條等，具有參加社工師考試資格之系所者。※90年以前社會學系、社會系為相關科系。

青少年兒童福利	青少年兒童福利學系兒童福利研究所		
心理	心理系	心理輔導學系／心理輔導與諮商學系／臨床諮商心理學系（東華） 臨床心理學系（中正） 應用心理學系社會心理學系（世新） 教育心理與輔導學系（師大、竹師） 教育心理與諮商（國北師、交大） 行為科學研究所／諮商與教育研究所／心理復健學系（輔大） 臨床行為科學研究所	包括「心理師法」第2條、專技高考心理師考試規則第6、7條及專技特考第6、7條等，具有參加心理師考試資格之系所者。
輔導	輔導系 輔導學系	輔導與諮商學系（彰師、暨大） 諮商與輔導學系（南師）諮商與教育心理（中師） 心理輔導與諮商學系／心理與輔導（文化） 教育心理與輔導學系（師大、竹師、花師、屏師） 教育心理與諮商（國北師、交大、政大、淡大） 臨床諮商心理學系（東華） 特殊教育與輔導研究所	
諮商	諮商系 諮商學系	輔導與諮商學系／諮商與輔導學系／心理輔導與諮商系／臨床諮商心理學系／復健與諮商學系（彰師） 教育心理與諮商組（交大）	包括「心理師法」第2條、專技高考心理師考試規則第6、7條及專技特考第6、7條等，具有參加心理師考試資格之系所者。
性別	性別學系 性別研究所性別教育研究所		

犯罪防治	犯罪防治學系	犯罪預防系（警大） 犯罪學研究所（台北大學）	
護理	護理系 護理學系	臨床護理（陽明） 社區護理（陽明） 護理管理（陽明）	包括「護理人員法」第2條及參考醫事人員檢覈辦法（已廢止）第6條、第11條等，具有參加護理師、護士考試資格之科系所者。
醫護	醫學系 護理系 護理學系 護理助產系 助產系		包括「醫師法」第2條、「護理人員法」第2條，參考醫事人員檢覈辦法（已廢止）第3條、第6條、第11條等，具有參加醫師、護理師、護士考試資格之科系所者。
職能治療	職能治療系 職能治療學系		包括「職能治療師法」、參考醫事人員檢覈辦法（已廢止）第15條等，具有參加職能治療生考試資格之科系所者。
物理治療	物理治療系 物理治療學系		包括「物理治療師法」、參考醫事人員檢覈辦法（已廢止）第14條等，具有參加物理治療生考試資格之科系所者。

附錄四　教師法

民國八十四年八月九日

總統華總（一）義字第五八九○號令公布

民國八十九年七月十九日

總統華總一義字第八九○○一七七七五○號令修正公布第三十五條條文

民國九十二年一月十五日

總統華總一義字第○九二○○○○五四二○號令公布增訂教師法第十四條之一至第十四條之三、第十五條之一、第十八條之一及第三十六條之一條文；並修正第三條、第十一條及第十七條條文

第一章　總則

第　一　條　為明定教師權利義務，保障教師工作與生活，以提升教師專業地位，特制定本法。

第　二　條　教師資格檢定與審定、聘任、權利義務、待遇、進修與研究、退休、撫恤、離職、資遣、保險、教師組織、申訴及訴訟等悉依本法之規定。

第　三　條　本法於公立及已立案之私立學校編制內，按月支給待遇，並依法取得教師資格之專任教師適用之。

第二章　資格檢定與審定

第　四　條　教師資格之取得分檢定及審定二種：高級中等以下學校之教師採檢定制；專科以上學校之教師採審定制。

第　五　條　高級中等以下學校教師資格之檢定分初檢及複檢二階段行之。

　　　　　　初檢合格者發給實習教師證書；複檢合格者發給教師證

書。

第　六　條　初檢採檢覆方式。

具有下列資格之一者，應向主管教育行政機關繳交學歷證件申請辦理高級中等以下學校實習教師之資格：

一、師範校院大學部畢業者。

二、大學校院教育院、系、所畢業且修畢規定教育學分者。

三、大學校院畢業修滿教育學程者。

四、大學校院或經教育部認可之國外大學校院畢業，修滿教育部規定之教育學分者。

第　七　條　複檢工作之實施，得授權地方主管教育行政機關成立縣市教師複檢委員會辦理。

具有下列各款資格者，得申請高級中等以下學校教師資格之複檢：

一、取得實習教師證書者。

二、教育實習一年成績及格者。

教師合格證書由教育部統一頒發。

第　八　條　高級中等以下學校教師資格檢定辦法由教育部定之。

第　九　條　專科以上學校教師資格之審定分初審及複審二階段，分別由學校及教育部行之。教師經初審合格，由學校報請教育部複審，複審合格者發給教師證書。

教育部於必要時，得授權學校辦理複審，複審合格後發給教師證書。

第　十　條　專科以上學校教師資格審定辦法由教育部定之。

第三章　聘任

第十一條　高級中等以下學校教師之聘任，分初聘、續聘及長期聘任，除依師資培育法第十三條第二項或第二十條規定分發

者外，應經教師評審委員會審查通過後由校長聘任之。前項教師評審委員會之組成，應包含教師代表、學校行政人員代表及家長會代表一人。其中未兼行政或董事之教師代表不得少於總額二分之一；其設置辦法，由教育部定之。專科以上學校教師之聘任分別依大學法及專科學校法之規定辦理。

第 十二 條　高級中等以下學校教師之初聘以具有實習教師證書或教師證書者爲限；續聘以具有教師證書者爲限。實習教師初聘期滿，未取得教師證書者，經教師評審委員會審查通過後得延長初聘，但以一次爲限。

第 十三 條　高級中等以下學校教師聘任期限，初聘爲一年，續聘第一次爲一年，以後續聘每次爲二年，續聘三次以上服務成績優良者，經教師評審委員會全體委員三分之二審查通過後，得以長期聘任，其聘期由各校教師評審委員會統一訂定之。

第 十四 條　教師聘任後除有下列各款之一者外，不得解聘、停聘或不續聘：

1. 受有期徒刑一年以上判決確定，未獲宣告緩刑者。
2. 曾服公務，因貪污瀆職經判刑確定或通緝有案尚未結案者。
3. 依法停止任用，或受休職處分尚未期滿，或因案停止職務，其原因尚未消滅者。
4. 褫奪公權尚未復權者。
5. 受禁治產之宣告，尚未撤銷者。
6. 行爲不檢有損師道，經有關機關查證屬實者。
7. 經合格醫師證明有精神病者。
8. 教學不力或不能勝任工作，有具體事實或違反聘約情節重大者。

有前項第六款、第八款情形者，應經教師評審委員會委員三分之二以上出席及出席委員半數以上之決議。

有第一項第一款至第七款情形者，不得聘任爲教師。其已聘任者，除有第七款情形者依規定辦理退休或資遣外，應報請主管教育行政機關核准後，予以解聘、停聘或不續聘。

第十四條之一　學校教師評審委員會依第十四條規定做成教師解聘、停聘或不續聘之決議後，學校應自決議做成之日起十日內報請主管教育行政機關核准，並同時以書面附理由通知當事人。教師解聘、停聘或不續聘案於主管教育行政機關核准前，其聘約期限屆滿者，學校應予暫時繼續聘任。

第十四條之二　教師停聘期間，服務學校應予保留底缺，俟停聘原因消滅並經服務學校教師評審委員會審查通過後，回復其聘任關係。教師依法停聘，於停聘原因未消滅前聘約期限屆滿者，學校教師評審委員會仍應依規定審查是否繼續聘任。

第十四條之三　依第十四條規定停聘之教師，停聘期間應發給半數本薪（年功薪）；停聘原因消滅後回復聘任者，其本薪（年功薪）應予補發。但教師係因受有期徒刑或拘役之執行或受罰金之判決而易服勞役者，其停聘期間之薪資，不得依本條規定發給。

第 十五 條　因系、所、科、組、課程調整或學校減班、停辦、解散時，學校或主管教育行政機關對仍願繼續任教且有其他適當工作可以調任之合格教師，應優先輔導遷調或介聘；現職工作不適任或現職已無工作又無其他適當工作可以調任者或經公立醫院證明身體衰弱不能勝任工作者，報經主管教育行政機關核准後予以資遣。

第十五條之一　學校或主管教育行政機關依前條規定優先輔導遷調或介聘

之教師，經學校教師評審委員會審查發現有第十四條第一項各款情事之一者，其聘任得不予通過。主管教育行政機關依國民教育法所訂辦法辦理遷調或介聘之教師，準用前項之規定

第四章　權利義務

第 十六 條　教師接受聘任後，依有關法令及學校章則之規定，享有下列權利：

1. 對學校教學及行政事項提供興革意見。
2. 享有待遇、福利、退休、撫恤、資遣、保險等權益及保障。
3. 參加在職進修、研究及學術交流活動。
4. 參加教師組織，並參與其他依法令規定所舉辦之活動。
5. 對主管教育行政機關或學校有關其個人之措施，認為違法或不當致損害其權益者，得依法提出申訴。
6. 教師之教學及對學生之輔導依法令及學校章則享有專業自主。
7. 除法令另有規定者外，教師得拒絕參與教育行政機關或學校所指派與教學無關之工作或活動。
8. 其他依本法或其他法律應享之權利。

第 十七 條　教師除應遵守法令履行聘約外，並負有下列義務：

一、遵守聘約規定，維護校譽。

二、積極維護學生受教之權益。

三、依有關法令及學校安排之課程，實施教學活動。

四、輔導或管教學生，導引其適性發展，並培養其健全人格。

五、從事與教學有關之研究、進修。

六、嚴守職分，本於良知，發揚師道及專業精神。

七、 依有關法令參與學校學術、行政工作及社會教育活動。

八、 非依法律規定不得洩漏學生個人或其家庭資料。

九、 擔任導師。

十、其他依本法或其他法律規定應盡之義務。

前項第四款及第九款之辦法，由各校校務會議定之。

第 十八 條　教師違反第十七條之規定者，各聘任學校應交教師評審委員會評議後，由學校依有關法令規定處理。

第十八條之一　教師因婚、喪、疾病、分娩或其他正當事由，得依教師請假規則請假。前項教師請假規則，應包括教師請假假別、日數、請假程序、核定權責與違反之處理及其他相關事項，並由教育部定之。

第五章　待遇

第 十九 條　教師之待遇分本薪（年功薪）、加給及獎金三種。

高級中等以下學校教師之本薪以學經歷及年資敘定薪級；專科以上學校教師之本薪以級別、學經歷及年資敘定薪級。

加給分為職務加給、學術研究加給及地域加給三種。

第 二十 條　教師之待遇，另以法律定之。

第六章　進修與研究

第二十一條　為提升教育品質，鼓勵各級學校教師進修、研究，各級主管教育行政機關及學校得視實際需要，設立進修研究機構或單位；其辦法由教育部定之。

第二十二條　各級學校教師在職期間應主動積極進修、研究與其教學有關之知能；教師進修研究獎勵辦法，由教育部定之。

第二十三條　教師在職進修得享有帶職帶薪或留職停薪之保障；其進

修、研究及經費得由學校或所屬主管教育行政機關編列預算支應，其辦法由教育部定之。

第七章　退休、撫恤、離職、資遣及保險

第二十四條　教師之退休、撫恤、離職及資遣給付採儲金方式，由學校與教師共同撥繳費用建立之退休撫恤基金支付之，並由政府負擔最後支付保證責任。儲金制建立前之年資，其退休金、撫恤金、資遣金之核發依原有規定辦理。教師於服務一定年數離職時，應准予發給退休撫恤基金所提撥之儲金。

前項儲金由教師及其學校依月俸比例按月儲備之。

公私立學校教師互轉時，其退休、離職及資遣年資應合併計算。

第二十五條　教師退休撫恤基金之撥繳、管理及運用應設置專門管理及營運機構辦理。

教師之退休撫恤、離職、資遣及保險，另以法律定之。

第八章　教師組織

第二十六條　教師組織分為三級：在學校為學校教師會；在直轄市及縣（市）為地方教師會；在中央為全國教師會。

學校班級數少於二十班時，得跨區（鄉、鎮）合併成立學校教師會。

各級教師組織之設立，應依人民團體法規定向該主管機關申請報備、立案。

地方教師會須有行政區內半數以上學校教師會加入，始得設立。全國教師會須有半數以上之地方教師會加入，始得成立。

第二十七條　各級教師組織之基本任務如下：

　　　　　　　　1. 維護教師專業尊嚴與專業自主權。

　　　　　　　　2. 與各級機關協議教師聘約及聘約準則。

　　　　　　　　3. 研究並協助解決各項教育問題。

　　　　　　　　4. 監督離職給付儲金機構之管理、營運、給付等事宜。

　　　　　　　　5. 派出代表參與教師聘任、申訴及其他與教師有關之法定
　　　　　　　　　組織。

　　　　　　　　6. 制定教師自律公約。

第二十八條　　學校不得以不參加教師組織或不擔任教師組織職務為教師
　　　　　　　聘任條件。

　　　　　　　學校不得因教師擔任教師組織職務或參與活動，拒絕聘用
　　　　　　　或解聘及為其他不利之待遇。

第九章　申訴及訴訟

第二十九條　　教師對主管教育行政機關或學校有關其個人之措施，認為
　　　　　　　違法或不當，致損其權益者，得向各級教師申訴評議委員
　　　　　　　會提出申訴。

　　　　　　　教師申訴評議委員會之組成應包含該地區教師組織或分會
　　　　　　　代表及教育學者，且未兼行政教師不得少於總額的三分之
　　　　　　　二，但有關委員本校之申訴案件，於調查及訴訟期間，該
　　　　　　　委員應予迴避；其組織及評議準則由教育部定之。

第 三十 條　　教師申訴評議委員會之分級如下：

　　　　　　　一、專科以上學校分學校及中央兩級。

　　　　　　　二、高級中等以下學校分縣（市）、省（市）及中央三級。

第三十一條　　教師申訴之程序分申訴及再申訴二級。

　　　　　　　教師不服申訴決定者，得提起再申訴。學校及主管教育行
　　　　　　　政機關不服申訴決定者亦同。

第三十二條　　申訴案件經評議確定者，主管教育行政機關應確實執行，
　　　　　　　而評議書應同時寄達當事人、主管機關及該地區教師組

織。

第三十三條　教師不願申訴或不服申訴、再申訴決定者，得按其性質依
　　　　　　法提起訴訟或依訴願法或行政訴訟法或其他保障法律等有
　　　　　　關規定，請求救濟。

第十章　附則

第三十四條　本法實施前已取得教師資格之教師，其資格應予保障。

第三十五條　各級學校兼任教師之資格檢定與審定，依本法之規定辦
　　　　　　理。　兼任、代課及代理教師之權利、義務，由教育部訂定
　　　　　　辦法規定之。　各級學校之專業、技術科目教師及擔任軍訓
　　　　　　護理課程之護理教師，其資格依教育人員任用條例之規定
　　　　　　辦理。

第三十六條　本法各相關條文之規定，於公立幼稚園及已完成財團法人
　　　　　　登記之私立幼稚園專任教師準用之。
　　　　　　未辦理財團法人登記之私立幼稚園專任教師，除本法第二
　　　　　　十四條、第二十五條外，得準用本法各相關條文之規定。

第三十六條之一　各級學校校長，得準用教師申訴之規定提起申訴。

第三十七條　本法授權教育部訂定之各項辦法，教育部應邀請全國教師
　　　　　　會代表參與訂定。

第三十八條　本法施行細則，由教育部定之。

第三十九條　本法自公布日施行。但待遇、退休、撫恤、離職、資遣、
　　　　　　保險部分之施行日期，由行政院以命令定之。

附錄五　師資培育法

民國九十四年十二月二十八日修正

第　一　條　為培育高級中等以下學校及幼稚園師資，充裕教師來源，並增進其專業知能，特制定本法。

第　二　條　師資培育應著重教學知能及專業精神之培養，並加強民主、法治之涵泳與生活、品德之陶冶。

第　三　條　本法用詞定義如下：
　　　　　一、主管機關：在中央為教育部；在直轄市為直轄市政府；在縣（市）為縣（市）政府。
　　　　　二、師資培育之大學：指師範校院、設有師資培育相關學系或師資培育中心之大學。
　　　　　三、師資職前教育課程：指參加教師資格檢定前，依本法所接受之各項有關課程。

第　四　條　中央主管機關應設師資培育審議委員會，辦理下列事項：
　　　　　一、關於師資培育政策之建議及諮詢事項。
　　　　　二、關於師資培育計畫及重要發展方案之審議事項。
　　　　　三、關於師範校院變更及停辦之審議事項。
　　　　　四、關於師資培育相關學系認定之審議事項。
　　　　　五、關於大學設立師資培育中心之審議事項。
　　　　　六、關於師資培育教育專業課程之審議事項。
　　　　　七、關於持國外學歷修畢師資職前教育課程認定標準之審議事項。
　　　　　八、關於師資培育評鑑及輔導之審議事項。
　　　　　九、其他有關師資培育之審議事項。
　　　　　前項委員會之委員應包括中央主管機關代表、師資培育之

大學代表、教師代表及社會公正人士；其設置辦法，由中央主管機關定之。

第　五　條　師資培育，由師範校院、設有師資培育相關學系或師資培育中心之大學爲之。

前項師資培育相關學系，由中央主管機關認定之。

大學設立師資培育中心，應經中央主管機關核准；其設立條件與程序、師資、設施、招生、課程、修業年限及停辦等相關事項之辦法，由中央主管機關定之。

第　六　條　師資培育之大學辦理師資職前教育課程，應按中等學校、國民小學、幼稚園及特殊教育學校（班）師資類科分別規劃，並報請中央主管機關核定後實施。

爲配合教學需要，中等學校、國民小學師資類科得依前項程序合併規劃爲中小學校師資類科。

第　七　條　師資培育包括師資職前教育及教師資格檢定。

師資職前教育課程包括普通課程、專門課程、教育專業課程及教育實習課程。

前項專門課程，由師資培育之大學擬定，並報請中央主管機關核定。

第二項教育專業課程，包括跨師資類科共同課程及各師資類科課程，經師資培育審議委員會審議，中央主管機關核定後實施。

第　八　條　修習師資職前教育課程者，含其本學系之修業期限以四年爲原則，並另加教育實習課程半年。成績優異者，得依大學法之規定提前畢業。但半年之教育實習課程不得減少。

第　九　條　各大學師資培育相關學系之學生，其入學資格及修業年限，依大學法之規定。

設有師資培育中心之大學，得甄選大學二年級以上及碩、博士班在校生修習師資職前教育課程。

師資培育之大學，得視實際需要報請中央主管機關核定後，招收大學畢業生，修習師資職前教育課程至少一年，並另加教育實習課程半年。

前三項學生修畢規定之師資職前教育課程，成績及格者，由師資培育之大學發給修畢師資職前教育證明書。

第　十　條　持國外大學以上學歷者，經中央主管機關認定其已修畢第七條第二項之普通課程、專門課程及教育專業課程者，得向師資培育之大學申請參加半年教育實習，成績及格者，由師資培育之大學發給修畢師資職前教育證明書。

前項認定標準，由中央主管機關定之。

第 十一 條　大學畢業依第九條第四項或前條第一項規定取得修畢師資職前教育證明書者，參加教師資格檢定通過後，由中央主管機關發給教師證書。

前項教師資格檢定之資格、報名程序、應檢附之文件資料、應繳納之費用、檢定方式、時間、錄取標準及其他應遵行事項之辦法，由中央主管機關定之。

已取得第六條其中一類科合格教師證書，修畢另一類科師資職前教育課程之普通課程、專門課程及教育專業課程，並取得證明書者，由中央主管機關發給該類科教師證書，免依規定修習教育實習課程及參加教師資格檢定。

第 十二 條　中央主管機關辦理教師資格檢定，應設教師資格檢定委員會。必要時，得委託學校或有關機關（構）辦理。

第 十三 條　師資培育以自費為主，兼採公費及助學金方式實施，公費生畢業後，應至偏遠或特殊地區學校服務。

公費與助學金之數額、公費生之公費受領年限、應訂定契約之內容、應履行及其應遵循事項之義務、違反義務之處理、分發服務之辦法，由中央主管機關定之。

第 十四 條　取得教師證書欲從事教職者，除公費生應依前條規定分發

外，應參加與其所取得資格相符之學校或幼稚園辦理之教師公開甄選。

第 十五 條　師資培育之大學應有實習就業輔導單位，辦理教育實習、輔導畢業生就業及地方教育輔導工作。

前項地方教育輔導工作，應結合各級主管機關、教師進修機構及學校或幼稚園共同辦理之。

第 十六 條　高級中等以下學校、幼稚園及特殊教育學校（班）應配合師資培育之大學辦理全時教育實習。主管機關應督導辦理教育實習相關事宜，並給予必要之經費與協助。

第 十七 條　師資培育之大學得設立與其培育之師資類科相同之附設實驗學校、幼稚園或特殊教育學校（班），以供教育實習、實驗及研究。

第 十八 條　師資培育之大學，向學生收取費用之項目、用途及數額，不得逾中央主管機關之規定，並應報經中央主管機關核定後實施。

第 十九 條　主管機關得依下列方式，提供高級中等以下學校及幼稚園教師進修：

一、單獨或聯合設立教師進修機構。

二、協調或委託師資培育之大學開設各類型教師進修課程。

三、經中央主管機關認可之社會教育機構或法人開辦各種教師進修課程。

前項第二款師資培育之大學得設專責單位，辦理教師在職進修。

第一項第三款之認可辦法，由中央主管機關定之。

第 二十 條　中華民國八十三年二月九日本法修正生效前，依師範教育法考入師範校院肄業之學生，其教師資格之取得與分發，仍適用修正生效前之規定。

本法修正施行前已修畢師資培育課程者，其教師資格之取得，自本法修正施行之日起六年內，得適用本法修正施行前之規定。但符合中華民國九十年六月二十九日修正生效之高級中等以下學校及幼稚園教師資格檢定及教育實習辦法第三十二條、第三十三條規定者，自本法修正施行之日起二年內，得適用原辦法之規定。

本法修正施行前已修習而尚未修畢師資培育課程者，其教師資格之取得，得依第八條及第十一條規定辦理，或自本法修正施行之日起十年內，得適用本法修正施行前之規定。但符合中華民國九十年六月二十九日修正生效之高級中等以下學校及幼稚園教師資格檢定及教育實習辦法第三十二條、第三十三條規定者，自本法修正施行之日起六年內，得適用原辦法之規定。

第二十一條　八十九學年度以前修習大學二年制在職進修專班師資職前教育課程之代理教師，初檢合格取得實習教師證書者，得依中華民國九十年六月二十九日修正生效之高級中等以下學校及幼稚園教師資格檢定及教育實習辦法第三十二條、第三十三條規定，並得自本法修正施行之日起四年內，適用原辦法之規定。

依中小學兼任代課及代理教師聘任辦法聘任之代課及代理教師，符合下列各款規定者，得免依規定修習教育實習課程，於參加教師資格檢定通過後，由中央主管機關發給該類科教師證書：

一、最近七年內任教一學年以上或每年連續任教三個月以上累計滿一年。

　　前開年資以同一師資類科為限。

二、大學畢業，修畢與前款同一師資類科師資職前教育課程之普通課程、專門課程及教育專業課程，並取得證

明書。

三、經服務學校出具具備教學實習、導師（級務）實習、
行政實習及研習活動專業知能之證明文件。

前項規定之適用，自本法修正施行之日起至中華民國九十
六年七月三十一日止。

第二十二條 取得合格偏遠或特殊地區教師證書，並繼續擔任教職者，
由中央主管機關協調師資培育之大學，於本法修正施行後
三年內專案辦理教育專業課程，提供其進修機會。

前項合格偏遠或特殊地區修畢規定之教育專業課程者，得
報請主管機關換發一般地區教師證書，免參加資格檢定及
參加教育實習。

取得合格偏遠或特殊地區教師證書並擔任教職累積五年以
上者，不用修習第一項所指稱的教育專業課程，亦得報請
主管機關換發一般地區教師證書，免參加資格檢定及參加
教育實習。

第二十三條 本法修正施行前進用之現職高級中等學校護理教師，具有
大學畢業學歷且持有中央主管機關發給之護理教師證書，
並繼續擔任教職者，由中央主管機關協調師資培育之大
學，於本法修正施行後六年內，專案辦理師資職前教育課
程，提供其進修機會。

前項護理教師修畢規定之師資職前教育課程，得以任教年
資二年折抵教育實習，並得適用本法修正施行前之規定，
取得合格教師證書。

本法修正施行前進用之現職大專校院護理教師，具有大學
畢業學歷且持有中央主管機關發給之護理教師證書，並繼
續擔任教職者，準用前二項之規定。

第二十四條 本法修正施行前，已從事幼稚園或托兒所工作並繼續任職
之人員，由中央主管機關就其擔任教師應具備之資格、應

修課程、招生等相關事項之辦法另定之。

第二十五條　　本法施行細則，由中央主管機關定之。

第二十六條　　本法自公布日施行。

　　　　　　　本法修正條文施行日期，由行政院以命令定之。

附錄六　勞動基準法

中華民國七十三年七月三十日

總統華總一義字第一四〇六九號令制定公布全文八十六條

中華民國八十五年十二月二十七日

總統華總一義字第八五〇〇二九八三七〇號令修正公布第三條；並增訂第三十條之一、第八十四條之一、第八十四條之二

中華民國八十七年五月十三日

總統華總一義字第八七〇〇〇九八〇〇〇號令修正公布第三十條之一

中華民國八十九年六月二十八日

總統華總一義字第八九〇〇一五八七六〇號令修正公布第三十條

中華民國八十九年七月十九日

總統華總一義字第八九〇〇一七七六三〇號令修正公布第四條、第七十二條

中華民國九十一年六月十二日

總統華總一義字第〇九一〇〇一二〇六二〇號令修正公布第三條、第二十一條、第三十條之一、第五十六條

中華民國九十一年十二月二十五日

華總一義字第〇九一〇〇二四八七七〇號令公布修正第三十條、第三十條之一、第三十二條、第四十九條、第七十七條、第七十九條及第八十六條

第一章　總則

第　一　條　為規定勞動條件最低標準，保障勞工權益，加強勞雇關係，促進社會與經濟發展，特制定本法；本法未規定者，適用其他法律之規定。

　　　　　　雇主與勞工所訂勞動條件，不得低於本法所定之最低標準。

第　二　條　本法用辭定義如左：

一、勞工：謂受雇主雇用從事工作獲致工資者。

二、雇主：謂雇用勞工之事業主、事業經營之負責人或代表事業主處理有關勞工事務之人。

三、工資：謂勞工因工作而獲得之報酬；包括工資、薪金及按計時、計日、計月、計件以現金或實物等方式給付之獎金、津貼及其他任何名義之經常性給與均屬之。

四、平均工資：謂計算事由發生之當日前六個月內所得工資總額除以該期間之總日數所得之金額。工作未滿六個月者，謂工作期間所得工資總額除以工作期間之總日數所得之金額。工資按工作日數、時數或論件計算者，其依上述方式計算之平均工資，如少於該期內工資總額除以實際工作日數所得金額百分之六十者，以百分之六十計。

五、事業單位：謂適用本法各業雇用勞工從事工作之機構。

六、勞動契約：謂約定勞雇關係之契約。

第　三　條　本法於左列各業適用之：

一、農、林、漁、牧業。

二、礦業及土石採取業。

三、製造業。

四、營造業。

五、水電、煤氣業。

六、運輸、倉儲及通信業。

七、大眾傳播業。

八、其他經中央主管機關指定之事業。

依前項第八款指定時，得就事業之部分工作場所或工作者指定適用。

本法適用於一切勞雇關係。但因經營型態、管理制度及工作特性等因素適用本法確有窒礙難行者，並經中央主管機關指定公告之行業或工作者，不適用之。

前項因窒礙難行而不適用本法者，不得逾第一項第一款至第七款以外勞工總數五分之一。

第　四　條　本法所稱主管機關：在中央爲行政院勞工委員會；在直轄市爲直轄市政府；在縣（市）爲縣（市）政府。

第　五　條　雇主不得以強暴、脅迫、拘禁或其他非法之方法，強制勞工從事勞動。

第　六　條　任何人不得介入他人之勞動契約，抽取不法利益。

第　七　條　雇主應置備勞工名卡，登記勞工姓名、性別、出生年月日、本籍、教育程度、住址、身分證統一號碼、到職年月日、工資、勞工保險投保日期、獎懲、傷病及其他必要事項。

前項勞工名卡，應保管至勞工離職後五年。

第　八　條　雇主對於雇用之勞工，應預防職業上災害，建立適當之工作環境及福利設施。其有關安全衛生及福利事項，依有關法律之規定。

第二章　勞動契約

第　九　條　勞動契約，分爲定期契約及不定期契約。臨時性、短期性、季節性及特定性工作得爲定期契約；有繼續性工作應爲不定期契約。

定期契約屆滿後，有左列情形之一者，視爲不定期契約：

一、勞工繼續工作而雇主不即表示反對意思者。

二、雖經另訂新約，惟其前後勞動契約之工作期間超過九十日，前後契約間斷期間未超過三十日者。

前項規定於特定性或季節性之定期工作不適用之。

第　十　條　定期契約屆滿後或不定期契約因故停止履行後，未滿三個月而訂定新約或繼續履行原約時，勞工前後工作年資，應合併計算。

第 十 一 條　非有左列情形之一者，雇主不得預告勞工終止勞動契約：

一、歇業或轉讓時。

二、虧損或業務緊縮時。

三、不可抗力暫停工作在一個月以上時。

四、業務性質變更，有減少勞工之必要，又無適當工作可供安置時。

五、勞工對於所擔任之工作確不能勝任時。

第 十 二 條　勞工有左列情形之一者，雇主得不經預告終止契約：

一、於訂立勞動契約時爲虛僞意思表示，使雇主誤信而有受損害之虞者。

二、對於雇主、雇主家屬、雇主代理人或其他共同工作之勞工，實施暴行或有重大侮辱之行爲者。

三、受有期徒刑以上刑之宣告確定，而未諭知緩刑或未准易科罰金者。

四、違反勞動契約或工作規則，情節重大者。

五、故意損耗機器、工具、原料、產品，或其他雇主所有物品，或故意洩漏雇主技術上、營業上之秘密，致雇主受有損害者。

六、無正當理由繼續曠工三日，或一個月內曠工達六日者。

雇主依前項第一款、第二款及第四款至第六款規定終止契約者，應自知悉其情形之日起，三十日內爲之。

第 十 三 條　勞工在第五十條規定之停止工作期間或第五十九條規定之醫療期間，雇主不得終止契約。但雇主因天災、事變或其他不可抗力致事業不能繼續，經報主管機關核定者，不在

此限。

第 十四 條　有左列情形之一者，勞工得不經預告終止契約：

一、雇主於訂立勞動契約時為虛偽之意思表示，使勞工誤
　　信而有受損害之虞者。

二、雇主、雇主家屬、雇主代理人對於勞工，實施暴行或
　　有重大侮辱之行為者。

三、契約所訂之工作，對於勞工健康有危害之虞，經通知
　　雇主改善而無效果者。

四、雇主、雇主代理人或其他勞工患有惡性傳染病，有傳
　　染之虞者。

五、雇主不依勞動契約給付工作報酬，或對於按件計酬之
　　勞工不供給充分之工作者。

六、雇主違反勞動契約或勞工法令，致有損害勞工權益之
　　虞者。

勞工依前項第一款、第六款規定終止契約者，應自知悉其
情形之日起，三十日內為之。

有第一項第二款或第四款情形，雇主已將該代理人解雇或
已將患有惡性傳染病者送醫或解雇，勞工不得終止契約。

第十七條規定於本條終止契約準用之。

第 十五 條　特定性定期契約期限逾三年者，於屆滿三年後，勞工得終
止契約。但應於三十日前預告雇主。

不定期契約，勞工終止契約時，應準用第十六條第一項規
定期間預告雇主。

第 十六 條　雇主依第十一條或第十三條但書規定終止勞動契約者，其
預告期間依左列各款之規定：

一、繼續工作三個月以上一年未滿者，於十日前預告之。

二、繼續工作一年以上三年未滿者，於二十日前預告之。

三、繼續工作三年以上者，於三十日前預告之。

勞工於接到前項預告後，爲另謀工作得於工作時間請假外出。其請假時數，每星期不得超過二日之工作時間，請假期間之工資照給。

雇主未依第一項規定期間預告而終止契約者，應給付預告期間之工資。

第 十七 條　雇主依前條終止勞動契約者，應依左列規定發給勞工資遣費：

一、在同一雇主之事業單位繼續工作，每滿一年發給相當於一個月平均工資之資遣費。

二、依前款計算之剩餘月數，或工作未滿一年者，以比例計給之。未滿一個月者以一個月計。

第 十八 條　有左列情形之一者，勞工不得向雇主請求加發預告期間工資及資遣費：

一、依第十二條或第十五條規定終止勞動契約者。

二、定期勞動契約期滿離職者。

第 十九 條　勞動契約終止時，勞工如請求發給服務證明書，雇主或其代理人不得拒絕。

第 二十 條　事業單位改組或轉讓時，除新舊雇主商定留用之勞工外，其餘勞工應依第十六條規定期間預告終止契約，並應依第十七條規定發給勞工資遣費。其留用勞工之工作年資，應由新雇主繼續予以承認。

第三章　工資

第二十一條　工資由勞雇雙方議定之。但不得低於基本工資。

前項基本工資，由中央主管機關設基本工資審議委員會擬訂後，報請行政院核定之。

前項基本工資審議委員會之組織及其審議程序等事項，由中央主管機關另以辦法定之。

第二十二條　工資之給付，應以法定通用貨幣爲之。但基於習慣或業務性質，得於勞動契約內訂明一部以實物給付之。工資之一部以實物給付時，其實物之作價應公平合理，並適合勞工及其家屬之需要。

工資應全額直接給付勞工。但法令另有規定或勞雇雙方另有約定者，不在此限。

第二十三條　工資之給付，除當事人有特別約定或按月預付者外，每月至少定期發給二次；按件計酬者亦同。

雇主應置備勞工工資清冊，將發放工資、工資計算項目、工資總額等事項記入。工資清冊應保存五年。

第二十四條　雇主延長勞工工作時間者，其延長工作時間之工資依左列標準加給之：

一、延長工作時間在二小時以內者，按平日每小時工資額加給三分之一以上。

二、再延長工作時間在二小時以內者，按平日每小時工資額加給三分之二以上。

三、依第三十二條第三項規定，延長工作時間者，按平日每小時工資額加倍發給之。

第二十五條　雇主對勞工不得因性別而有差別之待遇。工作相同、效率相同者，給付同等之工資。

第二十六條　雇主不得預扣勞工工資作爲違約金或賠償費用。

第二十七條　雇主不按期給付工資者，主管機關得限期令其給付。

第二十八條　雇主因歇業、清算或宣告破產，本於勞動契約所積欠之工資未滿六個月部分，有最優先受清償之權。

雇主應按其當月雇用勞工投保薪資總額及規定之費率，繳納一定數額之積欠工資墊償基金，作爲墊償前項積欠工資之用。積欠工資墊償基金，累積至規定金額後，應降低費率或暫停收繳。

前項費率，由中央主管機關於萬分之十範圍內擬訂，報請行政院核定之。

雇主積欠之工資，經勞工請求未獲清償者，由積欠工資墊償基金墊償之；雇主應於規定期限內，將墊款償還積欠工資墊償基金。

積欠工資墊償基金，由中央主管機關設管理委員會管理之。基金之收繳有關業務，得由中央主管機關，委託勞工保險機構辦理之。第二項之規定金額、基金墊償程序、收繳與管理辦法及管理委員會組織規程，由中央主管機關定之。

第二十九條　事業單位於營業年度終了結算，如有盈餘，除繳納稅捐、彌補虧損及提列股息、公積金外，對於全年工作並無過失之勞工，應給予獎金或分配紅利。

第四章　工作時間、休息、休假

第　三十　條　勞工每日正常工作時間不得超過八小時，每二週工作總時數不得超過八十四小時。

前項正常工作時間，雇主經工會同意，如事業單位無工會者，經勞資會議同意後，得將其二週內二日之正常工作時數，分配於其他工作日。其分配於其他工作日之時數，每日不得超過二小時。但每週工作總時數不得超過四十八小時。

第一項正常工作時間，雇主經工會同意，如事業單位無工會者，經勞資會議同意後，得將八週內之正常工作時數加以分配。但每日正常工作時間不得超過八小時，每週工作總時數不得超過四十八小時。

第二項及第三項僅適用於經中央主管機關指定之行業。

雇主應置備勞工簽到簿或出勤卡，逐日記載勞工出勤情

形。此項簿卡應保存一年。

第三十條之一　中央主管機關指定之行業，雇主經工會同意，如事業單位無工會者，經勞資會議同意後，其工作時間得依下列原則變更：

一、四週內正常工作時數分配於其他工作日之時數，每日不得超過二小時，不受前條第二項至第四項規定之限制。

二、當日正常工時達十小時者，其延長之工作時間不得超過二小時。

三、二週內至少有二日之休息，作為例假，不受第三十六條之限制。

四、女性勞工，除妊娠或哺乳期間者外，於夜間工作，不受第四十九條第一項之限制。但雇主應提供必要之安全衛生設施。

依民國八十五年十二月二十七日修正施行前第三條規定適用本法之行業，除第一項第一款之農、林、漁、牧業外，均不適用前項規定。

第三十一條　在坑道或隧道內工作之勞工，以入坑口時起至出坑口時止為工作時間。

第三十二條　雇主有使勞工在正常工作時間以外工作之必要者，雇主經工會同意，如事業單位無工會者，經勞資會議同意後，得將工作時間延長之。

前項雇主延長勞工之工作時間連同正常工作時間，一日不得超過十二小時。延長之工作時間，一個月不得超過四十六小時。

因天災、事變或突發事件，雇主有使勞工在正常工作時間以外工作之必要者，得將工作時間延長之。但應於延長開始後二十四小時內通知工會；無工會組織者，應報當地主

管機關備查。延長之工作時間，雇主應於事後補給勞工以適當之休息。

在坑內工作之勞工，其工作時間不得延長。但以監視為主之工作，或有前項所定之情形者，不在此限。

第三十三條　第三條所列事業，除製造業及礦業外，因公眾之生活便利或其他特殊原因，有調整第三十條、第三十二條所定之正常工作時間及延長工作時間之必要者，得由當地主管機關會商目的事業主管機關及工會，就必要之限度內以命令調整之。

第三十四條　勞工工作採晝夜輪班制者，其工作班次，每週更換一次。但經勞工同意者不在此限。依前項更換班次時，應給予適當之休息時間。

第三十五條　勞工繼續工作四小時，至少應有三十分鐘之休息。但實行輪班制或其工作有連續性或緊急性者，雇主得在工作時間內，另行調配其休息時間。

第三十六條　勞工每七日中至少應有一日之休息，作為例假。

第三十七條　紀念日、勞動節日及其他由中央主管機關規定應放假之日，均應休假。

第三十八條　勞工在同一雇主或事業單位，繼續工作滿一定期間者，每年應依左列規定給予特別休假：

一、一年以上三年未滿者七日。

二、三年以上五年未滿者十日。

三、五年以上十年未滿者十四日。

四、十年以上者，每一年加給一日，加至三十日為止。

第三十九條　第三十六條所定之例假、第三十七條所定之休假及第三十八條所定之特別休假，工資應由雇主照給。雇主經徵得勞工同意於休假日工作者，工資應加倍發給。因季節性關係有趕工必要，經勞工或工會同意照常工作者，亦同。

第 四十 條　　　因天災、事變或突發事件，雇主認有繼續工作之必要時，
　　　　　　　　得停止第三十六條至第三十八條所定勞工之假期。但停止
　　　　　　　　假期之工資，應加倍發給，並應於事後補假休息。
　　　　　　　　前項停止勞工假期，應於事後二十四小時內，詳述理由，
　　　　　　　　報請當地主管機關核備。

第四十一條　　　公用事業之勞工，當地主管機關認有必要時，得停止第三
　　　　　　　　十八條所定之特別休假。假期內之工資應由雇主加倍發
　　　　　　　　給。

第四十二條　　　勞工因健康或其他正當理由，不能接受正常工作時間以外
　　　　　　　　之工作者，雇主不得強制其工作。

第四十三條　　　勞工因婚、喪、疾病或其他正當事由得請假；請假應給之
　　　　　　　　假期及事假以外期間內工資給付之最低標準，由中央主管
　　　　　　　　機關定之。

第五章　童工、女工

第四十四條　　　十五歲以上未滿十六歲之受雇從事工作者，為童工。
　　　　　　　　童工不得從事繁重及危險性之工作。

第四十五條　　　雇主不得雇用未滿十五歲之人從事工作。但國民中學畢業
　　　　　　　　或經主管機關認定其工作性質及環境無礙其身心健康者，
　　　　　　　　不在此限。
　　　　　　　　前項受雇之人，準用童工保護之規定。

第四十六條　　　未滿十六歲之人受雇從事工作者，雇主應置備其法定代理
　　　　　　　　人同意書及其年齡證明文件。

第四十七條　　　童工每日之工作時間不得超過八小時，例假日不得工作。

第四十八條　　　童工不得於午後八時至翌晨六時之時間內工作。

第四十九條　　　雇主不得使女工於午後十時至翌晨六時之時間內工作。但
　　　　　　　　雇主經工會同意，如事業單位無工會者，經勞資會議同意
　　　　　　　　後，且符合下列各款規定者，不在此限：

一、提供必要之安全衛生設施。

二、無大眾運輸工具可資運用時，提供交通工具或安排女
　　工宿舍。

前項第一款所稱必要之安全衛生設施，其標準由中央主管
機關定之。但雇主與勞工約定之安全衛生設施優於本法
者，從其約定。

女工因健康或其他正當理由，不能於午後十時至翌晨六時
之時間內工作者，雇主不得強制其工作。

第一項規定，於因天災、事變或突發事件，雇主必須使女
工於午後十時至翌晨六時之時間內工作時，不適用之。第
一項但書及前項規定，於妊娠或哺乳期間之女工，不適用
之。

第 五十 條　　女工分娩前後，應停止工作，給予產假八星期；妊娠三個
月以上流產者，應停止工作，給予產假四星期。

前項女工受雇工作在六個月以上者，停止工作期間工資照
給；未滿六個月者減半發給。

第五十一條　　女工在妊娠期間，如有較為輕易之工作，得申請改調，雇
主不得拒絕，並不得減少其工資。

第五十二條　　子女未滿一歲需女工親自哺乳者，於第三十五條規定之休
息時間外，雇主應每日另給哺乳時間二次，每次以三十分
鐘為度。

前項哺乳時間，視為工作時間。

第六章　退休

第五十三條　　勞工有左列情形之一者，得自請退休：

一、工作十五年以上年滿五十五歲者。

二、工作二十五年以上者。

第五十四條　　勞工非有左列情形之一者，雇主不得強制其退休：

一、年滿六十歲者。

二、心神喪失或身體殘廢不堪勝任工作者。

前項第一款所規定之年齡，對於擔任具有危險、堅強體力等特殊性質之工作者，得由事業單位報請中央主管機關予以調整。但不得少於五十五歲。

第五十五條　勞工退休金之給與標準如左：

一、按其工作年資，每滿一年給與兩個基數。但超過十五年之工作年資，每滿一年給與一個基數，最高總數以四十五個基數為限。未滿半年者以半年計；滿半年者以一年計。

二、依第五十四條第一項第二款規定，強制退休之勞工，其心神喪失或身體殘廢係因執行職務所致者，依前款規定加給百分之二十。

前項第一款退休金基數之標準，係指核准退休時一個月平均工資。

第一項所定退休金，雇主如無法一次發給時，得報經主管機關核定後，分期給付。本法施行前，事業單位原定退休標準優於本法者，從其規定。

第五十六條　雇主應按月提撥勞工退休準備金，專戶存儲，並不得作為讓與、扣押、抵銷或擔保之標的；其提撥之比率、程序及管理等事項之辦法，由中央主管機關擬訂，報請行政院核定之。

前項雇主按月提撥之勞工退休準備金匯集為勞工退休基金，由中央主管機關設勞工退休基金監理委員會管理之；其組織、會議及其他相關事項，由中央主管機關定之。

前項基金之收支、保管及運用，由中央主管機關會同財政部委託金融機構辦理。最低收益不得低於當地銀行二年定期存款利率之收益；如有虧損，由國庫補足之。基金之收

支、保管及運用辦法，由中央主管機關擬訂，報請行政院
核定之。

雇主所提撥勞工退休準備金，應由勞工與雇主共同組織勞
工退休準備金監督委員會監督之。委員會中勞工代表人數
不得少於三分之二；其組織準則，由中央主管機關定之。

第五十七條　勞工工作年資以服務同一事業者爲限。但受同一雇主調動
之工作年資，及依第二十條規定應由新雇主繼續予以承認
之年資，應予併計。

第五十八條　勞工請領退休金之權利，自退休之次月起，因五年間不行
使而消滅。

第七章　職業災害補償

第五十九條　勞工因遭遇職業災害而致死亡、殘廢、傷害或疾病時，雇
主應依左列規定予以補償。但如同一事故，依勞工保險條
例或其他法令規定，已由雇主支付費用補償者，雇主得予
以抵充之：

一、勞工受傷或罹患職業病時，雇主應補償其必需之醫療
　　費用。職業病之種類及其醫療範圍，依勞工保險條例
　　有關之規定。

二、勞工在醫療中不能工作時，雇主應按其原領工資數額
　　予以補償。但醫療期間屆滿二年仍未能痊癒，經指定
　　之醫院診斷，審定爲喪失原有工作能力，且不合第三
　　款之殘廢給付標準者，雇主得一次給付四十個月之平
　　均工資後，免除此項工資補償責任。

三、勞工經治療終止後，經指定之醫院診斷，審定其身體
　　遺存殘廢者，雇主應按其平均工資及其殘廢程度，一
　　次給予殘廢補償。殘廢補償標準，依勞工保險條例有
　　關之規定。

四、勞工遭遇職業傷害或罹患職業病而死亡時，雇主除給
　　與五個月平均工資之喪葬費外，並應一次給與其遺屬
　　四十個月平均工資之死亡補償。

其遺屬受領死亡補償之順位如左：

(一) 配偶及子女。

(二) 父母。

(三) 祖父母。

(四) 孫子女。

(五) 兄弟姊妹。

第　六十　條　雇主依前條規定給付之補償金額，得抵充就同一事故所生
　　　　　　損害之賠償金額。

第六十一條　第五十九條之受領補償權，自得受領之日起，因二年間不
　　　　　　行使而消滅。受領補償之權利，不因勞工之離職而受影
　　　　　　響，且不得讓與、抵銷、扣押或擔保。

第六十二條　事業單位以其事業招人承攬，如有再承攬時，承攬人或中
　　　　　　間承攬人，就各該承攬部分所使用之勞工，均應與最後承
　　　　　　攬人，連帶負本章所定雇主應負職業災害補償之責任。

　　　　　　事業單位或承攬人或中間承攬人，為前項之災害補償時，
　　　　　　就其所補償之部分，得向最後承攬人求償。

第六十三條　承攬人或再承攬人工作場所，在原事業單位工作場所範圍
　　　　　　內，或為原事業單位提供者，原事業單位應督促承攬人或
　　　　　　再承攬人，對其所雇用勞工之勞動條件應符合有關法令之
　　　　　　規定。

　　　　　　事業單位違背勞工安全衛生法有關對於承攬人、再承攬人
　　　　　　應負責任之規定，致承攬人或再承攬人所雇用之勞工發生
　　　　　　職業災害時，應與該承攬人、再承攬人負連帶補償責任。

第八章　技術生

第六十四條　雇主不得招收未滿十五歲之人為技術生。但國民中學畢業
者，不在此限。

稱技術生者，指依中央主管機關規定之技術生訓練職類中
以學習技能為目的，依本章之規定而接受雇主訓練之人。

本章規定，於事業單位之養成工、見習生、建教合作班之
學生及其他與技術生性質相類之人，準用之。

第六十五條　雇主招收技術生時，須與技術生簽訂書面訓練契約一式三
份，訂明訓練項目、訓練期限、膳宿負擔、生活津貼、相
關教學、勞工保險、結業證明、契約生效與解除之條件及
其他有關雙方權利、義務事項，由當事人分執，並送主管
機關備案。

前項技術生如為未成年人，其訓練契約，應得法定代理人
之允許。

第六十六條　雇主不得向技術生收取有關訓練費用。

第六十七條　技術生訓練期滿，雇主得留用之，並應與同等工作之勞工
享受同等之待遇。雇主如於技術生訓練契約內訂明留用期
間，應不得超過其訓練期間。

第六十八條　技術生人數，不得超過勞工人數四分之一。勞工人數不滿
四人者，以四人計。

第六十九條　本法第四章工作時間、休息、休假，第五章童工、女工，
第七章災害補償及其他勞工保險等有關規定，於技術生準
用之。

技術生災害補償所採薪資計算之標準，不得低於基本工
資。

第九章　工作規則

第 七十 條　　雇主雇用勞工人數在三十人以上者，應依其事業性質，就左列事項訂立工作規則，報請主管機關核備後並公開揭示之：

一、工作時間、休息、休假、國定紀念日、特別休假及繼續性工作之輪班方法。

二、工資之標準、計算方法及發放日期。

三、延長工作時間。

四、津貼及獎金。

五、應遵守之紀律。

六、考勤、請假、獎懲及升遷。

七、受雇、解雇、資遣、離職及退休。

八、災害傷病補償及撫恤。

九、福利措施。

十、勞雇雙方應遵守勞工安全衛生規定。

十一、勞雇雙方溝通意見加強合作之方法。

十二、其他。

第七十一條　　工作規則，違反法令之強制或禁止規定或其他有關該事業適用之團體協約規定者，無效。

第十章　監督與檢查

第七十二條　　中央主管機關，為貫徹本法及其他勞工法令之執行，設勞工檢查機構或授權直轄市主管機關專設檢查機構辦理之；直轄市、縣（市）主管機關於必要時，亦得派員實施檢查。

前項勞工檢查機構之組織，由中央主管機關定之。

第七十三條　　檢查員執行職務，應出示檢查證，各事業單位不得拒絕。

事業單位拒絕檢查時，檢查員得會同當地主管機關或警察機關強制檢查之。

檢查員執行職務，得就本法規定事項，要求事業單位提出必要之報告、記錄、帳冊及有關文件或書面說明。如須抽取物料、樣品或資料時，應事先通知雇主或其代理人並掣給收據。

第七十四條　勞工發現事業單位違反本法及其他勞工法令規定時，得向雇主、主管機關或檢查機構申訴。

雇主不得因勞工為前項申訴而予解雇、調職或其他不利之處分。

第十一章　罰則

第七十五條　違反第五條規定者，處五年以下有期徒刑、拘役或科或併科五萬元以下罰金。

第七十六條　違反第六條規定者，處三年以下有期徒刑、拘役或科或併科三萬元以下罰金。

第七十七條　違反第四十二條、第四十四條第二項、第四十五條、第四十七條、第四十八條、第四十九條第三項或第六十四條第一項規定者，處六月以下有期徒刑、拘役或科或併科二萬元以下罰金。

第七十八條　違反第十三條、第十七條、第二十六條、第五十條、第五十一條或第五十五條第一項規定者，科三萬元以下罰金。

第七十九條　有下列行為之一者，處二千元以上二萬元以下罰鍰：

一、違反第七條、第九條第一項、第十六條、第十九條、第二十一條第一項、第二十二條、第二十三條、第二十四條、第二十五條、第二十八條第二項、第三十條、第三十二條、第三十四條、第三十五條、第三十六條、第三十七條、第三十八條、第三十九條、第四

十條、第四十一條、第四十六條、第四十九條第一項、第五十六條第一項、第五十九條、第六十五條第一項、第六十六條、第六十七條、第六十八條、第七十條或第七十四條第二項規定者。

二、違反主管機關依第二十七條限期給付工資或第三十三條調整工作時間之命令者。

三、違反中央主管機關依第四十三條所定假期或事假以外期間內工資給付之最低標準者。

違反第四十九條第五項規定者，處一萬元以上五萬元以下罰鍰；經處罰鍰仍不改善者，得連續處罰。

第 八十 條　拒絕、規避或阻撓勞工檢查員依法執行職務者，處一萬元以上五萬元以下罰鍰。

第八十一條　法人之代表人、法人或自然人之代理人、受雇人或其他從業人員，因執行業務違反本法規定，除依本章規定處罰行為人外，對該法人或自然人並應處以各該條所定之罰金或罰鍰。

但法人之代表人或自然人對於違反之發生，已盡力為防止行為者，不在此限。法人之代表人或自然人教唆或縱容為違反之行為者，以行為人論。

第八十二條　本法所定之罰鍰，經主管機關催繳，仍不繳納時，得移送法院強制執行。

第十二章　附則

第 八十三 條　為協調勞資關係，促進勞資合作，提高工作效率，事業單位應舉辦勞資會議。其辦法由中央主管機關會同經濟部訂定，並報行政院核定。

第八十四條　公務員兼具勞工身分者，其有關任（派）免、薪資、獎懲、退休、撫恤及保險（含職業災害）等事項，應適用公

務員法令之規定。但其他所定勞動條件優於本法規定者，從其規定。

第八十四條之一　經中央主管機關核定公告下列工作者，得由勞雇雙方另行約定，工作時間、例假、休假、女性夜間工作，並報請當地主管機關核備，不受第三十條、第三十二條、第三十六條、第三十七條、第四十九條規定之限制。

一　監督、管理人員或責任制專業人員。

二　監視性或間歇性之工作。

三　其他性質特殊之工作。

前項約定應以書面為之，並應參考本法所定之基準且不得損及勞工之健康及福祉。

第八十四條之二　勞工工作年資自受雇之日起算，適用本法前之工作年資，其資遣費及退休金給與標準，依其當時應適用之法令規定計算；當時無法令可資適用者，依各該事業單位自訂之規定或勞雇雙方之協商計算之。適用本法後之工作年資，其資遣費及退休金給與標準，依第十七條及第五十五條規定計算。

第八十五條　本法施行細則，由中央主管機關擬定，報請行政院核定。

第八十六條　本法自公布日施行。但中華民國八十九年六月二十八日修正公布之第三十條第一項及第二項規定，自中華民國九十年一月一日施行。

幼教叢書 24

嬰幼兒保育概論

作　　者╱黃志成、高嘉慧、沈麗盡、林少雀
出 版 者╱揚智文化事業股份有限公司
發 行 人╱葉忠賢
總 編 輯╱閻富萍
執行編輯╱李鳳三
登 記 證╱局版北市業字第 1117 號
地　　址╱台北縣深坑鄉北深路三段 260 號 8 樓
電　　話╱(02)8662-6826
傳　　真╱(02)2664-7633
網　　址╱http://www.ycrc.com.tw
　E-mail　╱service@ycrc.com.tw
印　　刷╱興旺彩色印刷製版有限公司
　ISBN　╱978-957-818-857-0
初版一刷╱2008 年 2 月
定　　價╱新台幣 550 元

國家圖書館出版品預行編目資料

嬰幼兒保育概論 = Introduction to child care for young child / 黃志成等著. -- 初版. -- 臺北縣深坑鄉：揚智文化, 2008.02
　面；　公分（幼教叢書；24）
參考書目：面

ISBN 978-957-818-857-0(平裝)

1.育兒 2.幼兒保育

428　　　　　　　　　　　　　96024490